한 지붕 2가구
행복한 집 짓기

area045 지음 | 김주원 감수 | 노경아 옮김

samho MEDIA

최근 몇 년간 일본에서는 전국적으로 2가구 주택의 설계 의뢰가 늘고 있는 추세입니다. 2가구 주택이란 일반적으로 부모와 자녀, 두 가족이 함께 사는 주택을 말합니다. 그렇다면 이렇게 2가구 주택에 대한 관심이 증가하는 이유는 무엇일까요?

가장 먼저 경제적인 이유를 들 수 있습니다. 젊은 부부가 집을 새로 지으려 할 때 그 부모가 원래 소유한 주택을 2가구 주택으로 개축한다면, 토지 매입 비용이 절약되기 때문에 매우 유리합니다. 또한 부모 세대 역시 노후에 자녀와 함께 살며 보살핌을 받을 수 있고, 자녀 세대는 어린아이를 할아버지·할머니에게 맡기고 마음 편하게 일할 수 있어 좋습니다.

물론 2가구 주택에는 단점도 있습니다. 아무래도 대부분의 문제는 인간 관계일 것입니다. 부모 자식 사이이기는 하지만 서로 생활하는 시간대와 방식이 다른 데다 생활 소음과 고부 갈등 등의 문제도 항상 존재합니다. 그래서 2가구 주택을 설계할 때는 자연스럽게 가구 간에 일어날 수 있는 이런 문제를 예방하는 데에 주안점을 두게 됩니다.

하지만 그러다 보면 일반적인 주택을 설계할 때 가장 먼저 고려해야 할 자유로운 공간 구성과 디자인적인 인테리어가 뒷전으로 밀려나기 쉽습니다. 과연 2가구 주택을 이처럼 너무 평범해서 아무 매력도 없는 집으로 만들어도 괜찮을까요?

이 책은 그런 문제 의식에서 출발했습니다. 그리고 경험 많은 전문가들이 자신들이 설계한 집을 소개하면서, 2가구 주택의 단점을 최소화할 뿐만 아니라 장점을 극대화하여 더욱 즐겁고 살기 좋은 집을 만드는 방법에 대해 이야기하고 있습니다.

앞으로 2가구 주택을 지으려는 건축주, 2가구 주택 설계에 참여하려는 설계자 등 2가구 주택에 관련된 모든 독자에게 이 책이 유익한 정보가 되기를 바랍니다.

area045의 집필진을 대표하여
스즈키 노부히로

 **차례**

PART 1
2가구 집 짓기를 시작하기 전에

PART 2

사례로 배우는 2가구 주택 설계

PART 3

2가구 집 짓기 아이디어

CASE 1 가족 간에도 '적당한 거리감'이 필요하다

CASE 2 가족과 함께 하는 공간은 즐거워야 한다

CASE 3 서로 도움을 주고받기에 편리한 공간을 만들자

PART
1

2가구 집 짓기를
시작하기 전에

부모와 자녀가 2가구 주택을 원하는 이유

'부부와 두 자녀'는 옛 이야기

바야흐로 100세 시대다. 의식주와 의료 수준이 향상된 덕분에 우리의 부모 세대는 전보다 훨씬 건강하고 오래 살게 되었다. 반면 자녀 세대는 저출산 탓에 앞으로 수많은 고령 인구를 먹여 살려야 한다. 사회 환경 역시 다양하게 변하고 있어 남성과 똑같이 일하는 여성뿐만 아니라 가사와 육아에 동참하는 남편의 모습도 한결 자연스러워졌다.

그러다 보니 예전에는 일반적인 가족 형태로 여겨졌던 '4인 가족', 즉 부부와 두 아이로 이루어진 가족 형태 역시 그 비중이 전체의 약 20%대로 크게 줄어들었다(우리나라의 경우 통계청 자료에 따르면, 2015년을 기준으로 24%이다). 부부로만 구성된 가구는 물론이고 혼자 사는 가구도 많아진 지금, 4인 가족이라는 '표준'은 어느새 사라지고 다양한 가족 형태가 그 자리를 대신하고 있다.

2가구 주택은 '손자·손녀의 양육'을 위한 주거 형태이기도 하다

일본의 경우 2011년 전 세계를 뒤흔든 엄청난 지진(동일본대지진)을 겪으면서, 사람 사이의 관계가 얼마나 중요한지 새삼 깨달았다. 그러는 와중에 특히 젊은이들이 지역 재건 활동 등에 참여하면서 '동거', '공유'의 주거 형태에 관심을 보이기 시작했다. 마치 이전에 소홀히 했던 '관계'를 지금이라도 회복하려는 것처럼 말이다.

이처럼 2가구 주택이 주목받는 현상은 어쩌면 여러 가족이 한 집에 사는 예전의 주거 형태가 회복되는 과정일지도 모른다. 생활 시간대의 차이나 사생활 침해 등의 문제도 있지만, 2가구 주택에는 그런 단점을 보충하고도 남을 만한 매력이 있다. 예전과 달리 물질적으로 풍족한 시대에 자라난 지금의 젊은이들은 자신의 아이에게 돈으로는 살 수 없는 진정한 풍요를 선물하기를 원한다. 이런저런 이유로 자신은 제대로 배우지 못한 전통과 예절을 아이들이라도 조부모에게서 제대로 배웠으면 하는 마음도 갖고 있다.

특히 현대의 2가구 주택은 '손자·손녀의 양육'이라는 점에서 눈길을 끄는데, 이것은 전통의 중요성에 눈뜬 사람들이 많다는 증거일 것이다. 전통이란 함께 살아야만 전해지는 것이기 때문이다.

현대인의 생활양식에 적합한 새로운 2가구 주택

지금까지 자유롭게 살아온 자녀 세대가 막상 부모와 함께 살려면 걱정거리가 한두 가지가 아니다. 습관도 다르고 생각도 다른 부모와 함께 잘 살 수 있을지 불안한 것도 무리가 아니다. 하지만 부모 역시 늙고 쇠약해져서 도움을 필요로 할 날이 조만간 올 것이고, 언제까지나 떨어져 지내며 모르는 척할 수는 없다. 그래서 지금이라도 서로의 차이를 이해하며 함께 살 방법을 모색하려 하는 것이다.

게다가 자녀 가구가 단독으로 집을 마련하려면 비싼 토지를 구입해야 할 뿐만 아니라 부담스러운 은행 융자를 무릅써야 한다. 그러면 아이의 교육비도 빠듯해진다. 이럴 때 2가구 주택이 훌륭한 해결책이 될 수 있다. 2가구 주택이 부모와 자녀, 그리고 손자·손녀를 이어주는 다리 역할을 하는 셈이다.

부모 가구의 경우

- 조상 대대로 이어받은 땅을 지키고 싶다.
- 노후에 돌봐줄 사람이 필요하다.
- 둘 중 한 명이 먼저 죽어도 외롭지 않게 살고 싶다.
- 손자·손녀와 함께 살고 싶다.
- 집이 낡아서 벽에 금이 갔다. 새로 짓고 싶지만, 더는 대출을 받을 수 없다.
- 자식들이 돌아오면 함께 집을 지을 수 있겠지?

Q. 부모와 자녀, 2가구 주택을 원하는 각각의 이유는?

자녀 가구의 경우

- 집을 짓고 싶지만, 땅도 없고 땅을 살 돈도 없다.
- 부모님의 땅에 집을 지으면 땅을 살 돈으로 더 좋은 집을 지을 수 있다.
- 집 때문에 융자를 받으면 아이의 학자금이 부족해진다.
- 건축비를 조금이라도 줄이고 싶다.
- 맞벌이 부부라 부모님께 아이를 맡기고 싶다.
- 연로하신 부모님이 걱정된다.
- 나중에 부모님이 몸져누우셔도 매일 들여다보기는 힘들 수 있으므로, 함께 사는 게 오히려 편하다.

2가구 주택의 검토사항 2 | # 2가구 주택의 수명은 70년을 목표로

2가구 주택을 검토할 시기

집을 짓는 시기는 사람마다 다른데, 대체로 '아이의 성장 단계'에 따라 그 시기가 달라지는 듯하다. 그 시기는 아이가 초등학교에 들어가기 전, 중학교에 들어가기 전, 대입 준비에 들어가기 전, 대학 졸업 후 거의 자립했을 때 등으로 나눌 수 있다. 연령별로 보면, 20대 후반부터 30대 초반까지는 아이가 아주 어리거나 유치원을 막 다니기 시작할 무렵인데, 이때까지는 주로 부모와 한 방을 쓰므로 아이 방이 필요하지 않다. 30대 후반부터 40대 초·중반까지는 아이가 초등학생 또는 중학생일 무렵인데, 이때부터 대학생이 되기 전까지 아이 방이 필요하다. 그리고 40대 후반에서 50대는 아이가 대학생 또는 사회인이 되어 육아가 끝난 시기로, 아이 방이 다시 필요 없어지므로 공간에 여유가 생긴다.

2가구 주택 건축의 주기도 거의 이 흐름과 일치한다. 자녀가 집 신축을 생각할 무렵 부모 가구는 대부분 60~70대다. 그쯤 되면 예전에 건강했던 부모라도 몸이 조금씩 약해지기 시작한다. 부모의 이런 변화에 자녀들 대부분은 조만간 모시고 살아야겠다는 생각을 하게 된다. 그때가 바로 2가구 주택을 검토할 절호의 기회다.

이 시기를 넘기면 2가구 주택을 지을 기회를 다시 잡기 어렵다. 부모 가구가 자녀에게 의논하지도 않고 많은 돈을 들여 외벽이나 배관 수리 등을 하는 경우가 많기 때문이다. 따라서 일단 '부모님과 함께 살아야겠다'고 결심했다면 구체적인 계획이 없더라도 되도록 빨리 이야기를 꺼내는 것이 좋다.

2가구 주택은 '순환'시켜서 오래 쓸 수 있다

일본 주택의 평균 수명은 35년이라고 한다. 그래서 기막히게도, 대부분의 주택이 장기 담보대출 변제가 끝나는 시점에 증·개축되거나 철거되는 형편이다. 부모 가구가 집을 지은 시기는 대개 자녀가 초등학교를 다니던 40대. 그러므로 그 자녀가 40대 후반이 되어 집을 지으려고 하는 시점에 부모가 지은 집은 건축한 지 약 35년을 맞게 된다. 또 이때쯤 대다수 부모는 은퇴하며 받은 퇴직금으로 주택융자를 마무리한다.

건축한 지 35년쯤 된 집을 새로 짓거나 고치게 되는 이유로는 추위와 더위 등 구조적인 결함과 내구성 문제를 들 수 있다. 아울러 불편한 공간 배치, 협소한 면적, 수납공간 부족, 건물 노후화 등 구조 이외의 문제도 작용한다. 즉 단순한 건축물의 내구성뿐만 아니라 개인적 또는 시대적인 생활양식의 변화 역시 주택의 사용 연수에 큰 영향을 미치는 셈이다. 그 결과 현재 일본 주택의 평균 수명이 35~45년이 된 것이다.

그러나 개축 당시에 먼 미래까지 완벽하게 고려하여 설계하기는 어렵다. 그러므로 2가구 주택뿐만 아니라 어떤 주택이든 때때로 수리해 가며 오랫동안 쓰는 것을 당연히 여겨야 한다. 게다가 2가구 주택의 경우, 부모가 쓰던 공간을 자녀가 쓰고 자녀의 공간을 손자·손녀가 쓰는 식으로 공간의 용도를 순환시키면 그 수명을 두 배로 늘릴 수 있다.

우리나라의 경우에도 법적으로 준공 후 30년이 지나면 재건축이 가능하도록 규정되어 있다. 그 영향으로 주택의 평균 수명은 선진국에 비해 3분의 1정도밖에 되지 않는 것으로 알려져 있다. 유럽의 경우 주택의 평균 수명이 70년 정도라고 하니 우리나라 주택의 평균 수명은 무척 짧은 편이다. 실질 주택 보급률이 이미 100%를 넘어섰고, 건설시대에서 재고시대로 전환하는 시점에서 자원과 에너지 절약 면에서뿐만 아니라 건설 폐기물 발생을 줄이고, 소유자의 비용 부담을 감소시키는 차원에서도 주택의 수명 연장은 중요한 과제이자 방향이라고 할 수 있다.

주택의 사용기간을 비교해보자

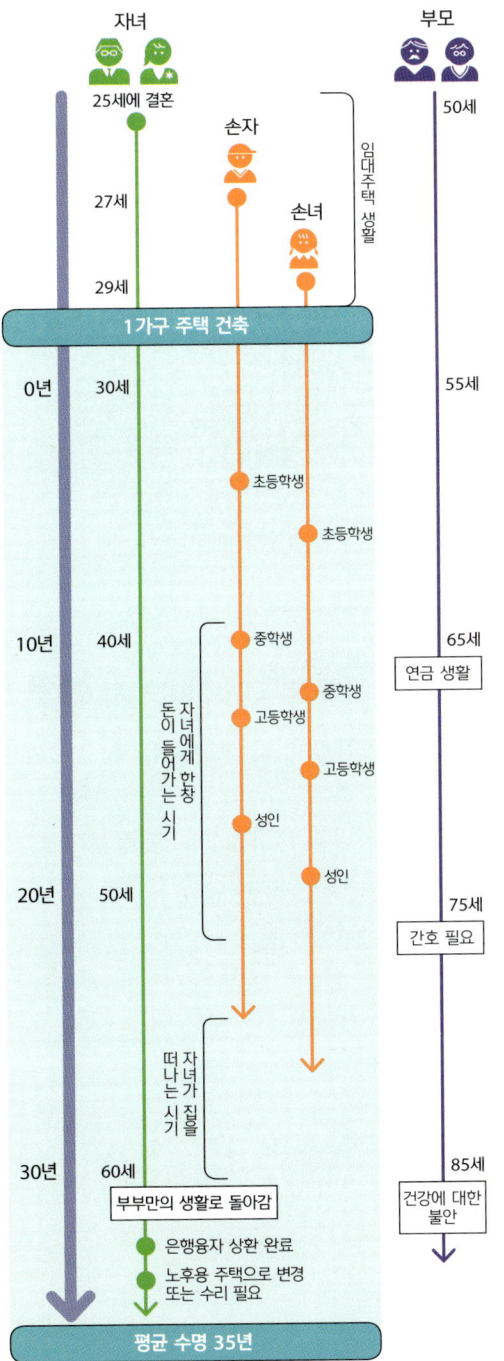

1가구 주택의 사용기간은 ▶ 35년

30세에 집을 지었으나 저비용으로 지은 탓에 최근 여기저기 문제가 나타나고 있다. 그래서 35년 만에 아담한 노후용 주택을 같은 땅에 새로 짓기로 결정했다.

자녀 / 부모

- 25세에 결혼
- 27세
- 29세
- 손자
- 손녀

임대주택 생활
50세

1가구 주택 건축

- 0년 / 30세 / 55세
- 초등학생
- 초등학생
- 10년 / 40세 / 65세 — 연금 생활
- 중학생
- 중학생
- 고등학생
- 고등학생
- 성인
- 성인
- 20년 / 50세 / 75세 — 간호 필요

자녀에게 한창 돈이 들어가는 시기

자녀가 시집을 떠나는 시기

- 30년 / 60세 / 85세 — 건강에 대한 불안
- 부부만의 생활로 돌아감
- 은행융자 상환 완료
- 노후용 주택으로 변경 또는 수리 필요

평균 수명 35년

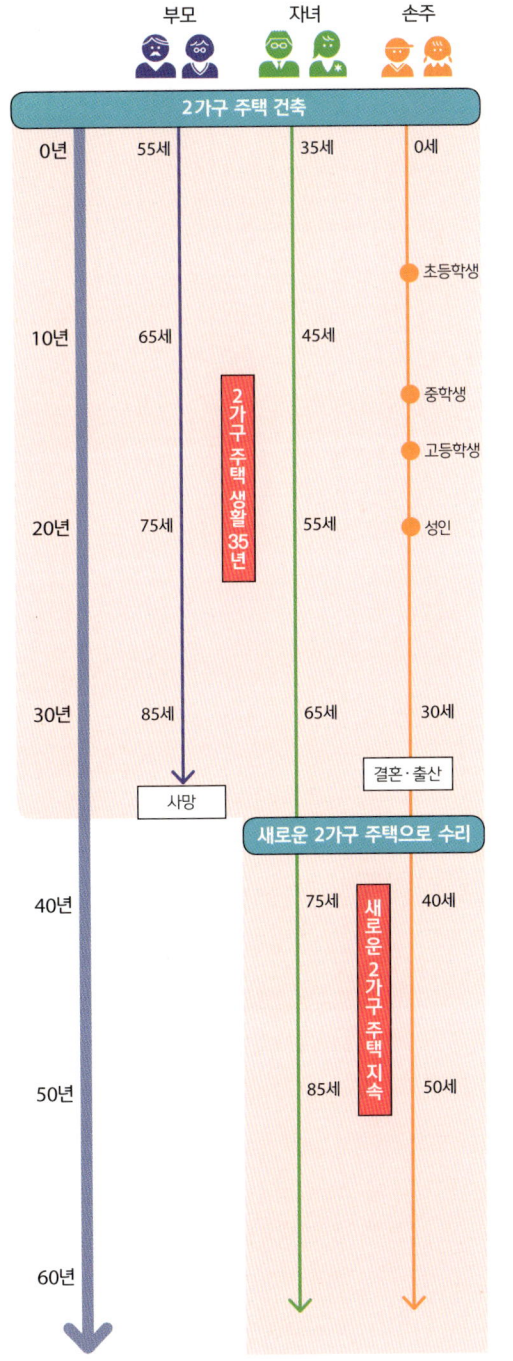

2가구 주택의 사용기간은 ▶ 70년

대대로 물려받은 넓은 부지에 튼튼한 2가구 주택을 지어 간간이 수리하며 산다면 70년까지 그 수명을 늘릴 수 있다.

부모 / 자녀 / 손주

2가구 주택 건축

- 0년 / 55세 / 35세 / 0세
- 65세 / 45세 / 초등학생
- 10년
- 중학생
- 고등학생
- 75세 / 55세 / 성인
- 20년
- 30년 / 85세 / 65세 / 30세 — 결혼·출산
- 사망

2가구 주택 생활 35년

새로운 2가구 주택으로 수리

- 40년 / 75세 / 40세
- 50년 / 85세 / 50세
- 60년

새로운 2가구 주택 지속

남편의 부모와 동거할 경우,
아내의 부모와 동거할 경우

남편의 부모와 함께 살 집은 공용 공간이 적을수록 좋다

2가구 주택에는 몇몇 유형이 있는데, 남편의 부모와 함께 살 예정이라면 어떤 유형에서든 고부관계를 최우선으로 고려해야 한다. 시어머니와 며느리는 서로 살아온 환경이 다르므로 상대의 성격과 가치관을 배려해야만 원만하게 지낼수 있기 때문이다. 며느리는 친정에서 그 집 나름의 교육을 받고 자랐기 때문에 친정의 그런 분위기를 '상식'으로 여길것이다. 따라서 욕실, 주방 등 공유하는 곳이 많을수록 서로 불편해질 가능성이 높다. 설계자는 공간과 동선을 면밀히디자인하여 이런 갈등을 예방해야 한다.

아내의 부모와 함께 살 집에는 남편만의 공간이 필요하다

아내의 부모와 함께 살 경우에는 전혀 다른 배려가 필요하다. 남편은 처가의 관습에 당황하면서도 환경의 변화에 비교적 잘 순응한다. 남편은 집에서 지내는 시간이 길지 않고, 가사에 참여하는 비중도 상대적으로 낮아서 부모와 부딪칠일이 별로 없기 때문이다. 따라서 공용 공간을 그렇게까지 예민하게 설계하지 않아도 된다. 그러나 그 대신, 좁아도 괜찮으니 남편이 틀어박혀 있을 공간이 반드시 필요하다. 꼭 방이 아니어도 작은 은신처 같은 곳이면 충분하다. 집 안에'피할 곳'이 있다는 것이 중요하다. 아무리 사이가 좋아도 가족 모두가 종일 함께 있으면 힘들어지기 마련이다. 또한 서로 싸운 뒤에도 이런 개인적인 공간이 없으면 곤란하다.

편부·편모와 동거할 경우, 자식에게 계속 양보한 끝에 부모의 생활 영역이 좁아지기 쉽다

부모 중 한 분하고만 함께 살 집이라면, 2가구 주택이라고는 해도 대개 방이 하나 더 들어갈 뿐이라서 1가구 주택과구조가 크게 다르지 않다. 이때는 혼자된 부모가 자신의 의견을 뒤로 한 채 자녀들에게 주택 설계를 맡기기 쉬우니 주의가 필요하다. 그 결과 부모의 영역이 점점 좁아져 결국은 화장실 근처의 방 하나로 만족하게 될 때도 많다. 이렇게 생활범위가 한정되면 삶이 무미건조해질 위험이 크다. 또한 좁은 방에 부모의 짐을 모두 수납해서 방을 답답하게 만들어서는 안 되므로 짐이 얼마나 되는지 파악하여 수납공간을 미리 설계해야 한다. 단, 처음에는 요를 깔고 자더라도 나중에 거동이 불편해져서 침대를 사용하게 되는 경우가 많으니 이불을 집어넣을 벽장은 굳이 필요하지 않을 지도 모른다.

형제가 같이 사는 2가구 주택은 비교적 성공적이다

남편의 부모, 아내의 부모와 함께 사는 3가구 주택은 사돈끼리 지위, 생활습관, 학력, 취미 등이 거의 비슷하지 않으면 좀처럼 성공하기 어렵다. 반대로 형제·자매가 함께 사는 2가구 주택은 연령과 생활 패턴이 비슷해서 성공할 확률이비교적 높다. 여기에서는 남편의 형제가 좋은가, 아내의 자매가 좋은가를 따질 것 없이 가족 구성원들의 성격이 서로잘 맞는지가 중요하다.

  # 시어머니와 며느리가 부딪치는 이유는?

세면대에 화장품과 드라이어가 널려 있잖아!

자녀는 세면대에 화장품과 드라이어, 수건 등을 모조리 늘어놓는다. 정리정돈을 게을리 한다면 문제가 되는 것이 당연할 수도 있지만, 화장을 하는 자녀와 화장을 하지 않는 부모 사이의 작은 생각 차이가 큰 불화를 일으킬 때도 많다. 부모가 손자를 목욕시킬 때도 목욕 방식이 달라서 싸움이 종종 벌어진다.

냉장고를 왜 이렇게 쓰는 거야?

냉장고에 음식을 보관하는 방식도 각기 다르다. 그래서 냉장고를 함께 쓸 경우, 영역을 미리 나눠놓지 않으면 문제가 생기기 쉽다. 그래서 고부간에 식재료 보관법이나 사용법을 둘러싼 말다툼이 잦아져 사이가 나빠지는 경우도 많다.

현관에 물건이 넘치잖아!

시어머니에게 현관은 깔끔한 모습으로 손님을 맞이하는 공간이고, 며느리에게 현관은 육아로 정신없는 와중에 놀이기구와 유모차, 신발 등 잡다한 물건을 일단 놓아두는 공간이다. 이처럼 정리할 필요가 있는가, 없는가에 대한 생각 차이로 다툼이 생기기 쉽다.

이렇게 늦은 시간에 빨래를 하다니!

세탁기 사용법, 주로 쓰는 세제, 건조대 사용법, 오물 처리법 등은 사람마다 제각각이다. 빨래를 너는 방식이나 장소도 마찬가지다. 상식적으로 빨래를 하고 널기에 적당한 시간이 언제부터 언제까지인지에 대한 생각 차이로도 싸움이 될 수 있다.

함께, 오래 살기 위한 생활 규칙

'동거 = 무엇이든 함께'가 아니다!

최근에는 부모 가구와 자녀 가구가 침실을 제외한 모든 공간을 공유하는 형식의 2가구 주택이 줄어들고 있다. 자녀가 부모의 집에 들어가 살 때조차 대개는 서로 부담이 되지 않도록 집을 개조해서 거주 공간을 분리하는 방식을 택하는 경우가 많기 때문이다.

'동거형 설계'를 선택했다가 실패한 사례를 보면, 대개 건축 당시에는 좋았지만 시간이 갈수록 한 지붕 아래 살기가 어려워진 것이 대부분이다. 특히 두 가구가 종일 한 곳에서 함께 지내게 되거나 혼자 있을 만한 공간이 적을수록 서로가 점점 더 불편해지는 것이다. 그래서 결국은 '2가구 주택을 짓는 게 아니었어.'라고 후회하게 된다.

처음에 두 가족이 함께 살기로 결심한 이유는 무엇이었을까? 대개 자녀는 경제적으로 도움이 되고 시간이 절약되며 편리하다는 이유로, 부모 가구는 집안의 풍습을 전할 수 있고 나이 들어 아파도 돌봐 줄 사람이 있다는 이유로 함께 살기를 결심한다. 즉 서로에게 이득이 되리라고 생각한 것이다. 여기에는 자신의 욕구와 상대방에 대한 애정이 공존한다. 이들은 '함께 살면서도 따로 있고 싶다', '이어져 있으면서도 단독으로 존재하고 싶다'는 상반된 욕구를 느끼고 있는 것이다. 따라서 설계자는 이 욕구를 모두 만족시키는 집을 만들어야만 한다.

설계에는 충분한 시간이 필요하다

부모 가구와 자녀 가구 사이에는 기본적으로 문화나 생각 차이가 존재한다. 그러므로 건축을 시작하기 전에 충분한 시간을 들여 설계 방향에 대해 진지하게 논의할 필요가 있다.

그중에는 당사자끼리 하기 어려운 이야기도 있다. 그런데도 그 화제를 건너뛴 채 '살다 보면 어떻게든 되겠지' 하고 적당히 설계해서는 안 된다. 설계자는 반드시 중립적인 위치에서 양쪽의 이야기를 귀 기울여 듣고 서로 맞지 않는 부분을 샅샅이 찾아내야 한다. 그런 후에 효과적인 대책을 강구하는 것이 성공적인 2가구 주택 설계의 기본이다.

거주자의 생활양식을 반영하여 규칙을 만든다

2가구 주택을 설계할 때는 하드웨어와 소프트웨어 양쪽을 면밀히 검토해야 한다. 하드웨어란 건축물을 말하며 소프트웨어란 거주자들 사이의 규칙을 말한다. 우선 하드웨어에서 가장 중요한 것은 생활 소음이다. TV, 피아노, 세탁기 소리, 아이와 개의 발소리, 물소리에 대한 대책부터 마련하자. 또 가구별로 침범해서는 안 되는 영역을 어디에 만들지도 결정해야 한다. 이런 작업을 소홀히 하면 심리적 안식이 전혀 없는 집이 되고 만다. 또한, 서로의 출입에 신경이 거슬리지 않도록 현관을 잘 설계하는 것도 중요하다. 가족의 규칙은 가정마다 제각각이겠지만, 전기료와 난방비를 어떻게 부담하고 청소는 어떻게 분담할지까지 반드시 미리 정해 두어야 한다. 세면실과 욕실을 이용하는 시간도 정하자. 노크 후에 방에 들어오라는 등의 사소한 규칙 역시 의외로 중요하다.

욕실 입욕 시간과 청소 담당을 정한다

욕실을 사용하는 순서와 방식, 청소 담당을 미리 정해 놓지 않으면 다툼이 생기기 쉽다. 손자·손녀의 학교 시간 등을 고려한 입욕 시간과 할아버지·할머니의 욕실 이용 시간을 정해야 한다. 또한 가정마다 규칙은 제각각이더라도 자녀 가구의 아내가 마지막에 입욕하여 정리를 하고 창문을 열어 환기시키는 것이 일반적이다.

세면실 이용 시간을 정한다

공용 수납공간, 가구별 수납공간, 개인별 수납공간을 각각 구분하자. 또한 아침에 여럿이 동시에 몰려서 충돌하지 않도록 이용시간도 나누자. 세탁실과 빨래 너는 곳도 마찬가지다. 세탁을 가구별로 할지, 함께 할지, 함께 한다면 어느 가구에서 맡을지, 빨래는 같은 곳에 널지, 아니면 따로 널지 사전에 정해놓자.

공동생활을 위한 규칙을 정하자

거실 · 식당 가구별로 영역을 나눈다

각각 다른 시간대에 식사를 한다 해도 식탁에 전원이 앉을 수 있도록 공간을 설계하자. 또 식기 등은 처음부터 가구별로 잘 정돈해 놓아야 나중에 엉망이 되지 않는다. 취향이 정반대인 그릇들이 마구 뒤섞이는 상황만은 피하는 것이 좋다. 거실을 설계할 때도 부모 가구와 자녀 가구의 영역을 나누자. 거실은 모두가 어느 정도 거리를 두고 편히 쉴 수 있는 공간이어야 한다. 거실에 어떤 장식품을 놓아둘지도 사전에 의논하자.

주방 두 주부 중 누가 주도권을 잡을까?

아내의 부모와 함께 산다면 대부분은 아내가 주도하고 친정어머니의 적극적인 도움을 받게 된다. 반대로 시어머니와 며느리가 주방을 공유할 경우 시어머니가 주도권을 잡고 며느리가 보조와 뒷정리를 맡는 경우가 많다. 하지만 며느리가 요리를 주도하기를 바라는 시어머니도 적지 않다. 시어머니와 며느리가 요일별로 요리를 전담하는 것도 좋은 방법이다.

자연스럽고 원만한 동거를 위한 공용 공간 설계

어느 곳을 공유할까?

대부분의 2가구 주택에는 공용 공간이 존재한다. 특히 부지가 좁아서 집을 넓게 지을 수 없을 경우, 일부 공간을 두 가구가 함께 사용하게 하면 나머지 공간에 좀 더 큰 면적을 할애할 수 있다. 이처럼 면적 때문에 도입하게 되는 공용 공간이지만, 어떤 곳을 공용으로 할지 선택할 때는 가급적 짧은 시간 동안 머무르는 곳을 선택하는 것이 좋다. 그래야 사용 시간대를 구분함으로써 서로의 간섭을 최소화할 수 있다.

구체적으로는 현관 → 욕실 → 화장실의 순서로 공용 공간을 정한다. 그래도 면적이 부족하다면 주방, 식당 순으로 공용 공간을 늘려야 하는데, 여기까지는 그다지 권하고 싶지 않다. 음식 취향도, 식사 준비에 필요한 시간도 서로 다른 두 가구가 하나의 주방을 시간대별로 나눠 쓰기는 무척 어렵기 때문이다. 이렇게까지 공용 공간이 늘어나면 서로가 번거롭고 염치없게 느껴져 불만이 점점 쌓일 것이다. 그러므로 어디까지 공용으로 설정할지 세심한 검토가 필요하다.

공용 작업실이나 취미실은 향후의 용도 변경을 고려한다

사용 빈도가 낮고 사생활에 큰 영향을 주지 않는 취미실이나 손님방 등도 공용 공간으로 적합하다.

가령 아버지와 아들이 같은 취미를 가지고 있어 의기투합하여 취미실을 만든다고 하자. 자동차나 오토바이, 자전거 등을 타는 것이 공통 취미라서 큰 물건이 많다면 차고와 거기 딸린 작은 작업실 하나를 마련하면 된다. 또 낚시를 좋아한다면 낚시도구 등을 수납할 방과 개수대를 만들면 된다. 그 외에 음악 감상실, 연주실, 영화 감상실, 모형 전시실 등도 공용 공간으로 사용할 수 있다.

외부 공간에서는 대문과 주차장 외에 원예, 분재, 채소텃밭 등이 포함된 정원 또는 골프 연습장, 농구장 등 다양한 취미시설이 공용으로 쓰인다. 그러나 취미는 몇 년이 지나면 얼마든지 바뀔 수도 있다. 그러므로 공용 취미 공간의 경우 나중에 용도를 바꿀 수 있도록 공간과 동선을 설계해야 한다.

한편 손님방 등 공용 공간의 청소와 관리는 그곳을 사용하는 가구가 담당하는 것이 기본이다. 또 거기서 사용되는 전기와 수도, 가스요금 역시 기본요금까지 포함하여 어떻게 나눌지 미리 정해놓는 것이 좋다.

옥상을 공유한다면 각각의 가구에서 자유롭게 접근할 수 있도록

도심에는 옥상에 텃밭을 만들어 가꾸거나 빨래를 너는 가정이 많다. 이런 옥상을 공유하려면 옥상으로 올라가는 동선 설계에 유의해야 한다. 가령 어느 한 가구의 거주 공간을 통과해야 옥상으로 올라갈 수 있다면 나머지 가구는 옥상에 갈 때마다 상대편의 눈치를 봐야 한다. 그러면 그 가구는 번번이 양해를 구하기가 번거로워서 옥상에서 자연스럽게 멀어지게 되고, 바로 올라갈 수 있는 가구가 옥상을 독점하게 될 것이다. 그러므로 서로의 사생활을 침해하지 않고 공용 공간에 접근할 수 있는 동선이 필요하다.

Q. 공용 공간은
어떻게 만들면 좋을까?

공용 욕실은
부모 가구의 공간에 가깝게

공용 욕실은 부모 가구의 공간 가까이에 배치하는 것이 좋다. 단, 침실에 인접하게 배치하면 소음이 문제가 되니 주의하자. 자녀가 밤늦게 귀가할 때가 많다면 자녀 가구 내에 샤워실을 따로 설치하는 것이 좋다.

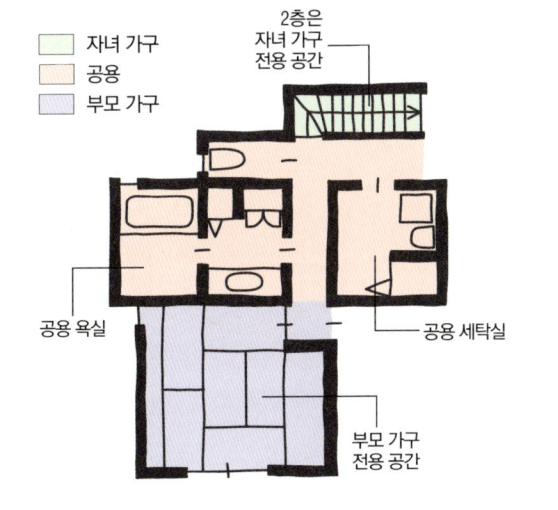

■ 자녀 가구
■ 공용
■ 부모 가구

2층은 자녀 가구 전용 공간

공용 욕실

공용 세탁실

부모 가구 전용 공간

공용 중정

두 가구가 중정을 사이에 두고 마주 보는 경우에는 서로의 생활을 어느 정도 공개해도 괜찮은지를 사전에 충분히 검토하고, 언제든지 '닫을 수 있는' 장치를 마련해야 한다.

그런데 만약 중정을 공용으로 쓰게 하면 그 쓰임이 한정될 가능성이 크다. 자녀 가구가 친구들을 불러 바비큐 파티를 열기라도 하면 부모 가구는 중정에서 떨어진 침실 등에서 조용히 지내야 하기 때문이다. 자녀 가구의 손님들도 이런 상황에 신경이 쓰여 흥이 깨질 수 있다. 따라서 이런 공용 중정은 부모 가구와 자녀 가구가 함께 즐길 때 외에는 거의 이용하지 않게 되어 결국 몇 년이 지나면 죽은 공간이 되고 만다.

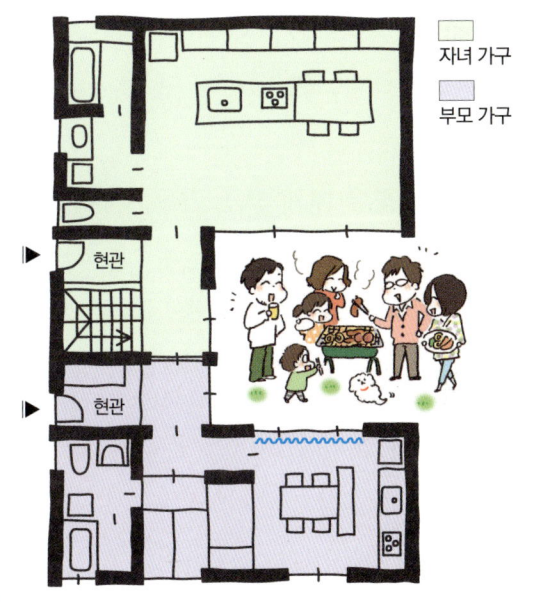

■ 자녀 가구
■ 부모 가구

현관

현관

손님방을 설계할 때는
음식을 나르는 동선까지 고려한다

2가구 주택에서는 손님을 대접하거나 친구·친척 등이 모이는 공간을 만들 경우 차와 음식을 나르는 동선과 화장실의 위치가 중요하다. 화장실과 손님방이 너무 멀리 떨어지지 않도록 하자.

참고로 자녀 가구의 아내, 즉 며느리가 주최하는 '엄마들 모임' 등은 이곳을 거의 이용하지 않을 것이다. 시부모가 가까이 있는 곳에서는 사적인 이야기를 나누기 어렵기 때문이다.

문제가 거의 생기지 않는 분리형 주택

'분리형'의 장점

　가구별로 생활에 필요한 요소를 각각 갖춘 2가구 주택을 '분리형' 2가구 주택이라고 한다. 분리형은 각자 자유롭게 지낼 수 있다는 것이 가장 큰 장점이다. 이 경우 두 가구가 서로 마주치는 곳은 대문과 진입로뿐이다. 마주치는 시간도 정해져 있어서 간섭으로 인한 갈등이나 싸움이 거의 없다. 또한 가구별로 집을 자유롭게 쓸 수 있으므로 자녀 가구에서는 화장실에 어린이용 발판을 놓거나 남편이 좋아하는 잡지를 두거나 아내가 좋아하는 방향제를 뿌려도 아무 문제가 없다. 부모 역시 벽에 마음에 드는 달력을 걸거나 취향대로 꽃 장식도 할 수 있다. 이것은 사소해 보이지만 무척 큰 장점이다. 이처럼 부모와 자녀가 어느 정도 거리를 유지하며 간섭 없이 생활한다는 점에서 분리형은 거주자의 심리를 안정시키고 마음에도 여유를 준다. 따라서 자녀는 간혹 아이를 맡기거나 무언가 부탁을 할 때도 마음이 편하다. 부모 역시 자신이 지내던 방식 그대로 살 수 있다.

2층 주택의 경우 대개 부모 가구가 1층을 사용한다

　그러면 분리형 2가구 주택은 어떻게 설계해야 할까? 일반적인 2층 주택의 경우 부모 가구를 1층에 배치할 때가 많다. 다만 목조주택은 소음 문제를 완전히 해결하기가 어려우므로, 조용히 지내고 싶다면 쿵쿵거리는 아이가 있는 자녀 가구를 1층으로 보내고 부모가 2층으로 올라가는 것이 합리적일 수 있다. 다만, 당초에는 그렇게 했지만 나중에 계단으로 이동하는 것이 부담스러워져 1층으로 돌아가는 경우도 많다. 철근 콘크리트 구조나 철골 구조의 3~4층 집일 경우 아파트처럼 승강기를 설치할 수 있다면 부모 가구가 안심하고 맨 위층을 선택할 수 있다.

아픈 부모를 모시더라도 분리형이 마음이 편하다

　분리형에서는 부모 가구를 드나들며 간호를 하게 되는데, 이 역시 동거하면서 간호할 때보다 마음가짐이나 삶의 만족도 측면에서 유리하다. 집이 분리되어 있어야 기분전환이 쉬운 것은 당연한 일이다. 단 부모가 아예 거동을 못 하게 되었을 경우에는 자녀 가구 중 아내나 남편이 부모의 집에 일시적으로 머무르며 간호하게 될 수도 있다. 대개 분리형이 기분전환이나 휴식을 위해 잠시 떨어져 있을 장소가 있어서 좋다는 의견이 많다.

향후에 임대로 전환하기 쉽다

　그다지 흔한 예는 아니지만, 완전 분리형은 나중에 한 가구를 임대로 쉽게 전환할 수 있다는 것도 장점이다. 그래서 실제로 그것까지 염두에 두고 설계할 때도 있다. 주택이란 일반적으로 수익을 바라고 짓는 건물은 아니지만, 2가구 주택이라면 일부를 임대하여 추가 수입을 얻는 것도 나쁘지 않다.

'상하 분리'와 '좌우 분리'형 주택

분리형 2가구 주택의 유형에는 상하층으로 가구를 분리하는 '상하 분리'와 세로로 가구를 분리하는 '좌우 분리'가 있다. 둘 중 '상하 분리'를 훨씬 많이 택하는 편이다. '좌우 분리'형으로 지으려면 계단까지 두 개를 만들어야 하는 등 건물 두 채 분에 가까운 건축비를 감수해야 하기 때문이다. 그러나 '좌우 분리'는 독립성이 높고 소음 문제가 거의 없으며 임대로 전환하기도 쉬우므로 검토할 가치가 충분하다.

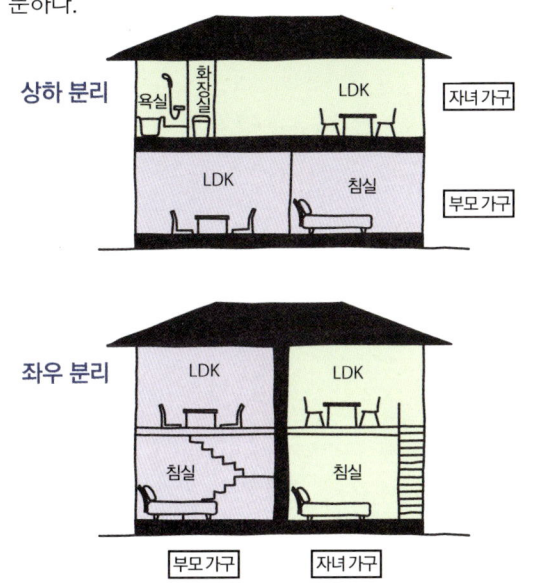

지하를 이용하여 2층 주택을 3층으로

부지가 좁아서 두 개 층만으로는 공간이 부족하다면 3~4층으로 늘리는 방법을 생각해보자. 천장에서 지반까지의 거리가 1m 미만인 지하실은 법적으로 용적률 산정에 포함되지 않는다. 따라서 이렇게 지하층을 만들고 지상에 2층 건물을 지으면 정해진 용적률 범위 내에서 온전한 3층 건물을 완성할 수 있다.
또한 지하라도 설계만 잘 하면 지하로 느껴지지 않을 만큼 충분히 환하고 쾌적한 공간이 된다. 그러나 지하실 공사비는 지상 공사비의 약 3배쯤 되니 비용과 면적 중 무엇을 선택할지 심사숙고하자.

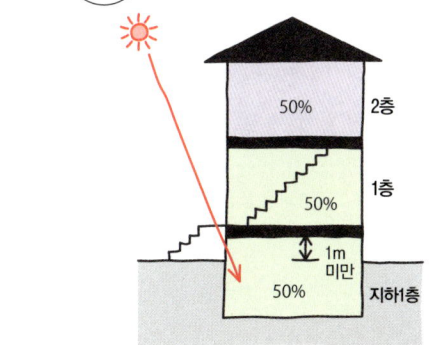

3층 주택의 분리 방식

지상 3층 주택일 경우 두 가구를 어떻게 구분하느냐가 문제가 된다. 부모 가구를 1층에 배치하는 것이 편리하기는 하지만, 건물이 밀집된 도심에서는 1층이 어둡고 통풍이 잘 되지 않는다는 단점이 있다. 그러므로 만약 1층에 부모 가구를 배치한다면 계단실을 아트리움으로 만들거나 천장 일부를 개방하여 위층의 빛을 끌어들이는 것이 좋다.
한편 밝고 통풍이 잘 되는 3층은 계단을 통한 이동이 부담스럽다. 상대적으로 몸이 가벼운 자녀 가구가 3층을 사용한다고 해도 1층을 사용할 때보다 아무래도 상하 왕래가 많아지므로 가사 동선을 세심하게 설계할 필요가 있다.

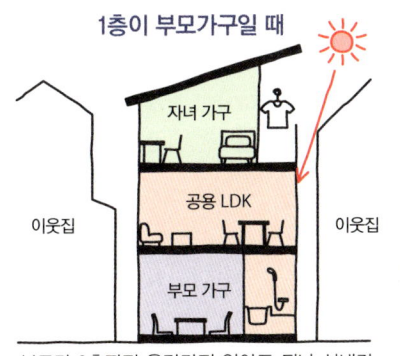

부모가 3층까지 올라가지 않아도 되나 실내가 어두워지기 쉽다. 따라서 3층으로 들어온 햇빛을 1층으로 보내는 장치가 필요하다.

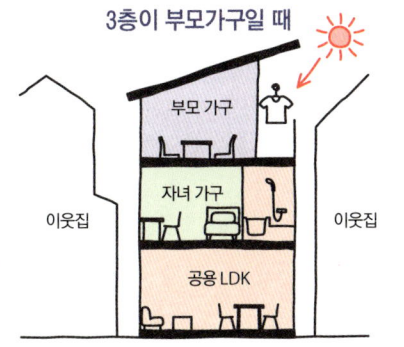

3층은 밝고 바람이 잘 통하지만 부모가 고령이면 상하층 이동이 어려워지니 추후에 승강기를 설치할 수 있도록 한다.

2가구 주택에 필요한 면적은?

필요 연면적 = 필요한 방 면적 × 1.6 ~ 1.8

　자신이 원하는 집에 어느 정도의 면적이 필요한지 간단하게 산출하는 방법이 있다. 가족 수에 따라 달라지는 침실, 거실과 식당, 취미실 등 필요 공간의 면적을 합한 후 1.6~1.8을 곱하면 현관, 복도, 계단, 화장실, 세면실, 욕실, 주방을 포함한 집 전체의 대략적인 면적이 나온다.

　2가구 주택이라면 일단 자녀 가구의 면적부터 생각해 보자. 2.2평짜리 아이 방 두 개, 3평짜리 부부 침실, 6평짜리 거실·식당, 그리고 꽃가루 알레르기 때문에 필요한 1.5평짜리 실내 빨래 건조장, 이들 공간의 합계 면적은 15평이다. 여기에 1.6~1.8을 곱하면 24~27평. 이것이 이들이 희망하는 집에 필요한 최소한의 연면적이다.

　마찬가지로 부모 가구의 면적을 산출해 보자. 침실과 거실·식당이 각각 3.9평이라면 합계 면적은 약 8평. 여기에 1.6~1.8을 곱하면 12.6~14.4평이 나온다. 마지막으로 부모 가구와 자녀 가구의 필요 면적을 더하면 약 36.8~41.4평이 나오는데, 이것이 바로 이들의 2가구 주택에 최소한 필요한 연면적이다. 땅을 보러 다닐 때는 이 연면적을 확보할 수 있는지부터 따져보아야 한다. 그보다 작은 땅이라면 방 크기를 줄이거나 공용 공간을 늘리는 수밖에 없다.

30평만 확보되어도 완전 분리형 설계가 가능

　그렇다면 얼마나 넓은 대지를 확보해야 완전 분리형 2가구 주택을 지을 수 있을까?

　우선 사방 7.2m의 8모듈 정사각형 안에 연면적 30평의 2가구 주택을 그려 보자. 각 가구별 공간에 전용 현관, 욕실, 세면실, 주방이 갖춰진 완전 분리형 주택이어야 한다. 단, 한 채의 주택으로 신고할 수 있도록 연결 문을 설치한다. 이 경우, 25쪽을 보면 알겠지만 부모 가구의 침실에는 기껏해야 2.24평을 할당할 수 있고, 자녀 가구의 아이 방도 되도록 작게 만들어야 한다. 그래도 꼭 필요한 기능은 다 들어가니, 설계나 생활방식만 잘 조정하면(짐 줄이기 등) 쾌적한 생활이 가능하다.

　한편, 사방 8.1m의 9모듈 정사각형 안에 연면적 40평의 2가구 주택을 그려보면, 방이 훨씬 넓어짐을 알 수 있다(25쪽의 평면도를 비교해 보자). 다만 이 10평의 격차는 건축비용에도 큰 영향을 미치니 득실을 잘 따져 보아야 한다. 이럴 때는 대지면적 등 여러 요소를 감안해야 하므로 계획 단계부터 실력 있는 건축가와 상담하는 것이 좋다.

30평(99㎡)만 있어도 2가구 주택 설계가 가능하다

 30평 99㎡ 분리형 2가구 주택에 필요한 최소한의 면적

가구별로 필요한 면적이 각각 다르므로 1층과 2층에 어떤 방을 배치하느냐가 중요하다.

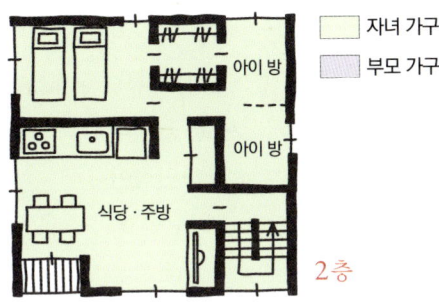

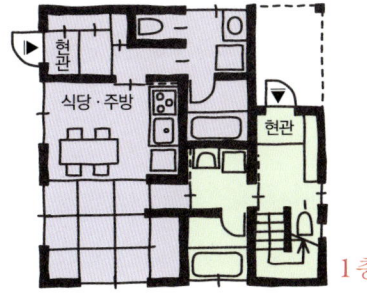

 40평 132㎡ 여유 있는 분리형 2가구 주택을 지을 수 있는 면적

부모 가구는 20평 가까이를 배정받게 되므로 비교적 여유롭지만 자녀 가구는 상대적으로 좁아질 수 있다.

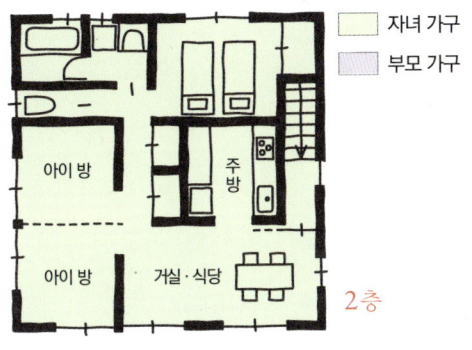

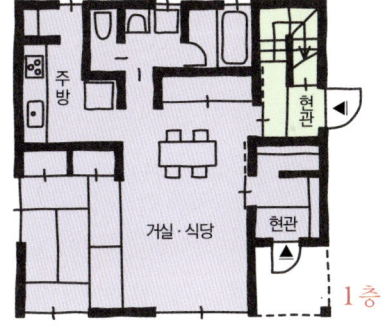

범례:
- 자녀 가구
- 부모 가구

쓸모 있는 중간 다락

예전에는 주로 지붕 밑 공간을 이용하여 다락을 만들었지만 최근에는 1층과 2층 사이에 다락을 끼워 넣는 경우가 많아졌다. 그러면 매번 다락에 올라가려고 사다리를 타지 않아도 되고, 물건을 넣고 빼기도 쉬워서 잡다한 일상용품을 수시로 정리할 수 있다. 집이 좁아도 이 중간 다락만 잘 활용하면 생활이 쾌적해질 것이다.

[국내법 기준] 다락은 다음 조건만 충족시키면 건축법상 바닥면적과 층수에 포함되지 않는다.
- 층고가 1.5m(경사진 형태의 지붕일 경우에는 1.8m) 이하일 것

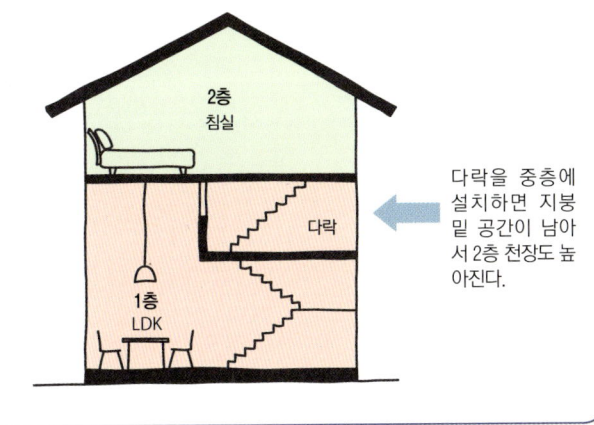

다락을 중층에 설치하면 지붕 밑 공간이 남아서 2층 천장도 높아진다.

무장애 설계의 중요성

생활의 긍정적인 '자극'과 행동을 가로막는 '장애'

치매는 일상적인 자극이 사라지면서 시작된다고 한다. 그래서 집 안의 바닥에는 적당한 높낮이 차가 있어야 하고, 계단을 매일 오르내리는 것도 좋은 자극이 되니 집에 계단이 있는 것이 좋다고 주장하는 이들도 있다. 무엇이 옳고 무엇이 그르다고 단정할 수는 없다. 다만, '생활의 긍정적인 자극'과 '행동을 가로막는 장애'를 헷갈려서는 안 된다. 특히 2가구 주택 설계, 그중에서도 부모가 쓰는 공간을 설계할 때는 고령자의 기본적인 행동을 가로막는 장애를 최대한 없애는 '무장애 배리어 프리, Barrier free 주택' 설계를 우선해야 한다.

부모 가구를 2층에 배치한다면 무장애 설계에 더욱 신경을

2가구 주택에서는 부모 가구를 1층에 배치할 때가 많다. 그러나 통풍, 채광, 조망을 최대한 즐기고 싶어서 2층을 선택하는 부모도 있다. 그럴 경우 한 층에서 모든 생활을 끝낼 수 있도록 욕실, 주방, 식품창고까지 2층에 설치해야 하며, 무장애 대책에 더욱 만전을 기해야 한다. 특히 넘어질 위험이 높은 계단에 주의하자. 고령자는 추위를 타서 양말이나 슬리퍼를 자주 신으므로 넘어지는 사고가 잦다. 따라서 경사는 최대한 완만하게 하고 챌판 높이는 17.5~18.5cm로 제한하며 디딤판의 세로 길이는 24cm 이상이 되게 하자. 또 발이 걸릴 수 있으니 챌판을 너무 안쪽으로 밀어 넣지 말고 디딤판에는 미끄럼 방지 시공을 하자.

그리고 난간과 지지용 손잡이를 반드시 설치한다. 사용자의 키에 따라 조금씩 달라지겠지만 난간 높이는 80cm가 기본이며 두께는 붙잡기 좋은 정도면 된다. 또 밤에 어두울 때, 역광, 그림자 탓에 발밑이 보이지 않는 상황이 벌어지지 않도록 적당한 위치에 조명기구를 설치해야 한다.

화장실은 침실에 가까운 곳에 배치하되 침실과 바로 연결되면 더욱 좋다. 남성이 이용할 경우 변기 주변이 더러워지기 쉬우므로, 청소하기 쉽도록 변기 주변에 넉넉한 면적을 확보하자. 화장실 공간의 너비가 1~1.2m 정도 되면 벽과 바닥을 청소하기 편리하다.

간호하기 쉽도록 침실 가까이에 주방과 욕실을

부모에게 간호가 필요할 경우, 24시간까지는 아니어도 누군가 항상 근처에 있어야 한다. 그러므로 분리형 2가구 주택이라면 긴급호출 버튼이나 인터폰 등을 설치하여 언제든 보호자를 호출할 수 있도록 하자.

또는 자녀 부부 중 한 명이 부모의 옆방으로 옮겨 생활하거나 부모의 생활 공간을 자녀의 옆방으로 옮기는 경우도 있다. 최근에는 거실 한 구석에 다목적 방을 설치하고, 간호가 필요해지면 거기에 침대를 놓아 간호실을 마련하기도 한다. 부모가 지낼 방(침대) 가까이에 욕실과 주방을 배치하면 부모가 화장실을 사용하거나 목욕할 때, 그리고 식사를 할 때 시중 들기가 편리하다.

무장애(배리어 프리) 설계

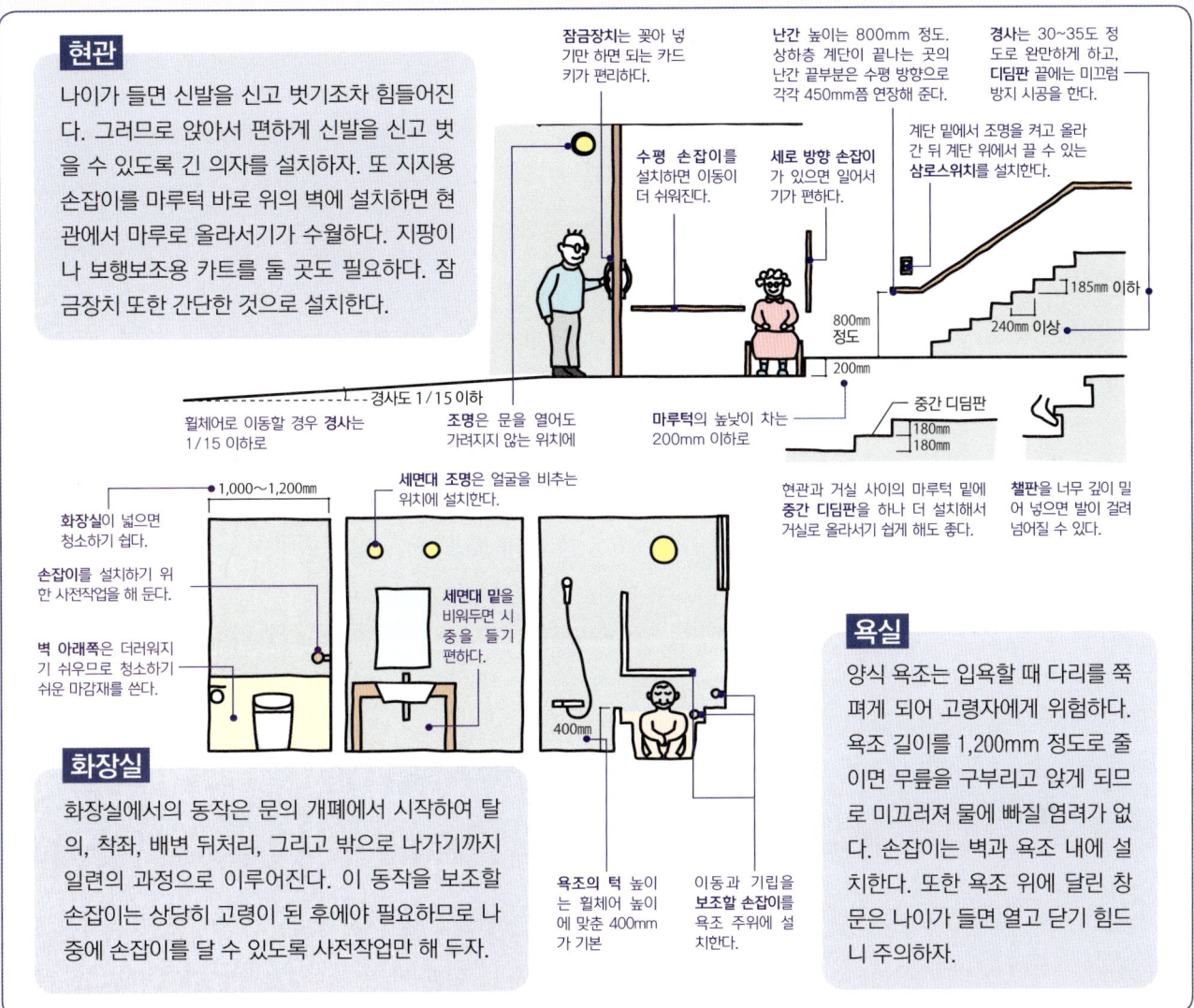

현관

나이가 들면 신발을 신고 벗기조차 힘들어진다. 그러므로 앉아서 편하게 신발을 신고 벗을 수 있도록 긴 의자를 설치하자. 또 지지용 손잡이를 마루턱 바로 위의 벽에 설치하면 현관에서 마루로 올라서기가 수월하다. 지팡이나 보행보조용 카트를 둘 곳도 필요하다. 잠금장치 또한 간단한 것으로 설치한다.

잠금장치는 꽂아 넣기만 하면 되는 카드 키가 편리하다.

수평 손잡이를 설치하면 이동이 더 쉬워진다.

세로 방향 손잡이가 있으면 일어서기가 편하다.

난간 높이는 800mm 정도. 상하층 계단이 끝나는 곳의 난간 끝부분은 수평 방향으로 각각 450mm쯤 연장해 준다.

경사는 30~35도 정도로 완만하게 하고, **디딤판** 끝에는 미끄럼 방지 시공을 한다.

계단 밑에서 조명을 켜고 올라간 뒤 계단 위에서 끌 수 있는 **삼로스위치**를 설치한다.

185mm 이하

240mm 이상

800mm 정도

200mm

경사도 1/15 이하
휠체어로 이동할 경우 **경사**는 1/15 이하로

조명은 문을 열어도 가려지지 않는 위치에

마루턱의 높낮이 차는 200mm 이하로

중간 디딤판
180mm
180mm

현관과 거실 사이의 마루턱 밑에 **중간 디딤판**을 하나 더 설치해서 거실로 올라서기 쉽게 해도 좋다.

챌판을 너무 깊이 밀어 넣으면 발이 걸려 넘어질 수 있다.

1,000~1,200mm

화장실이 넓으면 청소하기 쉽다.

손잡이를 설치하기 위한 사전작업을 해 둔다.

벽 아래쪽은 더러워지기 쉬우므로 청소하기 쉬운 마감재를 쓴다.

세면대 조명은 얼굴을 비추는 위치에 설치한다.

세면대 밑을 비워두면 시중을 들기 편하다.

400mm

욕조의 턱 높이는 휠체어 높이에 맞춘 400mm가 기본

이동과 기립을 **보조할 손잡이**를 욕조 주위에 설치한다.

화장실

화장실에서의 동작은 문의 개폐에서 시작하여 탈의, 착좌, 배변 뒤처리, 그리고 밖으로 나가기까지 일련의 과정으로 이루어진다. 이 동작을 보조할 손잡이는 상당히 고령이 된 후에야 필요하므로 나중에 손잡이를 달 수 있도록 사전작업만 해 두자.

욕실

양식 욕조는 입욕할 때 다리를 쭉 펴게 되어 고령자에게 위험하다. 욕조 길이를 1,200mm 정도로 줄이면 무릎을 구부리고 앉게 되므로 미끄러져 물에 빠질 염려가 없다. 손잡이는 벽과 욕조 내에 설치한다. 또한 욕조 위에 달린 창문은 나이가 들면 열고 닫기 힘드니 주의하자.

냉난방은 집 전체를 같은 온도로

복도, 화장실, 욕실의 추위는 뇌출혈을 일으키는 가장 큰 원인이다. 여기에는 방이나 거실과의 온도차가 큰 영향을 미친다. 그러므로 집 전체가 비슷한 온도가 되도록 단열 시스템을 갖추자. 난방 종류는 복사식 바닥 난방이 바람직하다. 또한 나이가 들수록 피부에 찬바람이 닿는 것이 싫어져 여름에도 냉방을 꺼리는 사람이 많다. 따라서 침실을 설계할 때는 바람이 지나는 길에 침대를 놓을 수 있게 만들어야 한다. 통풍이 원활해야 냉방을 최소화할 수 있다.

경비 시스템 도입

경비 시스템은 기본적으로 부모와 자녀 가구 둘 다 따로 계약해야 한다. 부모 가구만 계약하면 도둑이 경비 시스템이 적용된 부모 가구에 침입했다가 자녀 가구로 도망치더라도 경비회사 직원이 자녀 가구에 들어가 수색할 수 없기 때문이다. 그런데 대부분의 부모는 경비 업체와 계약할 때 방범보다 구급에 관심을 보인다. 그래서 경비회사에서는 긴급 버튼을 누르면 직원이 출동하여 119에 통보하거나 사람이 센서 앞을 일정시간 이상 지나가지 않았을 때 미리 정해진 사람에게 통보하는 등의 서비스를 제공하고 있다.

제일 중요한 돈 이야기 1 | 집 짓기에 필요한 비용은?

집 건축에 드는 비용

주택 건축에 드는 비용을 모두 산출하려면 건물 본체 공사비뿐만 아니라 설계비를 비롯한 다양한 경비까지 계산해야 한다. 우선 연약지반일 때 필요한 지반개량 공사비와 문, 담, 주차장, 정원 공사에 필요한 외부 공사비가 있다. 또 기존의 건물이 있다면 철거비가 들 것이고 낡은 수도관과 하수관을 교체해야 할지도 모른다. 그 외에 허가비나 등기비용, 주택융자 수수료와 세금 같은 비용도 든다. 그래서 총비용을 산출할 때는 건물 본체 공사비와 그 공사비의 20~40% 정도에 해당하는 기타 비용을 합산해야 한다.

예산에 유지·관리비까지 포함시킨다

건축비는 건물 크기에 좌우되지만, 기능, 성능, 디자인도 큰 영향을 미친다. 그래서 만약 성능을 중시하여 주택을 짓는다면 이미 상당한 초기 투자를 하는 셈이다. 특히 '저탄소 주택' 등의 기준을 충족시킬 정도로 우수한 에너지 절약 성능과 내진 성능을 갖춘다면, 초기비용은 들겠지만 유지관리비를 대폭 줄일 수 있다. 따라서 건축비를 산정할 때는 건축 후 유지관리비까지 고려해야 한다. 하지만 그러려면 건축 자금을 마련하기 전에 가족의 향후 생활 계획과 재정 계획부터 일찌감치 짜놓는 것이 좋다.

가까운 미래만 생각한 나머지, 매월 임대료를 내기보다 차라리 주택융자를 받아 집을 짓고 매달 얼마씩 상환하는 편이 낫지 않느냐는 사람이 많다. 그래서 매달 상환할 금액이 임대료보다 많다고 해도 당장은 생활비에 여유가 있으니 괜찮다는 생각에 대규모 대출을 감행하기도 한다. 그러나 장기간에 걸친 가계지출 계획을 세워놓지 않으면 머지않아 생활기반이 흔들리기 쉽다.

생활계획 & 재정계획을 세운다

주택융자로 옴짝달싹 못하게 된 경우, 대부분 아이의 교육비를 만만하게 본 것을 실패의 이유로 꼽는다.

주로 집을 짓는 연령대인 30~40대의 경우 아이가 초등학생 정도라면 아직 큰 교육비는 들지 않는다. 그러나 아이가 중·고등학교를 지나 대학교에 진학함에 따라 예상외로 돈이 많이 든다는 사실을 실감하게 될 것이다. 50대 이후에는 자녀교육이 끝나 여유가 조금 생기겠지만, 돈이 가장 많이 필요한 40대에 이처럼 주택융자와 교육비 지출이 겹쳐 가계가 어려워지는 것이 가장 큰 문제다. 그래서 2가구 주택을 짓든 1가구 주택을 짓든 교육자금은 미리 모아 두어야 한다. 생활계획과 재정계획이란 바로 이런 실패를 피하기 위해 아이의 출생에서 진학, 자동차 구입, 주택 건축 등 시기별 목표를 정하고 그 실현 방법을 강구하는 것을 말한다. 구체적으로는 월별 수입과 생활비, 자녀 교육비, 자동차 교체비 등 주요 지출을 그래프로 나타내 보면 비교적 여유 있는 시기와 적자인 시기를 한눈에 파악할 수 있다. 이런 식으로 사전에 대책을 세워놓고 주택융자를 갚아나가자.

생활계획과 재정계획은 꼼꼼히 세우자

주택 건축에 드는 비용

건축공사 관련

- **측량과 지질조사**
  측량은 대한지적공사에 의뢰하여 진행하며 지적 경계측량과 현황측량으로 구분. 지질조사 결과에 따라 필요할 경우 지반 개량 비용 소요

- **기존건물 철거비**
  건물 해체 및 담장, 문 등 외부 구조물 공사, 잔여물 처리까지 포함

- **건물 건축비**
  건물 본체 공사 및 급배수 위생설비 공사, 전기공사 등을 포함한 건물 전체 공사비

- **설계·감리비**
  건물 설계와 감리에 필요한 비용. 업무 내용에 따라 달라지나 보통은 공사비의 10~8% 수준

- **인허가비**
  건축허가 신청, 준공검사 등에 드는 비용과 그 대행 비용

등기 등 절차 관련

- 건물등기비 + 보존등기비 + 저당권설정비 + 멸실등기비 등
- 융자신청 수수료 + 융자보증료
- 단체생명보험료 + 건물화재보험료

세금 관련

- 인지세 + 등록면허세 + 고정자산세 + 도시계획세

기타 비용

- 이사비 + 임시주거비 + 짐 보관비
- 기공식 + 상량식 비용

재무 설계사에게 검증받은 N 씨 일가의 생활계획

수입보다 지출이 많아지는 시기를 파악하고 대책을 강구한다.

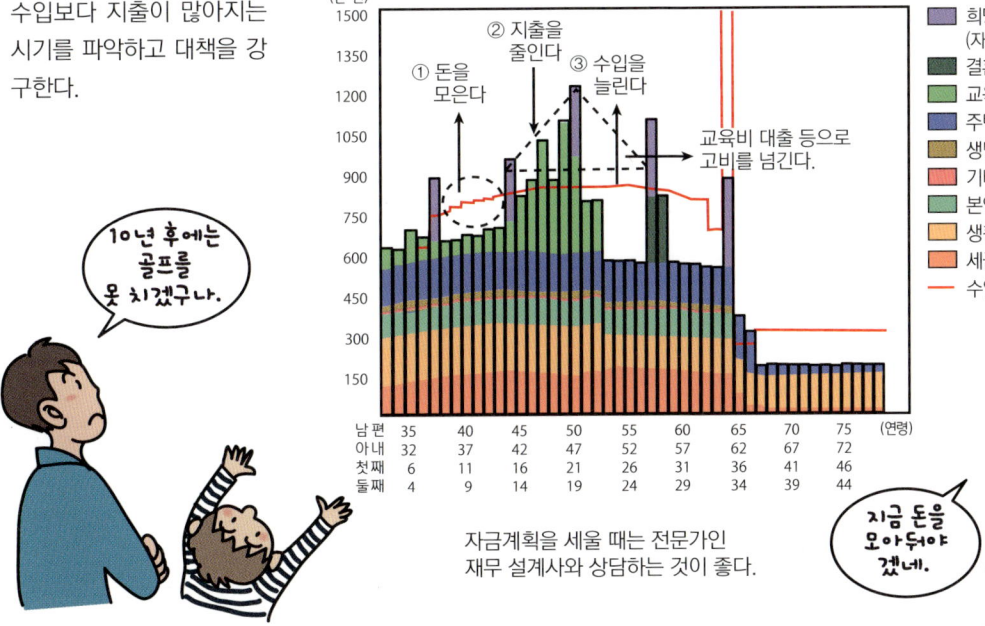

자금계획을 세울 때는 전문가인 재무 설계사와 상담하는 것이 좋다.

2가구 주택을 지으면 얼마나 절약될까?

집 두 채의 건축비와 2가구 주택 건축비의 비교

부모 가구와 자녀 가구가 각자 집을 지을 때와, 함께 살 생각으로 부모의 집을 2가구 주택으로 개축할 때는 비용이 얼마나 차이가 날까? 다음 쪽 그림에 모의계산 결과가 나와 있으니 참고해보자.

먼저 따로 집을 지을 경우를 살펴보자. 부모가 집을 지은 지 30년 후, 아버지는 집 외벽에 금이 간 것을 발견하게 된다. 내진성능 향상과 배관 교체를 목적으로 집 전체를 수리하려고 생각해 보니 비용이 상당할 듯하다. 그래서 그럴 바에는 개축을 해야겠다고 마음을 바꾼다. 한편 자녀는 아이의 출생을 계기로 '내 집 마련'을 계획한다.

이럴 때 부모 가구의 비용에는 건축비뿐만 아니라 기존 건물 철거비까지 포함된다. 또한, 자녀 가구는 일단 땅부터 구입해야 한다. 즉 25평의 집 두 채를 건축할 비용과 기존 집 철거비를 합한 4억 4천 만 원에다가 토지 구입비가 추가되는 것이다.

한편 2가구 주택을 짓는 경우는 어떨까? 면적이 두 배인 50평짜리 주택을 지으려 하겠지만 실제로는 면적이 그것보다 줄어들게 마련이다. 그러므로 현관을 공유하는 45평 정도의 2가구 주택을 짓는다고 가정하자. 급배수와 욕실, 주방 설비를 각각 갖춰야 하므로 2가구 주택의 평당 건축비는 1가구 주택보다 10% 정도 비싸다. 그래서 건축비는 4억 2천 만 원. 각각 지을 때의 4억 4천 만 원에 비해 2,000만 원이 절감된다는 계산이다. 만약 자녀 가구가 이미 땅을 소유하고 있다면 2가구 주택의 경제적 이득은 크지 않은 셈이다. 그러나 문제는 입주 후의 유지비다.

매달 들어가는 유지비를 생각하면 2가구 주택의 완승

전기, 수도, 가스 등의 에너지 비용을 두 가구가 각각 계약하면 기본요금부터 두 배가 된다. 2가구 주택에서 10년을 산다고 하면 그 비용도 적지 않은 금액이 된다. 재산세도 마찬가지다. 한 채를 소유하느냐 두 채를 소유하느냐에 따라 토지와 건물에 부과되는 세금이 결정되니 그 차이가 상당하다. 만약 1년에 30만 원 가량 차이가 난다면 10년이면 약 300만 원을 절약하게 된다.

또 주택 관리비로는 집 한 채에 매해 약 200만 원 정도를 비축해 놓아야 한다. 따라서 집을 한 채로 줄이면 10년 동안 2,000만 원이 절약된다. 만약 외부조명과 대형 급탕기까지 공유한다면 실제로는 격차가 더 벌어질 것이다. 이처럼 유지비까지 감안하면 2가구 주택이 압도적으로 유리함을 알 수 있다.

땅을 살 필요가 없다

2가구 주택에는 세금이나 에너지 비용이 덜 드는 것보다 더 큰 장점이 있다. 바로 자녀 가구가 땅을 구입하지 않아도 된다는 점이다. 부모가 소유한 본가의 부지에 2가구 주택을 지을 수 있는 것은 매우 큰 행운일 것이다.

2가구 주택의 경제성을 따져보자

Q. 어느 쪽이 유리할까?

각각 따로 지을 때 (두 채를 건축할 경우)

- 주택 본체 공사비 :
  약 25평(82.5㎡) × 600만 원 = 1억 5,000만 원
- 설계·감리비 + 허가비 등 : 2,500만 원
- 기존 건물 철거비 : 1,500만 원

- 주택 본체 공사비 :
  약 25평(82.5㎡) × 600만 원 = 1억 5,000만 원
- 설계·감리비 + 허가비 등 : 2,500만 원
- 토지 구입비

합계 : 3억 6,500만 원 + 토지 구입비

이 외에도 임시 주거비, 이사비, 세금 등이 각각 든다.

완공 후 유지비 : 약 480만 원
(약 240만 원 × 2) / 년
- 매달 에너지 사용료 (수도/가스/전기) :
  기본료 약 80만 원~ / 년
- 관리·보수비 : 400만 원(200만 원 × 2) / 년

2가구 주택을 지을 때

- 주택 본체 공사비 :
  약 45평(148.5㎡) × 600만 원 = 2억 7,000만 원
- 설계·감리비 + 신청비 등 : 4,000만 원
- 기존 건물 철거비 : 1,500만 원

합계 : 3억 2,500만 원

이 외에도 임시 주거비, 이사비, 세금 등이 각각 든다.

완공 후 유지비 : 약 240만 원 / 년
- 매달 에너지 사용료 (수도/가스/전기) :
  기본료 약 40만 원~ / 년
- 유지·보수비 : 200만 원 / 년

*건축비와 관련 예산은 국내 실정에 맞춰 산출하였음.

알아두면 이득이 되는
집 짓기 예산 계획

자녀가 부모의 토지를 담보로 주택융자를 받을 수 있다

2가구 주택을 지을 때는 자녀가 부모의 토지를 담보로 주택융자를 받는 경우가 가장 많다. 단, 이때 금융기관의 대출 계좌는 하나여야 한다. 부모와 계좌를 따로 만들 수도 있지만 그러면 등기도 따로 해야 하므로 건축기준법상 두 채의 주택, 즉 '공동주택', '연립주택'으로 간주된다.

대출금액에 따른 월별 상환액을 파악한다

2가구 주택의 바닥면적은 일반적으로 1가구 주택의 약 1.8배다. 그러다 보니 건축비도 불어나서 큰 금액을 대출할 경우가 많다. 따라서 융자 상품으로는 이후 금리가 오를 위험이 없는 상품을 이용하는 것이 좋다.

만약 2.75%의 금리에 30년 상환 조건으로 2억 원을 빌리면 매달 82만 원 정도를 갚아야 하고, 1억 원을 빌리면 매달 약 41만 원을 갚아야 한다. 대출금이 늘어날 때마다 월별 상환액도 그렇지만, 30년으로 계산하면 차액이 어마어마해진다. 이 금액이 크다고 생각하면 대출액을 최대한 줄이자.

부모의 도움을 받을 경우 절세법을 알아보자

대출액을 줄이기 위해 건축비 일부를 부모에게서 받으면 어떨까? 일반적으로 재산의 이동에는 증여세가 부과되기 때문에 부모로부터 받은 자금도 당연히 과세 대상이 된다. 이 경우 수증자인 자녀가 증여 전 10년 이내에 다른 증여 받은 재산이 없다면 직계존속으로부터 증여 받은 재산의 과세가액에서 5,000만 원을 공제받을 수 있다. 또 주택을 부부 공동명의로 하면 증여세의 누진율을 낮춰 혼자 명의로 할 때보다 가족이 부담하는 증여세 총액을 낮출 수 있다. 또 증여가 있을 경우 3개월 이내에 관할 세무서에 신고해서 탈세가 되지 않도록 주의가 필요하다.

우리나라는 1가구 2주택은 세금을 비롯해 불이익이 많다. 그렇다면 2가구 1주택인 가정은 혜택이 없는 걸까? 혜택이 있긴 하다. 한집에서 나이든 부모와 함께 살면서 부모를 모실 경우에는 그 집이 부모의 명의로 된 집이면 나중에 그 집을 자식이 물려받게 될 경우 상속세를 면제해준다. 물론 5억 원 이하인 집이어야 하고, 20년을 같이 살아야 한다는 조건이 붙긴 하지만, 그래도 부모와 떨어져 사는 자식들에게는 주지 않는 상속세 면제 혜택이다. 세금 혜택이 하나 더 있는데, 부모님도 1가구 1주택이고, 본인도 1가구 1주택인 경우, 두 집을 합쳐서 온가족이 모여 살게 되면 갑자기 1가구 2주택이 되는 셈이다. 그러므로 남은 집 하나는 5년 안에 팔면 1가구 2주택으로 보지 않고 1가구 1주택으로 보고 양도 소득세 혜택을 준다. 하지만 이것은 생각해보면 혜택이라기보다 부모님과 집을 합치는 과정에서 생기는 불이익을 없애 주는 것이므로 딱히 혜택이라고 하기는 어려울 수도 있다.

집을 지을 때 어떤 비용이 발생할지는 상황에 따라 다양하다. 건축비뿐만 아니라 완공까지 임시로 살 거처를 마련해야 할 경우 집세나 짐 보관료 등도 발생하고 이사 비용도 든다. 지불시기에 맞출 수 있도록 자금 운용을 포함해 전체적인 과정을 미리 파악하자.

대출은 신중하게 결정하자

Q. 대출 금액에 따라 매달 얼마를 갚아야 할까?

주택금융공사 'U-보금자리론', 30년 상환 조건, 고정금리 2.75%일 경우 (원리금 균등 상환)

- 3억 원 대출시 상환액 = 약 122만 원/월(총 상환액은 약 4억 4,089만 원)
- 2억 원 대출시 상환액 = 약 82만 원/월(총 상환액은 약 2억 9,393만 원)
- 1억 원 대출시 상환액 = 약 41만 원/월(총 상환액은 약 1억 4,693만 원)

* 향후 'U-보금자리론'의 금리는 변화될 것으로 예상됨. (위 금리는 2016년 12월 기준)

2가구 주택을 지은 세 가족의 사례 (건축비로 3억 원이 들었을 경우)

전액을 융자로 해결한 A 씨 가족은 **매달 122만 원**을 상환하느라 살림이 빠듯해져서

여행도 술도 골프도 끊어야 했다.

부모에게 1억 원을 받은 B 씨 가족은 **매달 82만 원**을 다른 곳에 쓸 수 있었다.

지원해주셔서 감사합니다!

할아버지

다 함께 탈 수 있는 승합차 구입!

사립학교에 다녀요!

미리 저축한 돈 1억 원과 부모에게 받은 돈 1억 원이 있었던 C 씨 가족은 **매달 41만 원**을 갚으며 여유롭게 살 수 있었다.

30년 동안이면 대체 이게 얼마야? 어머나, 집 한 채 더 지을 수 있겠어요.

다행이에요!

젊을 때 모아두길 잘했어!

🏠 2가구 주택 이야기 ❶
2가구 주택이란?

땅 하나에 집 두 채, 2가구 집 짓기

'2가구 주택'이란 한 지붕 아래, 각각의 생활에 독립성을 주어 생활은 따로 하면서 한 거주지에 독립된 두 세대가 함께 사는 주거 형태를 말한다. 하나의 토지에 두 채의 집을 나란히 맞붙여 짓는 집을 미국에서는 '듀플렉스 홈 Duplex home'이라 부르고 있으며, 우리나라에서는 흔히 '땅콩집'이라는 이름으로 알려졌다.

2가구 주택은 우리나라에서는 전원주택을 통해 대두되기 시작했지만, 이미 일본에서는 이미 널리 사용되고 있는 개념이다. 특히 일본보다 급속도로 고령화 사회로 진입하고 있는 우리나라는 라이프 스타일 또한 빠르게 변화하고 있어 조부모와 부모, 자녀로 이루어진 3세대가 함께 사는 2가구 주택의 수요는 더욱 증가되고 있는 추세다.

시대 변화에 따라 가족의 구성은 대가족에서 핵가족, 1인 가구 등으로 달라진 모습을 보여 왔다. 특히 최근 5년간은 또다시 가족의 형태가 변화하고 있다. 조부모와 부모, 자녀가 함께 모여 사는 3대 가족 형태가 나타나고 있는 것이다. 여성가족부의 자료에 따르면 3대 가구 비율은 2010년 4.9%에서 2015년 5.7%로 증가한 것으로 나타났다. 조부모는 가족과 함께 은퇴 후 여유로운 생활을 하고, 부부는 아이 양육과 집안 살림에 도움을 받는 등 구성원 간 역할을 적절히 분담해서 서로 돕고 살아가기를 원하는 경우가 늘어나고 있는 것이다.

조부모, 부모, 자녀가 한집에 3세대 2가구 주택

2가구 주택의 장점이자 단점은 한 공간을 공유한다는 것이다. 그렇게 때문에 고려할 점 역시 존재한다.

2가구 주택은 부모와 자녀 세대가 한 집에 거주하면서도 별도의 집처럼 독립된 공간을 확보할 수 있고, 토지매입 비용과 건축 비용을 두 집이 같이 내기 때문에 비용 부담을 줄일 수 있다는 장점이 있다. 어르신들의 경우 도심지의 마당이 있는 집에서 지낼 뿐 아니라 자녀와 함께 거주할 수 있어 선호한다. 또 가족이 함께 살지 않게 되는 경우에는 세입자를 받을 수 있어 노후에 고정 수익까지 기대할 수 있다.

하지만 세대와 기호도 다른 부모와 자식이 함께 사는 2가구 주택에는 '적당한 거리'가 필요하다. 한 지붕 아래 생활기능을 완전히 분리한다면 세대마다 다른 인테리어 취향이나 감각을 반영할 수 있고, 독립된 생활을 실현하면서, 서로가 곁에 있어 걱정하는 마음도 줄일 수 있게 된다. 조부모, 자녀, 손자의 3대가 함께 사는 2가구 주택은 세월이 흐름에 따라 생활 방식도 달라진다. 3대가 함께 살며 생활의 즐거움과 활력을 주기도 하지만, 부모와 자식이라고 해도 라이프 스타일이나 생각의 차이가 있기 때문에 서로의 독립된 공간을 존중하고 배려하는 생활이 필요하다.

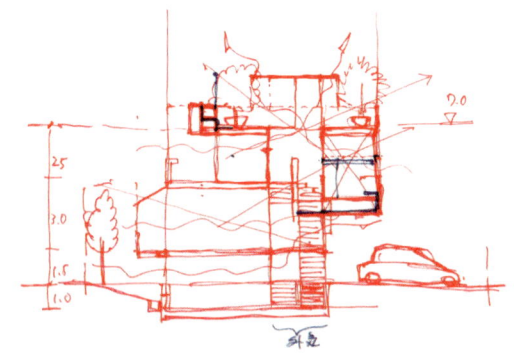

지하실이 딸린
3층짜리 2가구 주택의
도면 스케치

2가구 주택은
언제 처음 등장했을까?

'2가구 주택'이란 무척이나 간결하고 이해하기 쉬운 명칭이다. 이 말을 누가 처음으로 사용했는지 확실하지는 않지만, 일본에서는 건축기업 '아사히카세이 홈즈' 사가 지금으로부터 40년 전인 1973년에 2가구 주택을 연구하기 시작하여, 1975년에 외부 계단이 달린 상하 분리형 2가구 주택을 최초로 상품화한 것으로 알려져 있다.

1973년은 세계적으로 1차 석유파동이 일어난 해이자 일본에서는 제2차 세계대전 종전 후 계속되던 주택 부족 현상이 점차 해소되어 통계상 1가구 1주택이 달성된 해이기도 하다. 그 후 더 심한 주택난이 찾아오기는 했지만, 이때부터 사람들은 양보다 질을 우선하여 주거 수준 향상을 꾀하기 시작했다. 사실 일본뿐 아니라 우리나라에서 지금까지도 2가구 주택에 대한 정식 통계조사는 실시된 적이 없다. 일본의 경우 1998년에 총무성이 주택에 주방이 몇 개인지를 조사한 것이 전부다. 그에 따르면 당시 주방이 2개 이상인 주택 수는 전국에 160만 채에 달했고, 이는 당시 주택 총수의 3.6%에 해당하는 것으로 나타났다.

도시화를 등에 업고 확대된
2가구 주택의 수요

최근 일본에서는 2가구 주택을 지으려는 사람이 다시 늘어나고 있다. 그 사회적 배경으로는 땅값 인상으로 인한 토지 취득의 어려움과 불안한 경제 상황 등을 들 수 있다. 육아휴가제도가 실시되어 맞벌이 가구가 늘어난 탓에 육아 대책이 필요해졌고, 사회가 노령화되면서 고령의 부모 역시 자녀의 도움을 필요로 하게 된 것 또한 2가구 주택의 인기를 뒷받침하고 있다. 이뿐만 아니라 2가구 주택의 형식이나 설계기법이 다양화되어 동거의 단점을 극복할 수 있게 된 것도 최근의 인기를 부채질한 것으로 보인다.

2가구 주택을 선택한 사람 중에는 부모와 함께 살겠다고는 하지만 도심의 땅값이 너무 비싸져서 어쩔 수 없이 한집에 살기로 결정한 경우도 많다. 따라서 여전히 그들의 가족은 내용상으로는 핵가족이다. 그렇기 때문에 대부분은 분리형 설계 방식을 보다 선호하게 되었을 것이다.

두 가구가 함께 살다 보면 당연히 단독가구에는 없는 다양한 문제가 생기기 마련인데, 그런 문제를 어떻게 해결하느냐가 무엇보다 중요하다. 또한 딸 부부와의 동거인지, 아들 부부와의 동거인지에 따라서 각기 다른 외관과 평면계획이 제안되기도 하였다.

2가구 주택은 무엇보다도 '할아버지·할머니와 손자의 소통'이라는 이점을 강조하고 있다. 그 배경에는 부모에게 육아 지원을 받고 싶다는 마음과 나중에 부모를 모시더라도 근처보다는 한집에 사는 것이 편하다는 자녀 세대의 생각이 엿보인다.

최근에는 부모뿐만 아니라 독신인 형제·자매까지 부모 세대에 편입시킨 2.5가구 주택 등도 증가하고 있다.

소통과 배려, 2가구 주택의 조건

이 책에서 소개하고 있는 2가구 주택이란 주로 하나의 부지 안에서 부모와 자식 관계인 두 가구가 함께 생활하는 주거 형식을 의미한다. 그러나 형제·자매로 구성된 2가구 주택이나 친척 관계가 아닌 가구가 함께 사는 2가구 주택도 많다.

당연한 말이지만 두 가구가 함께 사는 모든 주택은 2가구 주택이다. 그중 부모와 자식의 가족이 함께 사는 경우가 많을 뿐이다.

그럼 부모와 자식이 아닌 친척들로 구성된 2가구 주택은 특이하다고 봐야 할까? 물론 그럴 때만 생기는 독특한 특징과 상황은 있겠지만 역사적으로 보면 친척들이 모여 사는 주거 형태가 결코 드물지 않다. 그렇게 생각하면 2가구 주택의 영역도 크게 확장될 것이다.

함께 산다는 것은
공공과 개인의 관계, 자율에 관한 문제

사람은 혼자서는 살 수 없다. 그래서 누구나 자유롭게 살기를 원하면서도 남의 자유를 존중하려고 노력한다. 남의 자유를 존중하려면 때로 자신의 욕구를 참을 줄 알아야 한다. 공동생활이란 이처럼 자신과 남의 자유를 존중하는 태도가 구현된 삶의 형태라 할 수 있다.

공동생활의 윤활유는 '배려'다. 그런데 이 배려에는 얼마간의 '간섭'도 포함되므로 공동생활에는 늘 갈등이 존재한다. 즉 함께 사는 공간이란 남을 받아들이는 공간이며, 배려와 갈등이 교차하는 공간이다. 그러므로 서로가

지긋지긋해질 때면 혼자 자유롭게 지낼 만한 개인 공간도 반드시 필요하다. 이것은 두 가구가 모여 살 때뿐만 아니라, 여러 사람이 함께 사는 한 겪을 수밖에 없는 모든 가족의 보편적인 문제다.

자유로운 생활 공간을 구현하는 일은 '남에 대한 수용성'을 공간에 어떻게 녹여내느냐에 달려 있다. 결국 공동생활 공간에서 가장 중요한 것은 사회, 즉 공공과 개인의 관계에 관한 문제이자 자율에 관한 문제임을 알 수 있다.

가족 구성원 모두가 행복한
원만하고 자유로운 공동 공간

1960년대까지만 해도 일반적인 전통 주택에서는 장지와 맹장지로 공간을 구분했다. 장지는 나무틀 안에 종이나 천을 바르고 격자를 덧댄 창호를 말한다. 맹장지는 장지 표면에 두꺼운 종이를 덧발라 격자를 가린 것인데, 대개 하나의 커다란 공간을 분할하기 위해 설치한다.

이런 집에서는 개인의 공간에서 나는 소리와 기색이 다 전달되는 한편 개인의 모습은 가려졌다. 쉽게 여닫을 수 있는 이런 장지나 맹장지를 열어 놓느냐 닫아 놓느냐는 순전히 거주자의 도덕성에 달린 문제였다.

이 '가려짐'이란 매우 중요한 요소다. 뚫려 있어 기척과 소리는 다 전달되지만 모습은 숨길 수 있는 개인 공간. 이런 곳이라면 공동생활을 하면서도 안심하고 자유롭게 지낼 수 있다.

원만하고 자유로운 공동생활 공간이란 문을 꽉 닫아 걸

어 기색도 소리도 새어나가지 않게 만든 소통 부재의 공간은 아닐 것이다. '열기'와 '닫기'를 아우르는 사고방식이야말로 가구 사이의 원활할 소통을 가능케 하는 열쇠다.

'가려짐'과 '드러남'의 중요성
'비켜가기'를 공간에 반영하면

이처럼 공동생활 공간에는 '가려진 곳'과 '드러난 곳'이 반드시 필요하다. 이 두 공간이 공존해야만 균형 잡힌 공동생활이 가능하다.

이상적으로 말하면 가족들이 모여 즐겁고 유쾌한 시간을 보내기 위해 공간의 논리적 관계성을 따질 필요는 없다. 생활 자체가 '혈연'이라는 행복한 관계 위에 성립되어 있으니 말이다.

그러나 이상과 달리 현실에서는 1가구 주택이든 2가구 주택이든 가족이 지긋지긋해지는 순간이 반드시 있다. 일상이란 그런 것이다. 그러므로 공동생활 공간에는 그럴 때를 위한 대비책이 있어야 한다. 어떤 사람은 현관으로 들어온 후 누구나 가족실을 거쳐 개인 공간으로 가게 만들어야 한다고 주장한다. 그래야 가족끼리 접촉이 많아져 부모와 자식의 관계가 돈독해진다는 것이다.

그런데 그런 집이라면 서로가 꼴도 보기 싫어졌을 때는 대체 어떻게 해야 할까? 얼굴을 돌린 채 상대방의 눈앞을 지나갈 수밖에 없다. 이러면 불편한 감정을 노골적으로 드러내는 셈이니 관계를 회복할 기회조차 사라지지 않을까? 개인 공간에 이르는 길을 '접촉의 장'으로 만들기보다

그 길을 적당히 '가려진 곳'으로 만들어서 자연스러운 행동을 유도하는 편이 낫다.

집 안에 존재하는 '사회의 모형'
갈등도 배려도 필요하다

이처럼 2가구 주택에서는 개인 공간과 공동 공간을 적절히 배합하여 가족 구성원 각자의 자유를 보장해야 한다. 공동생활의 관점에서 생각하면, 2가구 주택은 친척 등 '남'과 함께 사는 곳, 즉 남과의 관계 위에 이루어진 '사회의 모형'이라 할 수 있다.

그러나 현대의 주택은 완벽하리만치 사적인 공간이 되어, 앞서 말한 '사회의 모형'으로서의 기능을 깡그리 잃고 말았다.

그나마 공적인 공간으로 통했던 거실조차 완전히 닫힌 사적인 공간이 되었을 정도다. 이처럼 집 안에서 사회적 관계가 사라지자 현대인의 소통 능력은 눈에 띄게 떨어졌고, 결국 지금처럼 수많은 사회 문제가 일어나게 되었다. 그러므로 주택의 이러한 사회적 역할을 회복시키는 데에도 다양한 2가구 주택 설계가 반드시 필요하다.

그럼 이제 자연스러운 배려와 소통이 존재하면서도 자신의 생활에 잘 맞는 쾌적한 공간을 머릿속에 그려 보자.

PART
2

사례로 배우는
2가구 주택 설계

동거형 설계
[사자에 씨의 집]

부모, 자녀, 손자·손녀가 하나의 가족으로 어우러져 소통하는 공간을 만든다

　부모 가구와 자녀 가구가 주방과 욕실을 공유하는 '동거형 설계'에서는 두 가구가 하나의 가족으로 살게 된다. 이때는 온 가족이 즐겁게 지낼 수 있도록 가구 간의 적극적인 소통을 유도하는 장치가 필요하다. 예를 들면, 가족이 한곳에 자연스럽게 모이도록 공간을 배치하고 공통된 취미를 함께 즐길 방을 만든다. 또한 정원과 옥상 등 외부 공간을 소통의 장으로 마련하는 것이다.

　이처럼 가구 간의 소통을 원활하게 하는 한편, 각각의 가구 역시 편하게 지내도록 만들어야 한다. 그러려면 우선 침실 등 사적인 공간을 쾌적하게 설계하자. 또 거실을 L자형으로 배치하여 여러 영역이 생기게 함으로써 두 가구 사이에 적당한 거리감이 느껴지게 하거나 거실 상부에 아트리움을 적용하여 확장감을 느끼게 하자. 그리고 부모가 나이가 많아져도 외부와의 교류가 끊어지지 않도록, 나중에 휠체어를 이용할 것까지 미리 감안하는 것이 좋다. 고령자도 방에만 있지 않고 심신의 건강을 유지할 수 있는 설계가 필요하다.

특히 생활 소음에 주의하여 최소한의 사생활을 확보한다

　하나의 가족으로 생활한다고는 하지만, 역시 두 가구가 같이 사는 만큼 최소한의 사생활은 확보하는 것이 좋다. 이때의 관건은 부모 가구의 방 배치다. 서로의 모습과 방 안이 보일지, 서로의 기척을 느낄 수 있을지는 도면으로 비교적 쉽게 확인할 수 있다. 그러므로 자연스럽게 적절한 거리감을 고려하여 공간을 배치하면 된다. 또한, 의류와 식품 수납장을 각각 관리하게 할지도 설계 단계에서 선택할 수 있다. 그러나 생활 소음은 도면에 드러나지 않기에 자칫하면 놓치기 쉽다. 특히, 서로 활동하는 시간대가 다른 탓에 자녀 가구가 아무 생각 없이 밤에 내는 생활 소음이 일찍 잠드는 부모에게 큰 스트레스를 줄 수 있다. 또 아무리 귀여운 손자라도 매일 밤 쿵쿵거리는 발소리 탓에 잠을 설치게 되면 가족 간 갈등이 일어나기 쉽다. 설사 부모가 참고 산다 해도 스트레스가 건강에 나쁜 영향을 미칠 것이다.

　생활 소음은 눈에 보이지 않는 문제인 만큼, 경험이 풍부한 설계자가 미리 공법과 설계를 점검해야 한다. 구체적으로 같은 층 내에서는 부모의 침실로부터 공용 거실, 주방, 화장실, 욕실을 되도록 멀리 떼어놓아야 한다. 또 부모의 침실이 1층에 있다면 그 바로 위에 상하수도 배관이나 자녀 가구의 침실을 배치하지 말아야 한다. 나아가 바닥과 벽, 문의 방음 성능을 강화하고 설비·기기와 상하수도의 배관 위치를 꼼꼼하게 점검하자.

서로의 기척을 느낄 수 있게 하여 배려를 유도한다

　부지 조건이나 비용의 제약 때문에 도저히 해결할 수 없는 문제도 있다. 그렇다면 거주자가 서로를 자연스럽게 배려하게 만드는 설계로 갈등을 방지하자. 직접 가서 보지 않아도 아트리움을 통해 서로의 동향을 살피거나 부모 방에 불이 켜졌는지 확인할 수 있게 하면 어떨까? 아무리 친해도 최소한의 예의는 지켜야 하는 법이다. 가족끼리 체면을 차릴 필요는 없지만 적당한 배려는 꼭 필요하다.

[나카무라 다카요시]

 **Point**

분리 없는 **설계기법**

- 가족 간의 원활한 교류를 유도하는 장치를 적극적으로 마련한다.
- 부모 가구의 방은 외부와 교류하기 편한 곳에 배치한다.
- 부모 가구가 나중에 휠체어를 이용할 경우도 고려한다.
- 동거형 설계라도 최소한의 사생활은 지킬 수 있게 한다.
- 발소리와 물소리 등 생활 소음에 특히 유의한다.
- 서로의 기척을 느낄 수 있게 설계하여 배려를 유도한다.

평면도

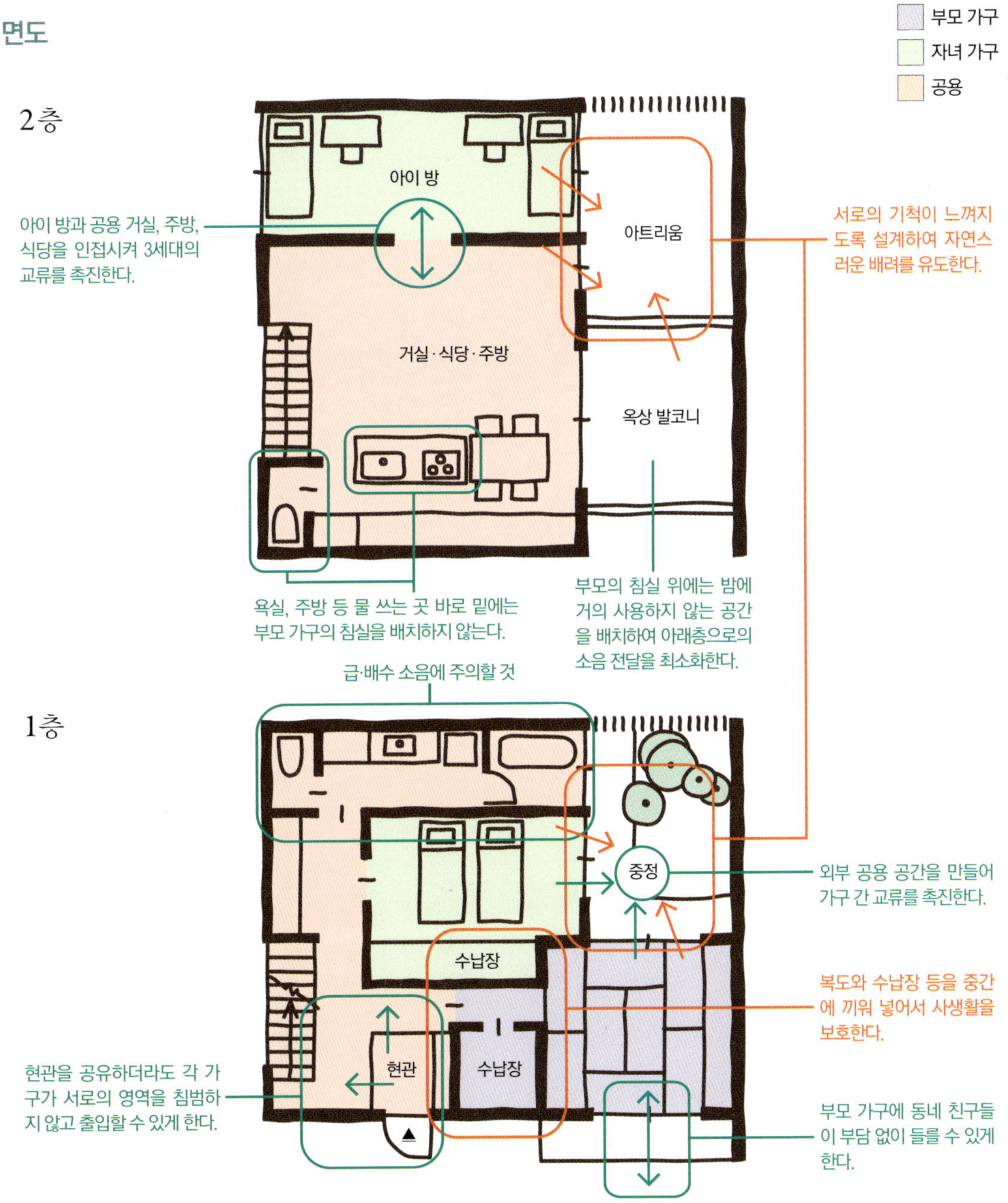

2층

부모 가구
자녀 가구
공용

아이 방

아트리움

아이 방과 공용 거실, 주방, 식당을 인접시켜 3세대의 교류를 촉진한다.

서로의 기척이 느껴지도록 설계하여 자연스러운 배려를 유도한다.

거실·식당·주방

옥상 발코니

욕실, 주방 등 물 쓰는 곳 바로 밑에는 부모 가구의 침실을 배치하지 않는다.

부모의 침실 위에는 밤에 거의 사용하지 않는 공간을 배치하여 아래층으로의 소음 전달을 최소화한다.

급·배수 소음에 주의할 것

1층

중정

외부 공용 공간을 만들어 가구 간 교류를 촉진한다.

수납장

복도와 수납장 등을 중간에 끼워 넣어서 사생활을 보호한다.

현관

수납장

현관을 공유하더라도 각 가구가 서로의 영역을 침범하지 않고 출입할 수 있게 한다.

부모 가구에 동네 친구들이 부담 없이 들를 수 있게 한다.

39

두 가구가 함께 이용하는 거실·식당은 **큰 창문**을 내서 개방적으로 보이게 한다

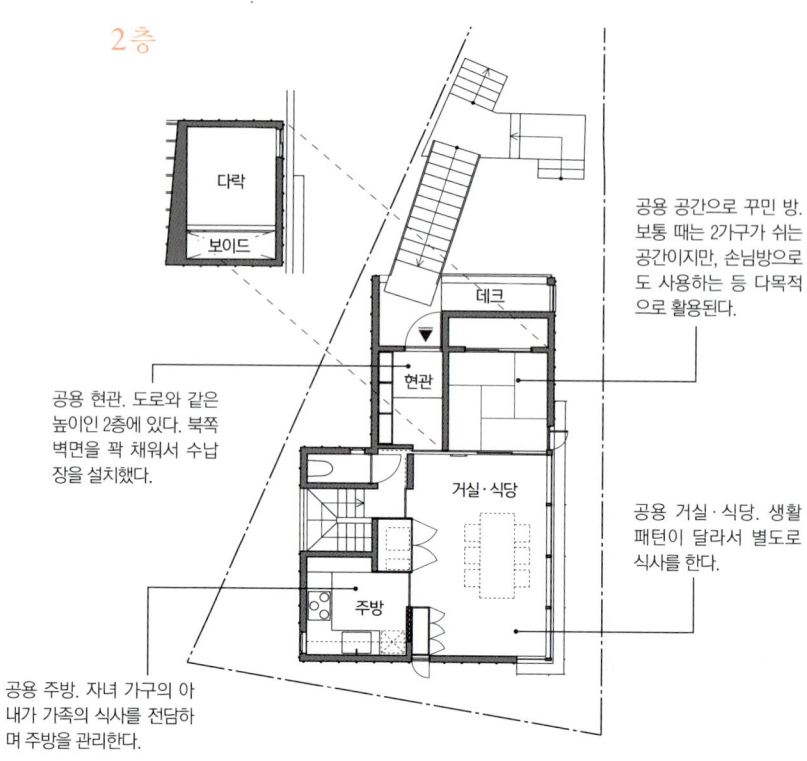

2층

공용 공간으로 꾸민 방. 보통 때는 2가구가 쉬는 공간이지만, 손님방으로도 사용하는 등 다목적으로 활용된다.

공용 현관. 도로와 같은 높이인 2층에 있다. 북쪽 벽면을 꽉 채워서 수납장을 설치했다.

다락

보이드

데크

현관

거실·식당

주방

공용 거실·식당. 생활 패턴이 달라서 별도로 식사를 한다.

공용 주방. 자녀 가구의 아내가 가족의 식사를 전담하며 주방을 관리한다.

부모의 방

젊은 부부의 방

건축개요

소 재 지	가나가와 현 요코하마 시
대지면적	135.05㎡(40.9평)
연 면 적	101.03㎡(30.6평)
설　　계	기타가와 히로키 건축 설계

준공 시 가족 구성

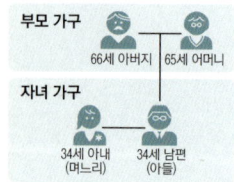

부모 가구
66세 아버지　65세 어머니

자녀 가구
34세 아내 (며느리)　34세 남편 (아들)

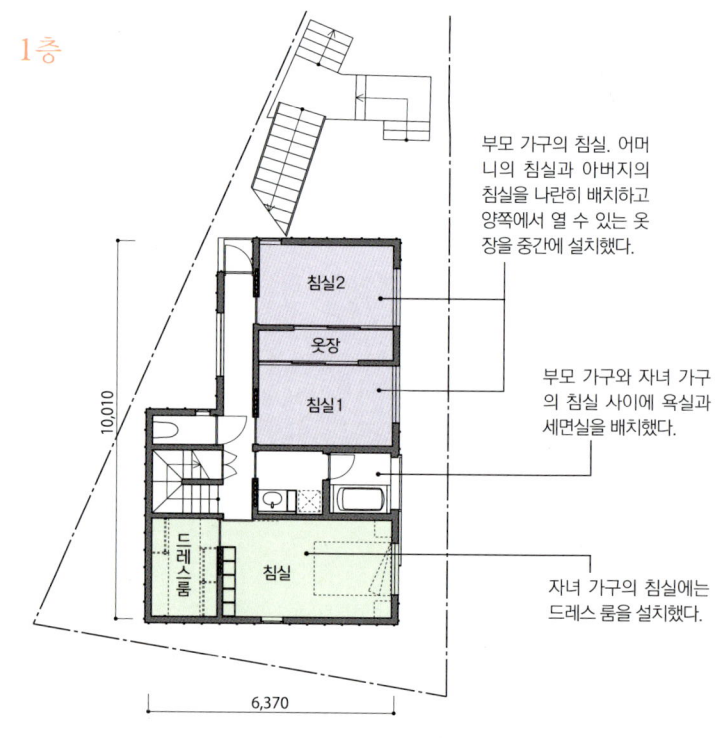

1층

부모 가구의 침실. 어머니의 침실과 아버지의 침실을 나란히 배치하고 양쪽에서 열 수 있는 옷장을 중간에 설치했다.

침실2

옷장

침실1

드레스룸

침실

10,010

6,370

부모 가구와 자녀 가구의 침실 사이에 욕실과 세면실을 배치했다.

자녀 가구의 침실에는 드레스 룸을 설치했다.

S=1:200

욕실과 세면실을 사이에 둔 두 가구의 사적인 공간

　정년을 맞은 부모의 집을 2가구 주택으로 개축했다. 가족은 부모 가구 부부와 자녀 가구 부부로 총 4명이다. 건축주는 디자인을 중시하면서도 오래 살아 익숙해진 집의 이미지를 유지하고 생활의 편리함을 두루 갖추기를 원했다. 부지는 시내지만 '시민의 숲'으로 둘러싸인 고지대에 있으며, 남쪽으로 기울어진 고갯길 옆에 위치해 있다.

　2가구 주택 유형 중 현관과 주방, 욕실을 공유하는 동거형에 해당하지만 식사를 따로 하는 등 생활하는 시간대가 달라, 각 가구의 생활양식은 함께 살기 이전과 동일하게 유지되고 있다. 남쪽에 큰 창을 내도 사생활을 침해받을 염려가 없는 유리한 부지조건을 활용하여 거실·식당·주방, 방을 도로와 같은 높이인 2층에 설치하고 조망을 최대한 즐길 수 있는 고정창을 연속으로 달았다. 대신 처마, 통풍용 미닫이창, 데크 공간을 활용하여 채광과 통풍을 조절하게 되어 있다. 사생활을 보호하기 위해 두 가구의 침실 사이에는 욕실과 세면실을 배치했다. 이때 욕실에는 완전히 개방되는 창을 설치하여 숲속에서 노천욕을 하는 기분이 들도록 했다.

[기타가와 히로키]

부모 가구의 침실은 부부가 따로
풍경 액자처럼 보이는 고정창과 통풍창을 설치한 침실1. 왼쪽에 부부가 쓰는 옷장이 있고 그 뒤에 침실2가 있다.

거실·식당은 풍경이 보이는 고정창과 통풍창을 통해 외부와 이어진 공간으로
남쪽과 서쪽에 고정창을 연속으로 설치하여 역동적인 풍경을 끌어들인 2층의 거실·식당. 좌식 생활에 맞추어 창 높이를 정했다.

분리 가능한 주방 공간
미닫이를 닫아서 주방을 분리할 수 있지만, 미닫이를 닫아도 상부의 뚫린 곳으로 거실·식당과 주방이 부드럽게 이어져 있는 느낌이 든다.

사생활 보호를 중시한 자녀 가구의 침실
사진 안쪽에 드레스 룸이 있다. 오른쪽 벽 뒤에는 욕실과 세면실, 그리고 부모 가구의 침실이 있다.

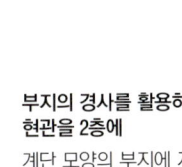

부지의 경사를 활용하여 현관을 2층에
계단 모양의 부지에 지어진 집이다. 도로에서 현관으로 가는 다리 역할을 하는 계단을 지나면 2층 현관 데크에 이른다. 지붕과 외벽에는 유지·관리가 편한 갈바륨 강판을 시공했다.

서로
마음을 나누며
사생활을 존중한다

2층

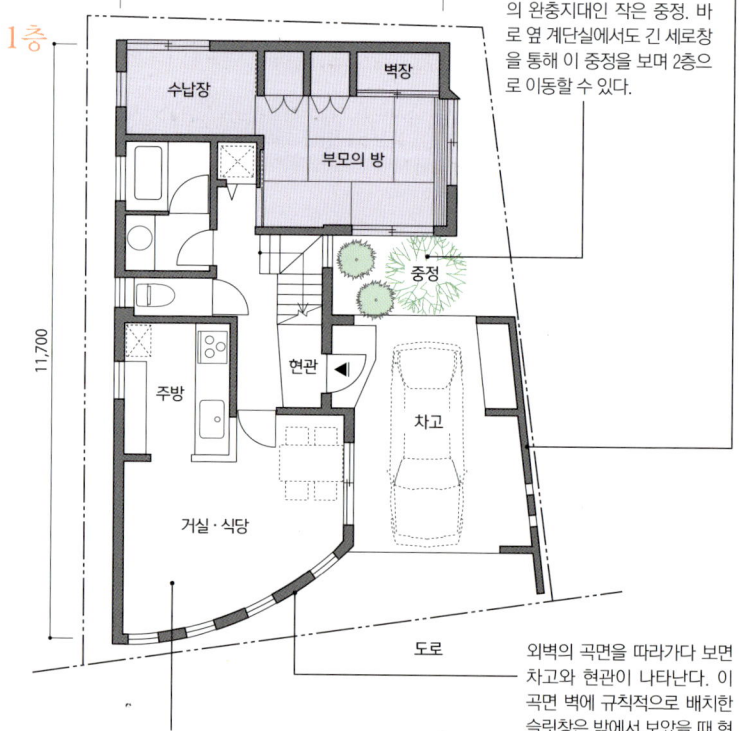

아이 방

벽장

침실

보이드

드레스 룸

거실

보이드

발코니

딸 부부와 사는 2가구 주택에는 사위만의 공간이 반드시 필요하다. 그런 면에서 이 공간은 1층의 공용 거실·식당 및 아트리움과 연결되면서도 적당한 거리감이 유지되는 이상적인 장소다.

외부 시선을 차단하여 사생활을 확보하기 위해 벽을 설치했다. 이 벽에 슬릿을 넣어 1층 차고와 2층 발코니, 거실로 빛과 바람이 전해지도록 했다.

1층

6,300

11,700

수납장

벽장

부모의 방

중정

주방

현관

차고

거실·식당

도로

부모의 휴식 공간이자 외부와의 완충지대인 작은 중정. 바로 옆 계단실에서도 긴 세로창을 통해 이 중정을 보며 2층으로 이동할 수 있다.

외벽의 곡면을 따라가다 보면 차고와 현관이 나타난다. 이 곡면 벽에 규칙적으로 배치한 슬릿창은 밖에서 보았을 때 현대적인 느낌을 준다.

■ 부모의 방
■ 사위의 공간

건축개요

소 재 지 **가나가와 현**
요코하마 시
대지면적 **102.00㎡(30.9평)**
연 면 적 **99.54㎡(30.1평)**
설 계 **AA 플래닝**

준공 시 가족 구성

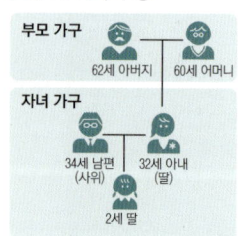

부모 가구
62세 아버지 | 60세 어머니

자녀 가구
34세 남편(사위) | 32세 아내(딸)
2세 딸

S=1:150

2가구가 공유하는 거실·식당·주방. 거실 상부는 아트리움이다. 슬릿창이 도로 쪽으로 나 있지만 벽이 곡면이라 창의 각도가 각각 다른 덕분에 외부의 시선을 차단할 수 있다.

상하층을 아트리움으로 연결하여 스트레스 없는 집으로 만든다

소규모로 개발된 교외 지역의 부지에 딸 가족과 함께 살기 위해 지은 동거형 2가구 주택이다. 방재·내진·방음을 위해 철근 콘크리트의 벽식 구조를 선택하고 연약지반을 보강했다.

온 가족의 쾌적한 생활을 위해서는 사생활 보호가 중요하다. 그래서 이 집의 인접지 경계에는 수직 벽을 세우고 도로 쪽으로는 자동차와 사람을 안으로 끌어들이는 듯한 곡면 벽을 시공했다. 곡면 벽 끝의 진입로 역시 외부에 개방되어 있지만 무거운 질감의 치장 콘크리트 벽이 닫힌 느낌을 주어 내부의 사생활이 쉽게 노출되지 않는다.

딸 가족과 살 집을 동거형으로 설계할 때는 사위만의 공간이 특히 중요하다. 그래서 1층에 공용 거실·식당·주방, 욕실·화장실과 부모의 방을 배치하고 사위가 주로 사용하는 거실을 포함한 2층은 자녀 가구가 전부 사용하도록 했다. 그런데 이처럼 전용 영역을 확보하는 동시에 서로의 기척을 전달하는 장치도 필요하다. 그래서 1층과 2층의 거실을 보이드 공간으로 연결하여 스트레스 없는 2가구 주택을 완성했다. [아오키 에미코]

거실 앞에 설치한 발코니
자녀 가구의 거실에서 이어지는 발코니. 강망 바닥과 벽을 이용하여 빛과 바람을 끌어들인다.

중후한 느낌의 콘크리트 벽
30평 정도의 좁은 부지에 지은 작은 집이지만, 당당한 수직 벽과 부드러운 곡선을 그리는 콘크리트 벽이 거리에 멋진 풍경을 선사한다.

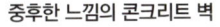

선명한 붉은색의 난간
계단 양끝의 세로창으로 들어온 빛이 복도를 환하게 밝힌다. 빨간색 난간이 차가운 느낌의 콘크리트 건물에 재미를 더한다.

서로의 기척을 전하는 거실의 작은 아트리움
거실의 아트리움과 실내창. 이 집에 규칙적으로 배열된 창은 안팎을 연결하는 중요한 요소다. 외부 창은 거리와 집을, 내부 창은 두 세대를 이어준다.

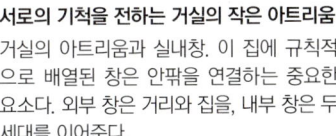

부모의 방을 별채처럼 사용해 편안한 공간으로 만든다

2층

이웃집 쪽에 벽을 세워 사생활을 보호하면서 중정의 아트리움으로 빛을 확보했다. 이 아트리움을 통해 내려다보면 2층에서도 아래층의 동향을 자연스럽게 살필 수 있다.

1층 부모 방의 지붕에 데크를 깔아 발소리 등의 소음을 최소화했다. 한편 밤이 되면 부모 방의 천창으로 불빛이 새어나와 데크 주변을 밝힌다. 그 불이 꺼지면 부모가 잠자리에 들었다는 신호이므로 서로를 자연스럽게 배려할 수 있다.

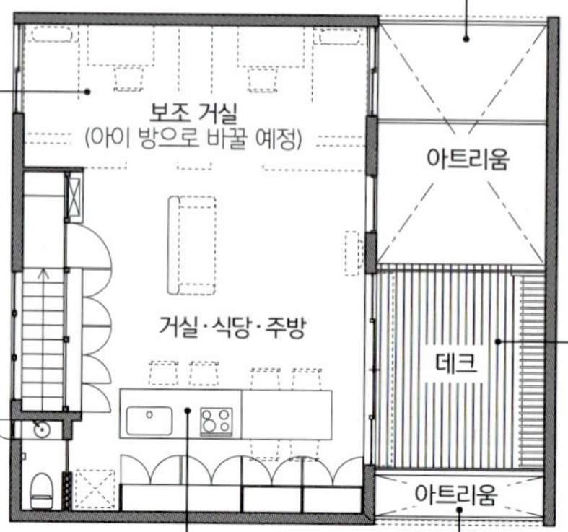

보조 거실
(아이 방으로 바꿀 예정)

아트리움

거실·식당·주방

데크

아트리움

지금은 거실로 널찍하게 이용하지만 아이 방이 필요해지면 수납가구로 공간을 나눌 예정이다.

가사 효율을 높이는 아일랜드 키친.

부모 방을 외부 시선과 직사광선으로부터 보호해 주는 루버. 도로를 향해 큰 창을 냈지만 이 루버가 심리적인 울타리 역할을 해 주어 편안하게 생활할 수 있다.

양쪽으로 외벽을 연장시키고, 동쪽으로는 목제 루버를 설치하여 사생활을 보호하는 동시에 빛과 바람을 끌어들이도록 만든 중정. 이곳에서 두 가구의 교류가 주로 이루어진다.

1층

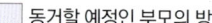
동거할 예정인 부모의 방

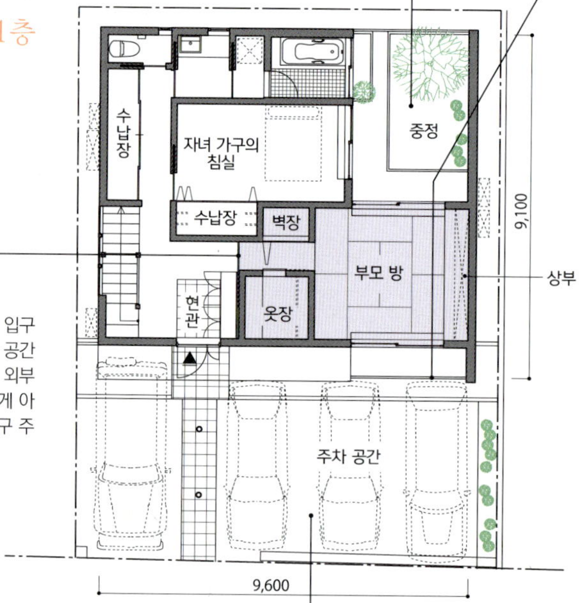

건축개요

소 재 지 가나가와 현
　　　　　오다와라 시
대지면적 161.08㎡(48.8평)
연 면 적 121.88㎡(36.9평)
설　　계 나카무라 다카요시
　　　　　건축 설계 사무소

준공 시 가족 구성

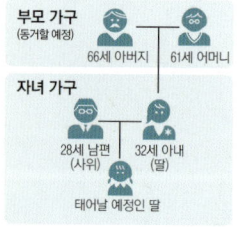
부모 가구
(동거할 예정)
66세 아버지　61세 어머니

자녀 가구
28세 남편 (사위)　32세 아내 (딸)
태어날 예정인 딸

수납장

자녀 가구의 침실

중정

수납장

벽장

부모 방

현관

옷장

상부 천창

9,100

현관홀에 설치한 미닫이가 부모 방의 입구다. 부모의 방은 다양하게 쓸 수 있는 공간으로 만들고 세 방향의 벽과 천장은 외부에 면하도록 했다. 부모의 방을 이렇게 아담한 별채처럼 구성하여 동거형 2가구 주택 내 사생활의 균형을 꾀했다.

주차 공간

9,600

Z
S=1:200

지역 특성과 직업적인 이유로 자동차 4대분의 주차 공간을 확보했다.

천창이 데크의 정원 조명으로
밤에는 1층 부모의 방에서 천창天窓을 통해 새어나
온 불빛이 데크를 밝힌다. 그 불빛이 꺼지면 부모가
잠자리에 들었다는 뜻이다. 서로를 배려하는 데 도움
이 되는 장치다.

사생활을 보호하기 위해 약간 폐쇄적으로
목제 루버가 외부 시선과 직사광선을 차단하는 동시에 부드러운 인상을 준다.

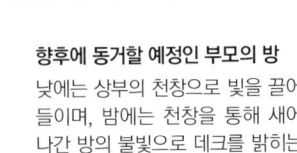

**2층 거실·식당·주방은
밝고 개방적으로**
가족 전원이 요리를 즐길 수 있도
록 아일랜드 키친을 설치했다. 나
중에 사진기가 있는 쪽에 칸막이를
하여 아이 방을 새로 만들 예정.

향후에 동거할 예정인 부모의 방
낮에는 상부의 천창으로 빛을 끌어
들이며, 밤에는 천창을 통해 새어
나간 방의 불빛으로 데크를 밝히는
구조로 만들었다.

부모 방의 천창을 2층 데크의 조명으로 활용하여 '배려'를 돕는다

　젊은 부부가 아내의 부모와 동거하며 아이 둘을 낳아 키울 생각으로 지은 집이다. 부지는 간선도로 옆에 위치해 있
고 길 건너편에는 지역의 근린생활 시설이 있다. 지역과 직업적 특성 때문에 차가 4대나 필요해 큰 주차장을 확보한
것이 특이하다. 전체적으로는 외부 소음을 차단하고 사생활을 보호하고자 외부를 약간 폐쇄적으로 디자인하고 중정
과 지붕 데크로 개방감을 느끼게 했다.

　1층에는 부부의 침실과 부모의 공간, 그리고 욕실을 중정을 둘러싸듯이 배치했다. 또한 부모 방의 도로 쪽에는 동네
친구들이 부담 없이 찾아올 수 있도록 출입창을 내는 동시에 2층 데크 앞에 설치한 목제 루버를 1층 중간까지 연장해
서 햇빛과 외부 시선을 차단했다. 이렇게 세 벽면과 상부가 외부로 연결되니 별채처럼 차분하고 편안한 느낌이 든다.
또 한쪽 벽면 상부에는 천창을 설치하여 낮에는 빛을 끌어들이고 밤에는 반대로 방의 불빛이 데크를 은은하게 밝히도
록 했다. 이 불이 꺼지면 부모가 잠자리에 들었다는 뜻이다. 이처럼 서로의 기척을 살피고 배려하도록 만드는 것이 2
가구 주택의 성공 비결이다. 2층의 거실·식당·주방은 지금은 칸막이 없이 널찍하게 쓰이고 있지만 추후 동쪽에 가구
나 칸막이를 만들어서 아이 방을 새로 만들 예정이다.

[나카무라 다카요시]

2가구가 모이는 거실·식당·주방과 아이들 방을 2층에 배치한다

다락

작은 집에서는 지붕 밑 다락이 물건 수납에 상당히 유용하므로 되도록 큰 면적을 확보했다.

2평(6.6㎡) 정도의 작은 옥상은 빨래 너는 곳으로 쓸 수 있다.

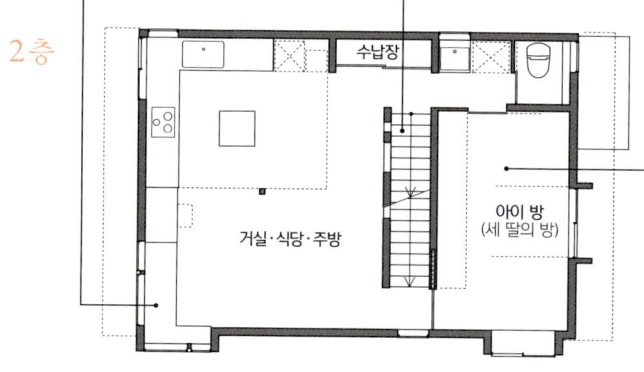

되도록 소파 등 자리를 많이 차지하는 가구를 줄이기 위해 창가에 긴 의자를 설치했다. 이뿐만 아니라 주방 옆 가사용 테이블이나 식탁까지 아이들 공부 책상으로 활용하는 등 공간을 다목적으로 사용하여 면적 효율을 높였다.

좁은 면적을 최대한 활용하기 위해 계단실을 한가운데에 배치하여 복도를 없앴다. 거실·식당·주방에는 창을 내서 빛을 끌어들였다.

아이들 방은 나중에 세 부분으로 나누어 각자의 책상을 놓을 예정이지만 칸막이를 해서 방을 세 개로 나눌 생각은 없다. 아이들 방에는 출입구를 두 개만 만들어 인접한 거실까지 연결된 공간처럼 쓸 수 있게 했다.

2층

공용 세면실에는 일곱 가족의 속옷을 수납할 가구를 두었다. 가족이 많지만 사용 시간대가 달라서 서로 부딪힐 일은 그다지 없다. 그 외에 자녀 가구의 층에도 세면대를 설치했다.

아이가 어릴 때는 부모와 함께 잘 것을 감안하여 침실을 조금 넓게 설계했다.

1층

부모 가구의 공간은 거실과 침실 방으로 구성되어 있다. 이 중 거실에는 나중에 주방을 추가할 수 있다. 그리고 침실 방에서는 외부로 직접 출입할 수 있다.

부모가 방에서 편하게 외출할 수 있도록 통로 폭을 넓혔다.

S=1:150

☐ 부모의 방

건축개요

소 재 지 가나가와 현
　　　　 요코하마 시
대지면적 92.62㎡(28.1평)
연 면 적 99.960㎡(30.3평)
설　　계 스즈키 아틀리에

준공 시 가족 구성

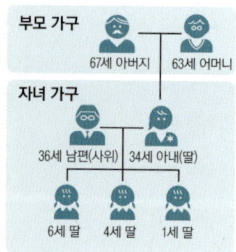

부모 가구
67세 아버지　63세 어머니

자녀 가구
36세 남편(사위)　34세 아내(딸)
6세 딸　4세 딸　1세 딸

손이 닿는 곳은 나무판으로 마감

밋밋해 보이지 않도록 상부는 미장으로 마감하고 하부는 나무판으로 마감했다. 현관 처마는 곡면 가공된 스테인리스를 사용해서 날렵해 보인다.

거실·식당·주방은 널찍하고 자유롭게

상황에 따라 식당 공간을 변경할 수 있도록 이동식 아일랜드 조리대를 설치했다. 또한 소파를 생략한 대신 모퉁이에 긴 의자를 설치하여 머물고 싶은 널찍한 공간을 만들어 냈다.

계단실은 통풍과 채광을 위한 장치

집 한가운데에 있는 계단실 벽에 구멍을 내서 남북 방향으로의 통풍과 채광을 꾀했다. 뚫린 공간은 장식 선반으로도 활용되며 거실·식당·주방뿐만 아니라 집 전체의 풍경에 재미를 더한다.

채광을 위한 지붕 밑 공간

북향인 아이들 방의 채광을 위해 계단실을 아트리움으로 만들었다. 옥상은 빨래 너는 곳 또는 간이 테라스로 이용한다.

1층 세면실은 탈의실 겸용

세면실에는 커다란 이과실험실용 세면대를 설치했다. 욕실 창으로 들어온 햇빛이 유리창 너머 세면실까지 들어온다.

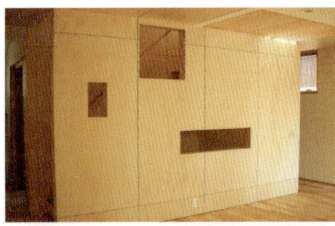

순환 동선과 다목적 거실로 좁은 집을 넓게

아내의 친정집을 2가구 주택으로 개축한 사례다. 고령의 부모 가구가 1층, 자녀 가구가 2층과 다락을 쓰는 일반적인 유형인 데다 아내의 가족에 남편이 편입되는 경우라서 함께 사는 데 특별한 문제는 없을 것으로 여겨졌다.

생활 공간을 모두 공유한다고는 했지만, 부모 가구의 독립영역을 약간 축소시켜 부모의 침실과 생활 공간을 각각 따로 확보했다. 외부로 직접 출입하는 경로도 만들고 나중에 보조주방도 설치할 수 있도록 했다. 면적 관계상 자녀 가구의 침실을 부모와 같은 층에 배치하고 두 침실 사이에 욕실을 끼워 넣었다. 계단과 아이들 방, 거실이 있는 2층에는 계단을 중심으로 한 순환 동선을 적용했다.

완공된 지 5년이 된 지금, 이 집의 아이들은 공부든 놀이든 방이 아닌 거실에서 한다고 한다. 아이들 방은 나중에 가구를 활용하여 3개 영역으로 나눌 예정이다. 또 천장에 매다는 형태의 침대를 설치하여 다락으로 가는 계단을 통해 침대에 드나들도록 할 생각이다. 동선을 고려해 세탁기를 2층에 두어 빨래가 끝나면 옥상 테라스로 바로 옮길 수 있게 했다. 작지만 개인의 공간을 충분히 배려한 집이다.

[스즈키 노부히로]

창밖으로 보이는 대나무 숲 풍경을 집 안으로 끌어들인다

2층

도로와 현관을 연결하는 나무다리. 캔틸레버 방식으로 설치했다.

인근의 대나무 숲을 감상할 수 있는 약 2.7m 폭의 전망창.

욕실·세면실은 부모 가구의 공간에 인접해 있다. 화장실 입구를 넓히기 위해 출입구에 세 짝 미닫이를 사용했다.

도로

가사실
현관
아트리움
어머니의 침실
주방
거실
발코니

계단 옆에는 작은 아트리움이 있고, 아트리움 바로 옆 2층 거실에는 거실용 수납장이 설치되어 있다.

기둥 등 구조체로 식당과 거실을 살짝 분리했다.

어머니의 방. 공용 주방의 대면식 조리대 앞에 서면 어머니의 방문이 보인다.

1층

어머니의 방

건축개요
소 재 지 가나가와 현 요코하마 시
대지면적 199.23㎡(60.4평)
연 면 적 141.08㎡(42.8평)
설   계 노구치 다이시 건축공방

준공 시 가족 구성
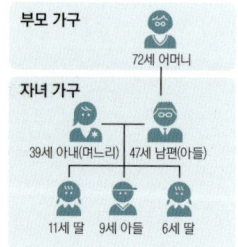
부모 가구
72세 어머니
자녀 가구
39세 아내(며느리) 47세 남편(아들)
11세 딸 9세 아들 6세 딸

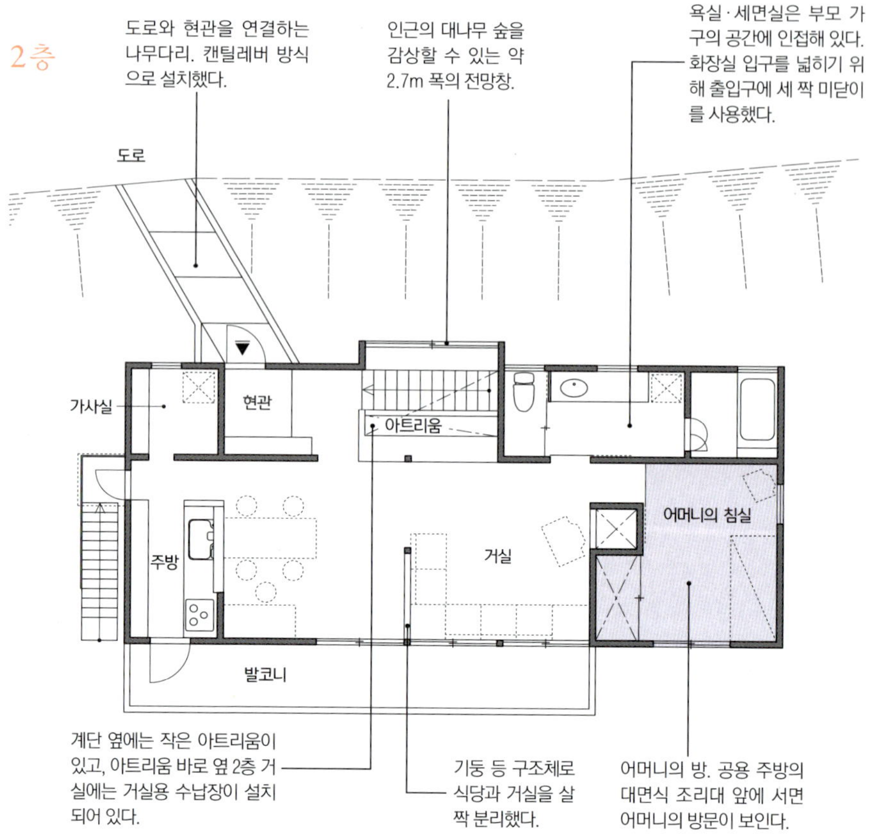

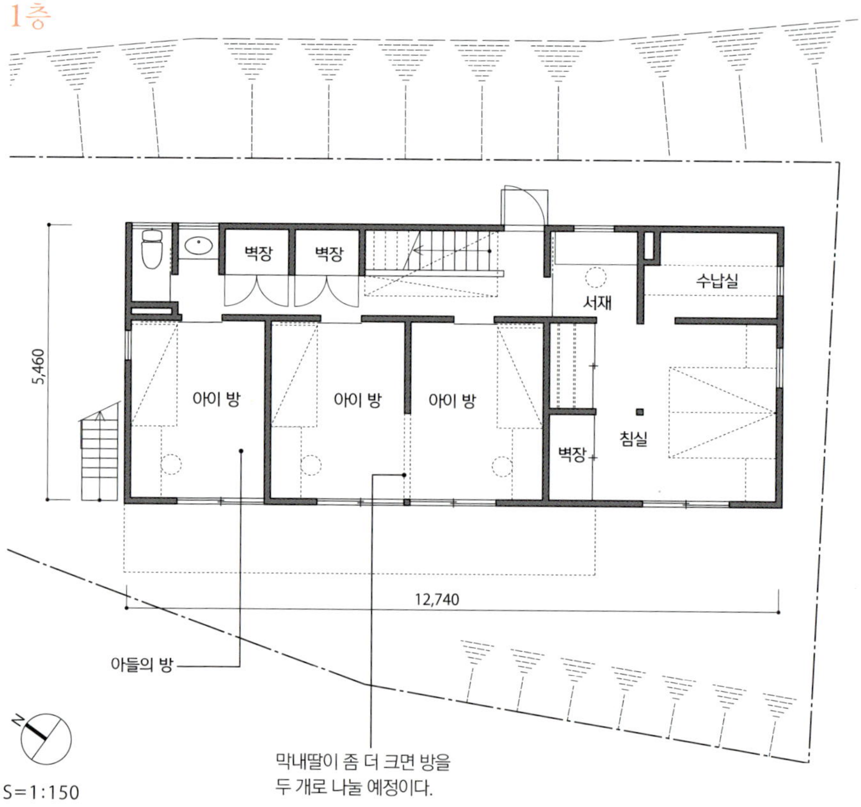

벽장
벽장
서재
수납실
아이 방
아이 방
아이 방
침실
벽장

5,460

12,740

아들의 방

막내딸이 좀 더 크면 방을 두 개로 나눌 예정이다.

S=1:150

돌출창과 아트리움으로 개방감을 더한 공간

돌출된 전망창과 작은 아트리움을 설치하여 계단실을 거실·식당과 연결함으로써 직선 계단의 답답한 느낌을 없앴다.

1층은 자녀 가구의 사적인 공간으로

2층의 현관 앞 계단을 내려오면 서재가 있는 침실이 나타난다. 오른쪽으로 가면 아이 방이다.

주변 경치와 잘 어울리는 나무다리

도로보다 낮은 부지에 위치한 집이라서 캔틸레버 형식의 나무 다리를 활용하여 2층 현관으로 가는 진입로를 확보했다.

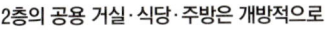

2층의 공용 거실·식당·주방은 개방적으로

현관(사진 중앙 안쪽)으로 들어서면 거실·식당·주방이 나온다. 계단 옆에 설치된 약 2.7m 폭의 전망창으로는 인근의 맹종죽을 감상할 수 있다.

어머니의 방을 거실 안쪽에 배치

사진 앞쪽에 있는 대면식 주방은 안쪽에 보이는 어머니의 방문과 마주보고 있다. 식당과 거실 공간은 기둥과 지주 등의 구조체로 살짝 분리되어 있다.

현관이 있는 층의 거실·식당·주방 곁에 어머니의 방을 배치

어머니와 동거할 이 2가구 주택은 대나무(맹종죽) 숲이 울창한 북방 경사지에 위치해 있으며, 대지 모양은 동서로 길쭉하다. 북쪽의 오솔길에서 대나무 숲을 가로지르는 듯 보이는 캔틸레버 나무다리를 건너면 건물의 2층으로 들어갈 수 있다. 현관에서 자녀 가구가 있는 1층으로 내려가는 계단 옆에는 거실 쪽으로 열린 작은 아트리움이 있다. 덕분에 계단에서도 북쪽에 설치된 커다란 전망창으로 봄부터 가을까지 특별한 경치를 즐길 수 있다. 이 창으로 보이는 우거진 대나무 숲은 건물 진입로와 거실·식당의 분위기를 북돋운다. 어머니의 방은 두 방향으로 빛을 끌어들일 수 있는 동남쪽 모퉁이에 배치했다. 이 방은 가족이 한데 모이는 거실·식당·주방에 인접해 있는 데다 현관과 같은 층에 있어서 어머니가 부담 없이 외출하기도 좋다. 이처럼 방에 틀어박히지 않고 사람들과 교류하는 것이야말로 건강 장수의 비결일 것이다. 또한 나중에 간호가 필요해지거나 휠체어를 사용할 것까지 고려하여 주방에서 어머니의 방문이 보이도록 하고 바로 그 옆에 욕실을 배치했다. 넓은 세면실, 세 짝 미닫이가 달린 화장실 입구, 최소한으로 줄인 욕실 입구의 턱 높이 등 곳곳에 세세하게 신경을 쓴 흔적이 보인다.

[노구치 다이시]

아버지와 아들이 낚시를 함께 즐기는 2가구 주택

아버지의 방

건축개요
소 재 지 **가나가와 현 요코하마 시**
대지면적 **49.07㎡(14.9평)**
연 면 적 **95.79㎡(29평)**
설　계 **유닛-H 나카무라 다카요시 건축 설계 사무소**

준공 시 가족 구성

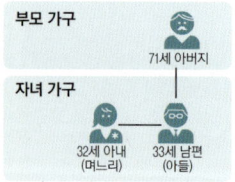

부모 가구
71세 아버지

자녀 가구
32세 아내 (며느리)　33세 남편 (아들)

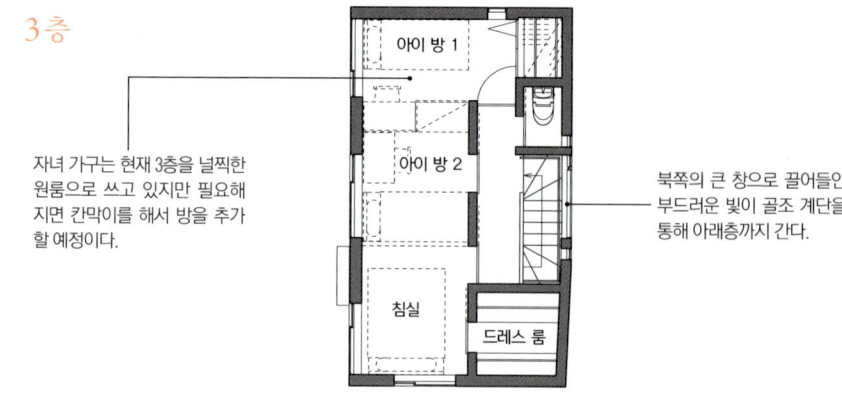

3층

자녀 가구는 현재 3층을 널찍한 원룸으로 쓰고 있지만 필요해지면 칸막이를 해서 방을 추가할 예정이다.

북쪽의 큰 창으로 끌어들인 부드러운 빛이 골조 계단을 통해 아래층까지 간다.

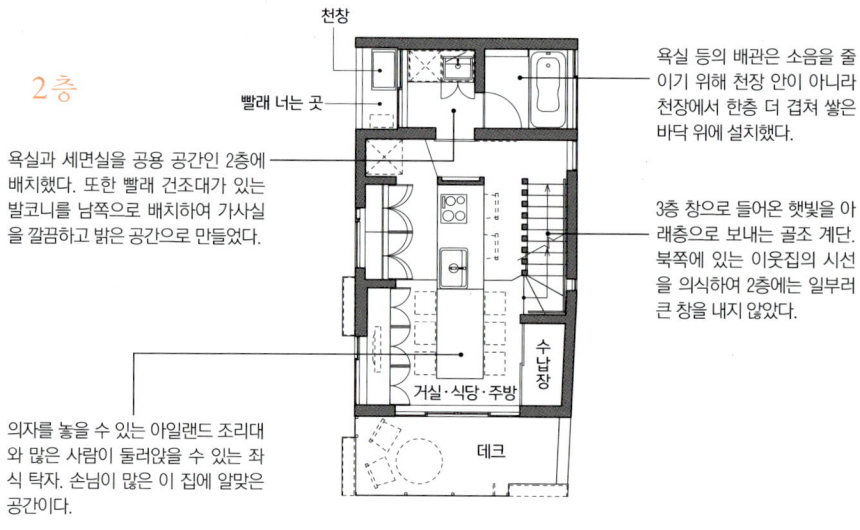

2층

욕실과 세면실을 공용 공간인 2층에 배치했다. 또한 빨래 건조대가 있는 발코니를 남쪽으로 배치하여 가사실을 깔끔하고 밝은 공간으로 만들었다.

욕실 등의 배관은 소음을 줄이기 위해 천장 안이 아니라 천장에서 한층 더 겹쳐 쌓은 바닥 위에 설치했다.

3층 창으로 들어온 햇빛을 아래층으로 보내는 골조 계단. 북쪽에 있는 이웃집의 시선을 의식하여 2층에는 일부러 큰 창을 내지 않았다.

의자를 놓을 수 있는 아일랜드 조리대와 많은 사람이 둘러앉을 수 있는 좌식 탁자. 손님이 많은 이 집에 알맞은 공간이다.

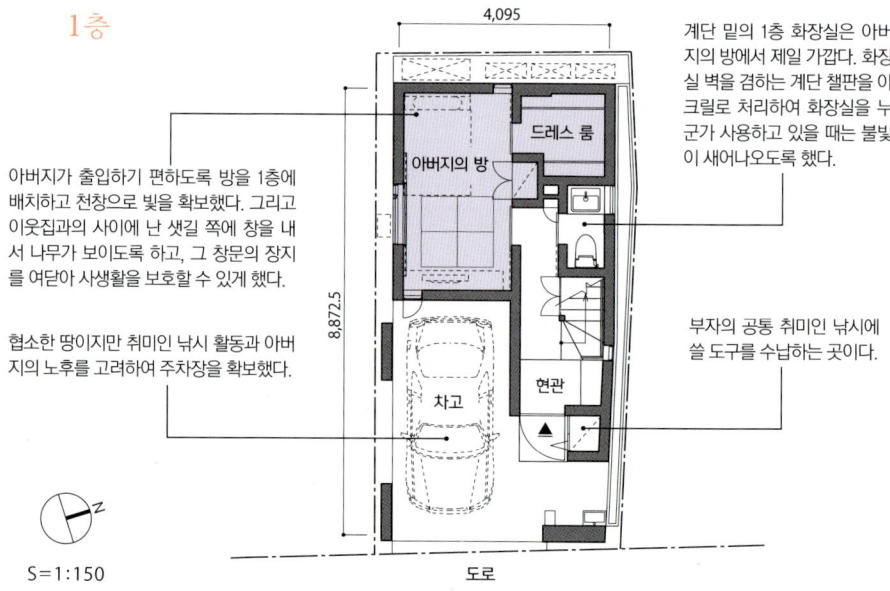

1층

아버지가 출입하기 편하도록 방을 1층에 배치하고 천창으로 빛을 확보했다. 그리고 이웃집과의 사이에 난 샛길 쪽에 창을 내서 나무가 보이도록 하고, 그 창문의 장지를 여닫아 사생활을 보호할 수 있게 했다.

협소한 땅이지만 취미인 낚시 활동과 아버지의 노후를 고려하여 주차장을 확보했다.

계단 밑의 1층 화장실은 아버지의 방에서 제일 가깝다. 화장실 벽을 겸하는 계단 챌판을 아크릴로 처리하여 화장실을 누군가 사용하고 있을 때는 불빛이 새어나오도록 했다.

부자의 공통 취미인 낚시에 쓸 도구를 수납하는 곳이다.

S=1:150

아버지의 방은 덧창을 설치
1층에 아버지의 방을 배치했다. 그리고 이웃집과의 사이에 난 샛길에 나무가 보이는 창을 내고 상황에 따라 장지문 덧창을 여닫도록 했다. 채광을 위해 천창도 설치했다.

좌식과 입식이 융합된 거실·식당·주방
아일랜드 조리대를 중심으로 구성한 공간으로, 좌식 거실의 바닥을 높여 주방에서 일하는 사람과 거실에 앉은 사람의 눈높이가 맞춰지도록 했다. 계단실과 거실·식당·주방 사이에는 화재에 강한 천연목 기둥을 나란히 설치했다.

좁은 부지를 최대한 활용한 동거형 주택
좁은 땅이지만 자전거 주차장을 확보했다. 또 데크를 설치하여 사생활 침해의 염려 없이 개방감을 즐기도록 했다. 현관 앞에는 낚시 도구를 수납할 곳과 물고기를 씻을 개수대도 있다.

나중에 방을 나눌 것을 고려한 설계
자녀 가구가 쓰는 3층의 사적인 공간. 지금은 넓게 쓰지만 나중에 아이 방이 필요해지면 칸막이를 세워 방을 추가할 예정이다.

법규에 따라 화재에 강한 천연목을 마감재로 사용

71세의 아버지와 아들 부부가 사는 2가구 주택이다. 약 14평(46.2㎡)의 좁은 부지에 지은 집이지만 갖출 것은 다 갖췄다. 1층 아버지의 방 앞에는 차고와 공용 현관이 있고, 현관 앞에는 아버지와 아들의 공통 취미인 낚시 도구 수납공간과 잡아온 물고기를 씻을 수 있는 외부 수돗가까지 있다.

공용 공간인 2층에는 거실·주방·식당과 욕실이 있다. 거실에는 커다란 출입창을 내고 창밖에 데크를 설치하여 개방감을 더했다. 또 친구와 친척이 자주 모이는 집이라서 아일랜드 조리대를 중심으로 한 소통의 장을 만들었다. 이곳은 동시에, 잡아 온 생선을 요리하며 주인의 솜씨를 뽐내는 장소이기도 하다. 부모 가구가 사용하는 1층은 이웃집과의 샛길 쪽에 나무가 보이는 창이 있어 외부와 연결되면서도 반쯤 닫힌 공간으로, 전체적으로 차분하고 느긋한 분위기다. 자녀 가구가 사용하는 3층의 사적인 공간은 아이의 출생과 성장에 따라 구조가 달라질 것이다. 내부 마감재와 장식재의 종류가 엄격하게 제한되는 준 방화지역 내의 3층 목조주택이라서 화재에 강한 소재인 천연목을 곳곳에 노출하여 시공했다.

[나카무라 다카요시]

동거형 설계

건물을
ㅅ자 모양으로 구부려
종일 빛이 들어오게
한다

2층

자녀 가구(젊은 부부)의 공간. 취미를 즐기는 공간이기도 하다.

드레스룸

아틀리에

침실

아트리움

거실과 연결된 욕실, 세면실, 화장실. 그 외에 부모의 침실 옆에도 부모 전용 화장실이 있다. 이 전용 화장실은 나중에 부모가 몸이 불편해져도 누군가 옆에서 시중을 들기에 충분할 만큼 넓다.

바깥으로 완만하게 꺾인 모양의 툇마루에는 아침의 산뜻한 빛과 오후의 부드러운 빛이 둘 다 들어온다. 그래서 부모는 동짓날에도 따뜻한 툇마루에서 조간신문을 읽을 수 있다.

널찍한 공용 현관. 신발은 포치에서 벗는다. 북향이지만 큰 창이 있어 밝다.

세탁기를 주방 내에 있는 문 달린 수납장 안에 넣어두어 주부가 취사와 세탁을 동시에 할 수 있도록 했다.

1층

11,817

4,545

부모의 침실

벽장

툇마루

현관

포치

거실

주방

데크

4,806

6,428

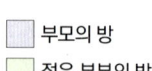
부모의 방
젊은 부부의 방

침실과 거실에 종일 햇빛이 들어오도록 건물을 45도 구부려 ㅅ자 모양으로 만들었다. 덕분에 집에 있을 때가 많은 부모가 쾌적하게 생활할 수 있다. 해를 따라 움직이며 장소를 옮기는 것도 재미있을 듯하다.

공용 거실·식당은 좌식으로 꾸몄다. 이때 식탁 밑바닥은 움푹 파서 다리를 편하게 늘어뜨리고 앉을 수 있게 했다.

부모 가구, 자녀 가구의 개별 냉장고. 주방은 공용이지만 냉장고는 별도다.

도로

S=1:200

건축개요
소 재 지 **도쿄 도 마치다 시**
대지면적 **385.14㎡(116.7평)**
연 면 적 **128.94㎡(39평)**
설 계 **AA 플래닝**

준공 시 가족 구성

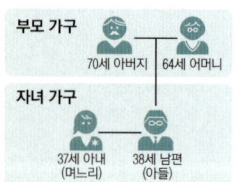

부모 가구
70세 아버지 64세 어머니

자녀 가구
37세 아내 (며느리) 38세 남편 (아들)

식탁은 선술집 테이블처럼
벽면을 꽉 채워 수납장을 설치한 거실. 두 가구는 바닥 난방이 되는 식당 공간의 선술집에서 쓰는 듯한 좌식 식탁 앞에 둘러앉아 식사를 즐긴다.

거실 내의 계단
지붕의 경사를 그대로 보여주는 널찍한 거실. 사진 안쪽 문을 열면 부모 가구의 공간이, 계단을 올라가면 자녀 가구의 아틀리에와 침실이 나온다.

2층 자녀 가구의 공간은 취미실 겸 침실로
2층 전체를 하나의 공간으로 사용하되 큼직한 옷장을 한쪽 벽면 중앙에 놓아 공간을 좌우로 나누었다. 옷장 왼쪽은 취미실, 오른쪽은 침실이다. 취미실 책상 끝에 설치한 세면대는 아침 몸단장에 요긴하게 쓰인다.

밝고 넓은 현관
포치에서 신발을 벗고 문을 열면 현관이 나타난다. 부모를 배려하여 긴 의자를 설치했다.

햇빛이 종일 들어오는 구조
퇴직한 부모가 종일 햇빛을 즐길 수 있도록 건물을 45도로 구부려 ㅅ자 모양으로 만들었다.

공용 거실과 식당은 부모에게 편안한 좌식으로

그래픽 디자이너와 섬유 디자이너인 부부가 건축주인 2가구 주택이다. 이 집의 경우, 녹음이 우거진 교외에 위치한 데다 부지 면적에도 여유가 있었다. 따라서 집에서 지내는 시간이 많은 부모를 위해 건물을 45도 구부려 ㅅ자 모양으로 설계함으로써 종일 햇빛이 들어오게 만들었다. 그래서 부모는 아침에는 산뜻한 빛이 들어오는 방 앞의 툇마루에 앉아 신문을 읽고 오후에 해가 서쪽으로 지면 부드러운 빛이 들어오는 거실이나 식당에서 시간을 보낸다.

디자이너로 일하는 건축주는 거실에 소파 세트가 놓여 있는 흔한 집이 아니라 가족만의 개성이 드러나는 공간을 만들고 싶어 했다. 그래서 세대가 다른 두 가구가 화목하게 지낼 수 있는 쾌적한 공간을 만들기 위해 함께 쓸 거실과 식당을 좌식으로 꾸몄다. 또 대면식 주방 앞 거실의 바닥을 높여 주방에 서서 일하는 사람과 거실에 앉아 있는 사람이 같은 눈높이로 대화할 수 있도록 했다. 또한 두 가구의 식사시간이 달라 식사준비를 따로 할 때가 많기 때문에 자녀 가구에서는 가구별 전용 냉장고를 원했다. 그래서 수납장 양쪽에 각각의 냉장고를 둘 자리를 마련했다. 이처럼 2가구 주택에서는 처음부터 과감하게 구분하는 용기와 공간을 효과적으로 공유하는 지혜가 필요하다. [아오키 에미코]

현관 + 욕실 및 주방 공유형 설계
[주방 또는 욕실을 분리]

생활 소음에 주의할 것

부모 가구와 자녀 가구가 주방과 욕실 등을 따로 쓰는 '일부 분리' 설계에서는 생활 소음이 문제가 되기 쉽다. 예를 들어 늦은 시간에 귀가할 때 현관문을 열고 닫는 소리, 늦은 밤에 목욕할 때의 물소리처럼 서로의 생활 시간대 차이에서 발생하는 소리 등이 문제가 된다. 또 위층에서 들리는 발소리와 벽을 타고 전해지는 소리 등 공간 구성에서 발생하는 소음도 만만치 않다. 생활 소음은 TV 소리나 목소리처럼 공기 진동으로 전달되는 '공기 전파음'과 발소리나 물건이 떨어지는 소리처럼 물체의 진동으로 전달되는 '고체 전파음'으로 나뉜다. 이런 소음을 줄이는 대책으로는 천장과 바닥을 여러 겹으로 시공하거나 차음 바닥재, 차음 시트 등을 이용하는 공법적 대책, 그리고 침실 가까이에 욕실을 설치하지 않는 등의 설계적 대책이 있다.

함께 쓰는 공간은 되도록 넓고 쾌적하게

함께 쓸 현관과 욕실, 주방 등은 되도록 넓고 쾌적해야 한다. 예를 들어 현관에 신발 수납실을 만들어 가족들이 귀가 즉시 신발을 벗어서 정리하도록 하거나 욕실 옆에 작은 정원을 만들고 욕실에 큰 창을 만들어 입욕할 때 정원을 내다보며 노천욕 기분을 즐기도록 하면 좋을 것이다. 또, 공용으로 쓰는 주방과 욕실 외에 보조주방이나 샤워실을 따로 마련해 두면 생활 시간대가 다른 데서 생기는 불편과 스트레스를 최소화할 수 있다.

적당한 거리감이 느껴지도록

이와 같은 일부 분리형을 원하는 가족에는 하나의 특징이 있다. 경제적 문제나 간병 문제를 해결할 대안이라는 2가구 주택의 소극적인 측면보다는 부모·자식·손자의 3세대가 함께 살며 '접촉'과 '분리'를 주도적으로 선택할 때 모두가 행복해진다는 적극적인 측면에 관심이 많다는 것이다. 그렇게 모두가 행복해지려면 가구 간에 적당한 거리가 유지되어야 한다. 따라서 모두가 모이는 공간은 단순한 사각형이 아닌 T자형이나 L자형으로 만드는 것이 좋다. 그러면 한 공간에 있어도 상대의 모습이 슬쩍 가려져 적당한 거리감을 느끼게 된다. 단면상 반 층씩 높이가 어긋나는 스킵플로어나 아트리움을 이용해도 좋다. 천장을 높이면 마음이 여유로워져서 적당한 거리감을 느끼는 데에 도움이 된다.

공용 공간의 수납 방식은 넣고 빼기 쉽게

두 가족이 함께 살려면 식기도 책도 장식품도 두 배가 되므로 짐이 많아지게 마련이다. 특히 부모 가구와 자녀 가구의 기호가 다르다면 공용 공간에서 쓸 물건까지 충분한 대화를 통해 구분해 놓는 것이 좋다. 지붕 밑 다락이나 지하실 창고를 만들어 수납공간을 늘리는 것은 괜찮지만 그럴 경우 물건을 넣고 빼기가 불편해서 자칫하면 수납공간이 하치장으로 변해버리기 쉽다. 따라서 수납을 효율화하기 위해 공간을 '보관형 수납공간'과 '활용형 수납공간'으로 나누어 관리하는 것이 좋다. 공용으로 쓰는 대형 수납장은 일 년에 적어도 몇 번은 쓰는 물건, 계절마다 꺼내 쓰는 물건을 보관하는 '보관형 수납공간'으로 지정하자. 또 평소에 쓰는 물건은 개방형 선반 등 물건을 이동하기 쉬운 공간에 보관해야 한다.

[요코하마 아쓰시]

Point

일부 분리
설계기법

- 밤잠을 설치게 만드는 생활 소음을 최소화한다.
- 모두가 사용하는 공용 공간은 넓게 설계한다.
- 주방과 욕실은 공용으로 쓰는 공간 외에 가구별로 쓸 보조공간을 마련한다.
- 가족이 모이는 장소는 적당한 거리감이 느껴지도록 T자형, L자형으로 디자인한다.
- 천장을 높여 적당한 거리감을 느끼게 한다.
- 공용으로 사용할 '보관형 수납' 공간과 물건을 넣고 빼기 쉬운 '활용형 수납' 공간을 따로 만든다.

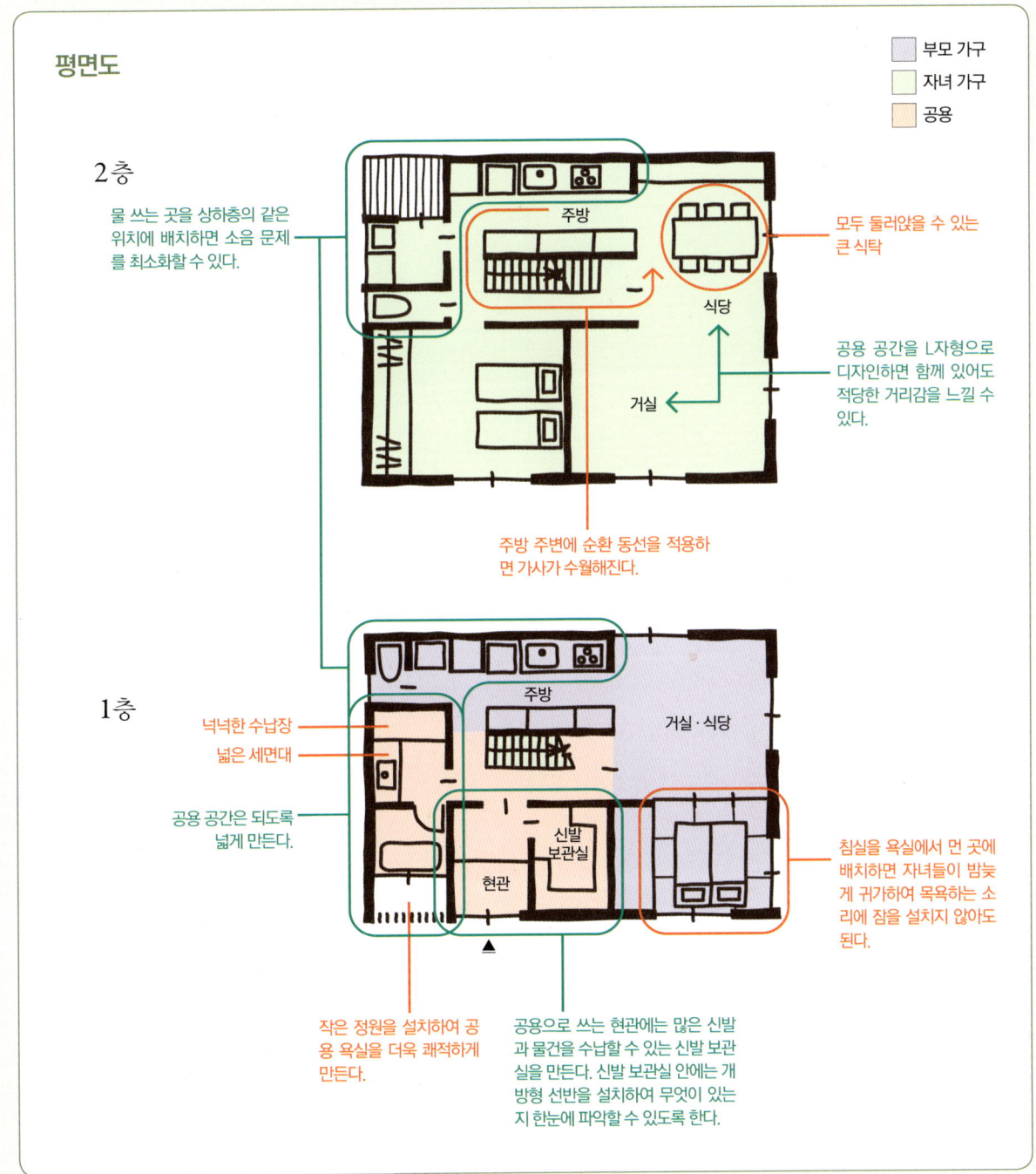

평면도

부모 가구
자녀 가구
공용

2층

물 쓰는 곳을 상하층의 같은 위치에 배치하면 소음 문제를 최소화할 수 있다.

주방

모두 둘러앉을 수 있는 큰 식탁

식당

공용 공간을 L자형으로 디자인하면 함께 있어도 적당한 거리감을 느낄 수 있다.

거실

주방 주변에 순환 동선을 적용하면 가사가 수월해진다.

1층

넉넉한 수납장
넓은 세면대

공용 공간은 되도록 넓게 만든다.

주방

거실·식당

신발 보관실

현관

침실을 욕실에서 먼 곳에 배치하면 자녀들이 밤늦게 귀가하여 목욕하는 소리에 잠을 설치지 않아도 된다.

작은 정원을 설치하여 공용 욕실을 더욱 쾌적하게 만든다.

공용으로 쓰는 현관에는 많은 신발과 물건을 수납할 수 있는 신발 보관실을 만든다. 신발 보관실 안에는 개방형 선반을 설치하여 무엇이 있는지 한눈에 파악할 수 있도록 한다.

계단을 중앙에 배치하여 자연스러운 소통을 유도한다

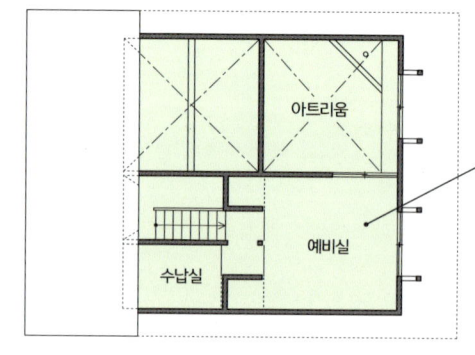

다락

서재나 취미 공간, 또는 수납공간으로 유용하다. 나중에는 아이 방으로 변경할 계획이며, 한가운데에 칸막이를 세워 방을 두 개로 나눌 수도 있다.

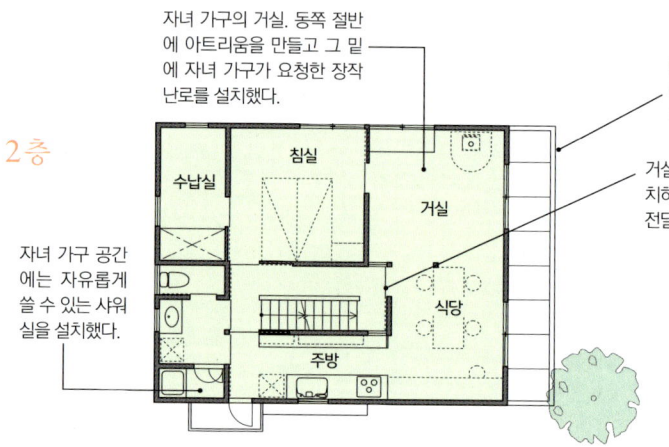

2층

자녀 가구의 거실. 동쪽 절반에 아트리움을 만들고 그 밑에 자녀 가구가 요청한 장작 난로를 설치했다.

9m 너비 도로를 지나는 사람의 시선을 차단하기 위해 난간 일부를 닫아두었다.

거실·식당 입구에 유리문을 설치하여 서로의 기척이 계단실로 전달되게 했다.

자녀 가구 공간에는 자유롭게 쓸 수 있는 샤워실을 설치했다.

- 부모 가구
- 자녀 가구
- 공용

건축개요

소 재 지 가나가와 현
　　　　　사가미하라 시
대지면적 120.06㎡(38.2평)
연 면 적 160.023㎡(48.5평)
설 　 계 노구치 다이시
　　　　　건축공방

준공 시 가족 구성

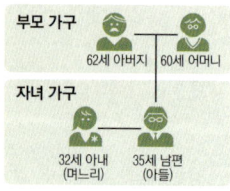

부모 가구
62세 아버지　60세 어머니

자녀 가구
32세 아내　35세 남편
(며느리)　　(아들)

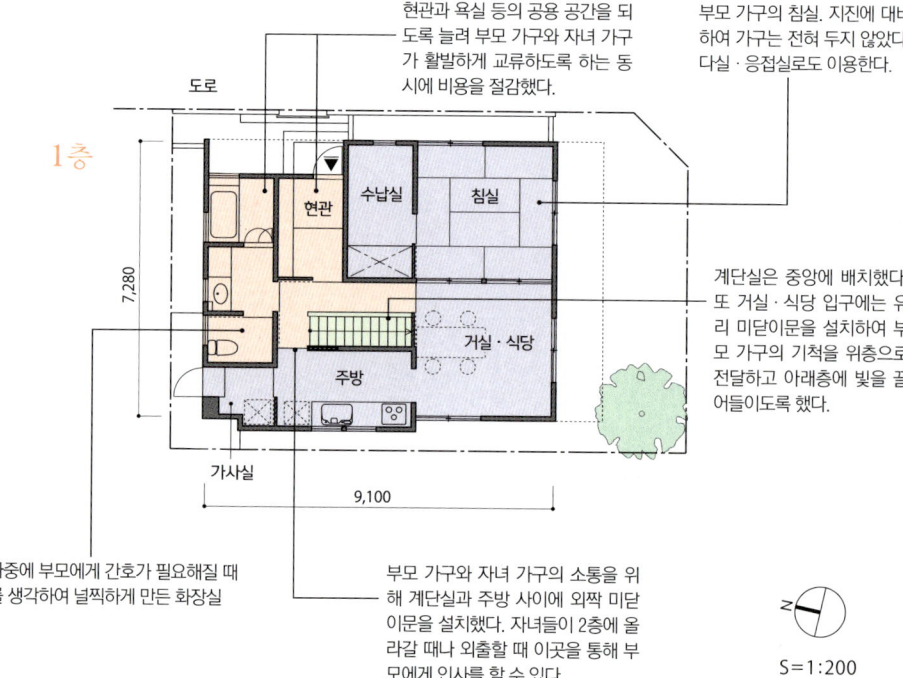

현관과 욕실 등의 공용 공간을 되도록 늘려 부모 가구와 자녀 가구가 활발하게 교류하도록 하는 동시에 비용을 절감했다.

부모 가구의 침실. 지진에 대비하여 가구는 전혀 두지 않았다. 다실·응접실로도 이용한다.

1층

계단실은 중앙에 배치했다. 또 거실·식당 입구에는 유리 미닫이문을 설치하여 부모 가구의 기척을 위층으로 전달하고 아래층에 빛을 끌어들이도록 했다.

나중에 부모에게 간호가 필요해질 때를 생각하여 널찍하게 만든 화장실

부모 가구와 자녀 가구의 소통을 위해 계단실과 주방 사이에 외짝 미닫이문을 설치했다. 자녀들이 2층에 올라갈 때나 외출할 때 이곳을 통해 부모에게 인사를 할 수 있다.

S=1:200

자녀 가구의 거실에는 장작난로를
고창高窓을 설치하여 환하고 개방적인 거실로 만들었다. 장작난로의 연통이 공간에 세로 방향의 확장감을 자아낸다.

부모 가구의 침실은 거실·식당 옆에
부모 가구의 침실은 다실로도 쓸 수 있도록 거실·식당과 같은 색의 밝은 미장 벽으로 마감했다. 가구는 방 왼쪽에 있는 수납실에 둔다.

2층을 자녀 가구의 거실·식당으로
노출된 기둥과 들보, 목재 마감재가 부드러운 인상을 준다. 출입창 밖은 발코니.

현관 공용의 상하분리형 2가구 주택
현관은 동쪽 도로에 면해 있다. 그리고 외벽과 같은 재료의 담장에는 인터폰이 나란히 설치되어 있다. 1층이 부모 가구, 2층이 자녀 가구다.

공용 현관을 지나 2층의 자녀 가구의 공간으로
현관에서 유리문(왼쪽)을 지나 2층으로 올라가면 자녀 가구의 공간이 나타난다. 가구 간의 소통을 위해 부모 가구의 거실·식당 출입구에도 투명유리 미닫이를 사용했다.

가구 간의 소통을 위한 유리문과 대화를 원활하게 하는 동선

건축주는 1층을 부모 가구, 2층을 자녀 가구로 나누고 방은 되도록 넓게 만들어 달라고 했다. 또 자녀 가구의 공간에 장작난로를 설치해 달라고 했다. 부지가 9m 너비의 남쪽 도로와 4.25m 너비의 동쪽 도로가 만나는 모퉁이에 있으면서 남북으로 약간 긴 모양이라서 건물은 정사각형에 가깝게 설계했다. 또 모든 층의 중앙 부근에는 계단실을, 남쪽에는 거실·식당을 배치했다. 또한 현관은 동쪽에, 남쪽에는 정원을 만들고 2층에는 발코니를 달았다.

창은 없지만 맨 위층의 고창에서 들어온 빛이 골조 계단을 통과하는 덕분에 계단실이 환하다. 또한 각 층 거실·식당의 입구에 투명유리 미닫이를 달아 더 많은 빛을 확보했다. 이 유리문은 또한 주요한 공용 동선인 계단실을 개방적으로 유지하면서 두 가구의 소통을 유도하는 중요한 역할을 한다. 중앙 계단을 한 바퀴 도는 순환 동선은 공간과 공간 사이의 원활한 왕래를 돕는다. 2층 자녀 가구로 올라가는 계단 입구와 부모 가구의 주방 입구가 겹쳐지게 만들어서 가구 간의 거리감을 좁혔다.

[노구치 다이시]

3세대가 대를 이어 사는 집

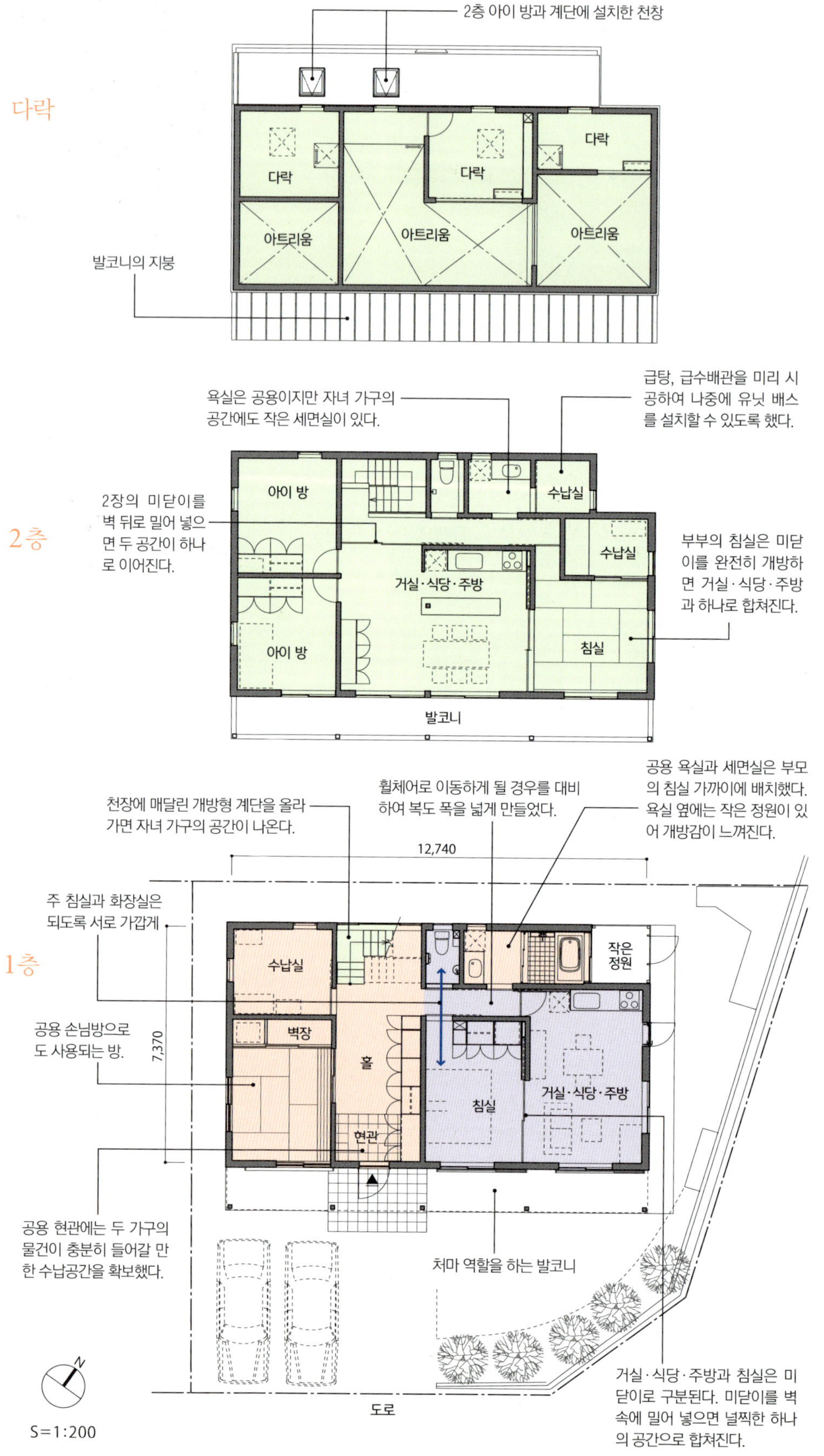

다락

2층 아이 방과 계단에 설치한 천창

발코니의 지붕

다락
아트리움
다락
아트리움
다락
아트리움

2층

욕실은 공용이지만 자녀 가구의 공간에도 작은 세면실이 있다.

급탕, 급수배관을 미리 시공하여 나중에 유닛 배스를 설치할 수 있도록 했다.

2장의 미닫이를 벽 뒤로 밀어 넣으면 두 공간이 하나로 이어진다.

아이 방
수납실
수납실
거실·식당·주방
아이 방
침실

부부의 침실은 미닫이를 완전히 개방하면 거실·식당·주방과 하나로 합쳐진다.

발코니

1층

천장에 매달린 개방형 계단을 올라가면 자녀 가구의 공간이 나온다.

휠체어로 이동하게 될 경우를 대비하여 복도 폭을 넓게 만들었다.

공용 욕실과 세면실은 부모의 침실 가까이에 배치했다. 욕실 옆에는 작은 정원이 있어 개방감이 느껴진다.

주 침실과 화장실은 되도록 서로 가깝게

12,740

공용 손님방으로도 사용되는 방.

7,370

수납실
벽장
홀
침실
거실·식당·주방
작은 정원
현관

공용 현관에는 두 가구의 물건이 충분히 들어갈 만한 수납공간을 확보했다.

처마 역할을 하는 발코니

S=1:200

도로

거실·식당·주방과 침실은 미닫이로 구분된다. 미닫이를 벽 속에 밀어 넣으면 널찍한 하나의 공간으로 합쳐진다.

범례

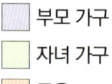

부모 가구
자녀 가구
공용

건축개요

소 재 지 가나가와 현
가와사키 시
대지면적 261.16㎡(79.1평)
연 면 적 212.12㎡(64.2평)
설 계 아키캐러밴
건축 설계 사무소

준공 시 가족 구성

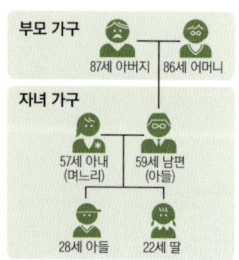

부모 가구
87세 아버지　86세 어머니

자녀 가구
57세 아내(며느리)　59세 남편(아들)
28세 아들　22세 딸

자녀 가구의 침실을 거실·식당·주방과 하나의 공간으로
높고 비스듬한 천장이 있는 침실과 거실·식당·주방 사이의 미닫이 문을 완전히 열면 두 공간이 널찍한 하나의 공간으로 합쳐진다.

다락으로 이어진 공간
계단실 앞의 미닫이를 열면 넓은 식당과 계단실이 하나로 이어지는 동시에 다락의 고창 덕분에 통풍도 원활해진다.

2층 남쪽 벽면 전체에 발코니를
실내와 바닥 높이를 통일한 발코니. 이 발코니는 1층의 처마도 된다.

공용 현관은 벽면 수납장으로 깔끔하게
6명의 가족이 함께 사용하는 현관. 벽면을 꽉 채워 수납장을 설치하고 맞은편에 수납실도 확보했다.

한쪽으로 기울어진 지붕이 인상적인 외관
동쪽에서 보면 2층의 거실·식당·주방, 주침실의 경사진 천장이 역동적으로 보인다.

빛과 공기를 통과시키는 개방적인 계단
현관으로 들어서면 정면에 계단이 보인다. 천장에 매달린 듯한 이 계단은 빛과 공기 흐름을 가로막지 않는 개방적인 형태다. 덕분에 북향이라고는 생각되지 않을 만큼 현관홀이 밝다.

3세대가 대를 이어 동거하는 집

개축하기 전 이 집에서는 80대의 할아버지·할머니부터 20대의 손자·손녀에 이르는 6명의 3세대가 1층과 2층으로 나뉘어 사이좋게 의지면서도 각자 자립적으로 살고 있었다. 다리가 불편해서 휠체어가 필요한 할아버지를 할머니가 돕고, 귀가 어두운 할머니를 손자가 도왔다. 대가족으로 살다 보니 자연스럽게 그렇게 되었다고 한다.

새로 지은 집에서는 두 가구의 생활 공간이 1층과 2층으로 나뉘어 있다. 그러나 여전히 현관, 손님방, 수납실, 욕실은 공용이다. 부모 가구에는 남편의 누나가 자주 찾아오므로 현관 옆에 손님을 위한 방을 만들었다. 또 손자들도 이미 성인이 되었으니 곧 다가올 세대교체에 대비하여 유닛 배스를 추가로 설치할 수 있도록 자녀 가구의 수납실에 급수·급탕 배관을 미리 시공해 놓았다.

이 주택은 할아버지가 지은 집을 손자가 2가구 주택으로 개축한다는 계획으로 지어진 집으로, 준공식에서 손자가 할아버지를 업고 집 안을 안내했다는 이야기가 무척 인상적이었다. 현재는 할아버지가 돌아가시고, 장손은 결혼하여 독립한 후라서 부모 가구는 어머니 홀로, 자녀 가구는 부부와 작은딸이 함께 살고 있다. [간다 마사코 / 핫토리 이쿠코]

현관 + 욕실 및 주방 공유형 설계

가족 구성에 따라 유연하게 변화하는 공간을 만든다

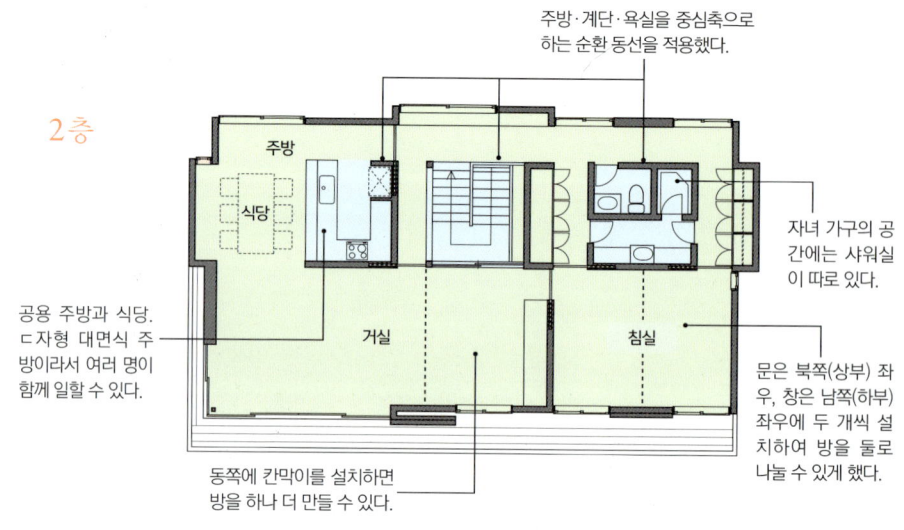

2층

주방·계단·욕실을 중심축으로 하는 순환 동선을 적용했다.

공용 주방과 식당. ㄷ자형 대면식 주방이라서 여러 명이 함께 일할 수 있다.

동쪽에 칸막이를 설치하면 방을 하나 더 만들 수 있다.

자녀 가구의 공간에는 샤워실이 따로 있다.

문은 북쪽(상부) 좌우, 창은 남쪽(하부) 좌우에 두 개씩 설치하여 방을 둘로 나눌 수 있게 했다.

주방 / 식당 / 거실 / 침실

1층

나중에 보조주방을 설치할 수 있는 공용 세탁실. 거실 쪽으로 이어지는 동선도 확보되어 있다.

2층 자녀 가구의 공간으로 올라가는 계단.

공용 현관. 2가구 주택에 알맞게 넓은 공간을 확보했다.

세탁실 / 현관 / 도로

침실 / 벽장 / 거실 / 방

벽장이 설치된 부모 가구의 침실.

부모 가구의 손님방. 손님이 왔을 때 격식 있는 접객이 가능하다.

7,650

15,150

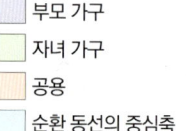

- 부모 가구
- 자녀 가구
- 공용
- 순환 동선의 중심축

건축개요

소 재 지 오사카 부
대지면적 281.01㎡(85.2평)
연 면 적 224.60㎡(68평)
설   계 SMA

준공 시 가족 구성(예정)

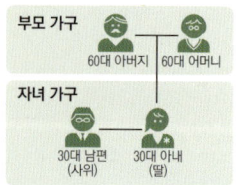

부모 가구
60대 아버지 60대 어머니

자녀 가구
30대 남편 (사위) 30대 아내 (딸)

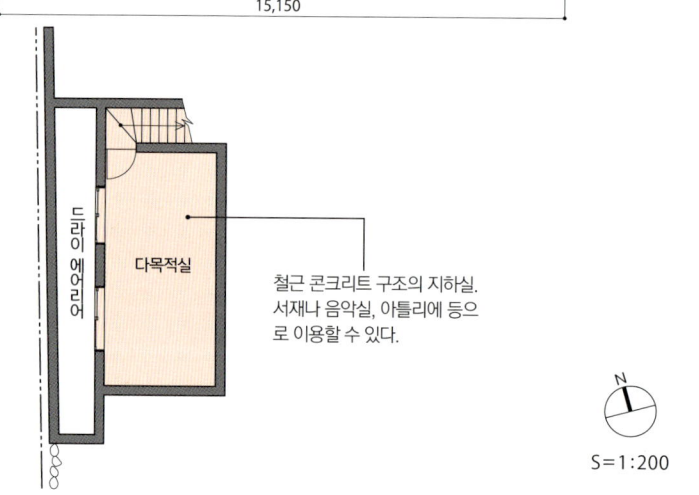

B1층

드라이 에어리어 / 다목적실

철근 콘크리트 구조의 지하실. 서재나 음악실, 아틀리에 등으로 이용할 수 있다.

N

S=1:200

순환 동선을 가능케 한 유연한 공간 구성

부동산 개발업자와 손잡고 한적한 주택지에 지은 분양용 주택이다. 그래서 어떤 가족이 거주할지는 모르지만 건물 면적이 크기 때문에 일단 3세대가 거주할 것을 상정하고 기본적인 2가구 주택으로 설계했다.

가구별 생활 공간은 대략 1층과 2층으로 구분했는데, 초기 설정에 의하면 1층의 현관과 욕실, 2층의 주방을 공유하게 되어 있으므로 '일부 분리'에 해당된다. 2층에는 세면실과 샤워실이 따로 있으며 1층에도 주방을 추가로 설치할 공간을 마련해 두어 '현관 외 전체 분리'도 가능하게 했다.

또 가족 구성이 달라지면 적절히 대응할 수 있도록 2층 공간은 변형이 쉽도록 구성했다. 즉, 지금은 2층의 침실이 하나지만 필요하면 침실을 최대 3개까지 늘릴 수 있다. 2층 평면을 보면 주방, 계단, 욕실을 중심축으로 하는 순환 동선이 보이는데, 이 순환 동선이 바로 공간의 연속성과 가변성의 비결이다. [마스다 스스무]

2층 자녀 가구의 거실은 필요에 따라 합쳐서 쓰거나 나누어 쓸 수 있다
자녀 가구의 공간인 2층 남쪽의 거실과 침실에 칸막이를 설치하면 방을 세 개까지 늘릴 수 있다. 출입구와 창은 방을 늘릴 경우를 대비해서 미리 만들어 두었다.

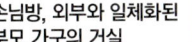

손님방, 외부와 일체화된 부모 가구의 거실
1층 부모 가구의 손님방. 미닫이를 완전히 열면 거실과 하나로 합쳐진다. 창문을 활짝 열면 정원까지 하나로 이어진다.

전통과 현대가 어우러져 거리에 융화된 디자인
깊은 처마의 수평선과 높이 솟은 벽의 수직선, 전통적 디자인과 현대적 디자인이 조화를 이루며 주변 경관과 자연스럽게 어울리는 깔끔한 건물이다.

현관 + 욕실 및 주방 공유형 설계

앞으로 부모님과 함께 살 것을 예상하고 지은 집

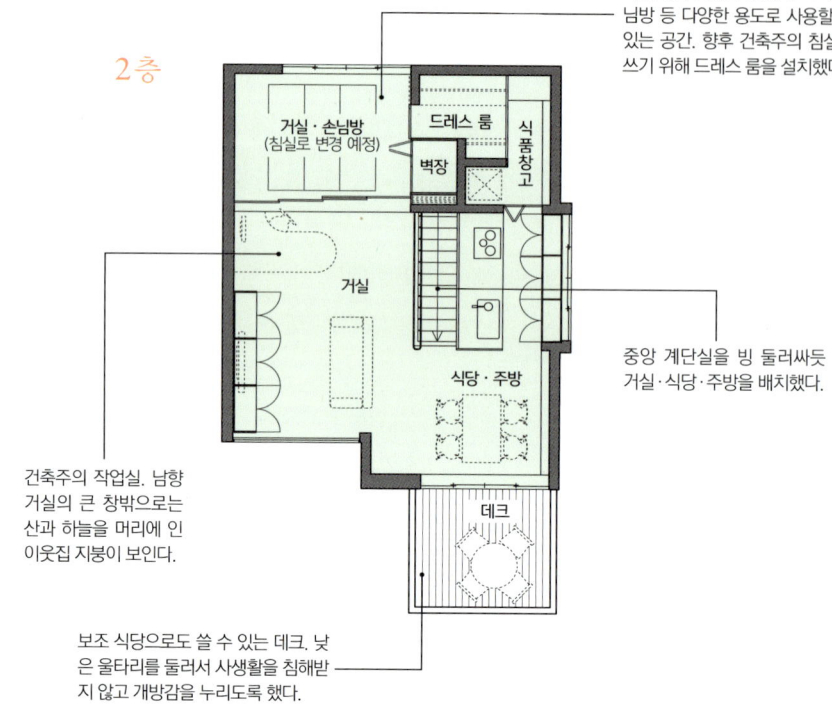

2층

미닫이를 열었다 닫았다 하며 손님방 등 다양한 용도로 사용할 수 있는 공간. 향후 건축주의 침실로 쓰기 위해 드레스 룸을 설치했다.

거실 · 손님방
(침실로 변경 예정)

드레스 룸

식품 창고

벽장

거실

식당 · 주방

데크

중앙 계단실을 빙 둘러싸듯 거실 · 식당 · 주방을 배치했다.

건축주의 작업실. 남향 거실의 큰 창밖으로는 산과 하늘을 머리에 인 이웃집 지붕이 보인다.

보조 식당으로도 쓸 수 있는 데크. 낮은 울타리를 둘러서 사생활을 침해받지 않고 개방감을 누리도록 했다.

1층

도로

진입로

포치

현관

화장실

드레스 룸

복도

창고

침실
(부모 방으로 변경할 예정)

아이 방
(아틀리에로 변경할 예정)

8,190

6,370

S=1:150

N

부모 가구가 입주하면 이곳 자녀 가구의 침실을 부모 방으로 변경할 예정이다. 여기에는 보조주방도 마련되어 있다.

부모가 생활할 1층에 욕실과 세면실을 배치했다.

아이 방은 아이가 독립한 후 아틀리에로 쓸 예정이다. 더 먼 미래에는 동쪽 벽을 철거하여 사무실 등으로 쓸 수도 있다.

■ 부모 가구
■ 자녀 가구
■ 공용

건축개요

소 재 지 가나가와 현
　　　　　요코하마 시
대지면적 128.29㎡(38.9평)
연 면 적 95.84㎡(29평)
설　　계 나카무라 다카요시
　　　　　건축 설계 사무소

준공 시 가족 구성

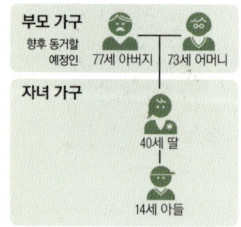

부모 가구
향후 동거할
예정인 77세 아버지 73세 어머니

자녀 가구
40세 딸
14세 아들

온 가족이 모이는 거실·식당·주방은 넓고 쾌적하게
천장이 높아서 더욱 여유롭게 느껴지는 공간이다. 거실의 큰 창으로는 이웃집 지붕 너머에 펼쳐진 산과 하늘을 볼 수 있다. 식당 벽에는 건축주가 취미로 수집하는 미니카가 진열되어 있다.

정원의 나무를 돋보이게 하는 흰색 외벽
외관에서는 청결하고 기품 있으면서도 우아한 건축주의 인품이 엿보인다.

거실은 3세대가 편안하게 쉬는 곳
널찍한 거실 중앙에 놓인 건축주의 책상은 홈 파티 테이블로 쓰기에도 유용하다.

거실 안쪽에 위치한 다목적 공간인 방
지금은 거실의 일부 또는 손님방으로 활용되는 곳이다. 오른쪽 검은 벽 뒤에 숨겨진 네 짝 미닫이를 닫으면 독립된 방으로도 쓸 수 있다. 부모 가구가 입주하면 건축주의 침실로 바꿀 예정이다.

침실에 보조주방을 설치
지금은 건축주의 침실이지만 부모 가구가 입주하면 부모 방으로 바꿀 예정이라서 보조주방을 미리 설치해 두었다.

앞으로 함께 살 것을 대비하여 마련한 보조욕실과 보조주방

　지금은 예술감독인 엄마와 아들로 이루어진 2인 가족이지만, 나중에 엄마의 부모와 함께 살 것을 생각하고 2가구 주택을 지었다. 부지는 작은 언덕 위, 남쪽으로 경사진 주택지에 있으며 주변에는 아직 자연환경이 남아 있다. 이 집의 백미는 이런 입지의 장점을 살리면서도 종종 홈 파티를 열고 싶다는 건축주의 요청에 따라 설계한 2층의 거실·식당·주방 공간이다. 집 한가운데 있는 계단실 옆에 배치된 이 거실·식당·주방은 바로 앞에 연결된 데크까지 시선이 연장되는 덕분에 전체적으로 밝고 개방적인 인상을 준다.

　평소에 건축주는 쾌적한 환경의 거실 책상에 앉아 일을 하고, 아들은 거실 옆방에서 숙제를 한다. 디자인과 기능성을 모두 살린 이 집은 지금도 이처럼 쓰임새가 다양하다. 게다가 나중에는 2가구 주택으로도 변경할 수 있다.

　2가구 주택으로 바꿀 경우에는 방을 자녀 가구의 침실로 사용하고 현재의 침실을 부모 가구의 방으로 바꾸면 된다. 또한 이렇게 2가구가 동거할 것을 예상하여 욕실, 세면실, 화장실을 1층에 집중시키고 방 안에 보조주방을 만들어 고령자가 사용하기에 편리한 환경을 마련했다. 이처럼 부모와 함께 살 것을 상정하고 주택을 설계할 때는 용도 변경에 대비한 설비와 동선을 미리 구축해야 한다.

[나카무라 다카요시]

도심의
2가구 주택은
빛을 공유한다

3층

옥상으로 올라가는 계단

지금은 서재로 쓰지만 나중에
아이 방으로 바꿀 예정이다.

드레스 룸

서재

테라스

자녀 가구의 침실.
넓은 드레스 룸을
병설했다.

침실

아트리움

작은 장지 창을 냈다. 낮에는 이 창을 열어서 채
광과 통풍을 원활하게 하고 잠잘 때는 닫아서 빛
을 차단한다. 이 장지 창은 에어컨이나 히터를
틀었을 때도 냉난방 효율을 위해 닫아 놓는다.

공용 욕실. 벽면 전체를 창으로 채워
개방감을 최고로 끌어올렸다. 한편 창
문은 외벽보다 조금 안쪽으로 당겨서
설치하여 사생활을 보호하도록 했다.

2층

완전히 열 수 있는 새시를 설치
하여 필요할 경우 테라스를 거
실·식당의 연장공간으로 쓸
수 있게 했다. 그리고 테라스는
나무 울타리로 둘러싸 사생활
을 보호하도록 했다.

거실·식당

주방

테라스

바닥의 슬릿이 아래층 부모 가구
(어머니)의 방까지 빛을 전해 준다.

1층

공용 현관. 수납장을 앞쪽이
더 넓은 마름모꼴로 디자인
하여 수납공간을 늘렸다.

부모 가구(어머니)의 세
면대. 아침에 몸단장을
할 때 유용하다.

현관

주차장

거실·식당·주방

침실

서재

4,415

도로

10,010

보조주방이 설치된 부모 가
구의 공간. 함께 사는 딸이
방으로 음식을 보내 준다.

어머니의 공간은 침실과
거실·식당·주방이 한데
모여 있는 원룸이다.

건축개요

소 재 지	도쿄 도 세타가야 구
대지면적	**86.45㎡(26.2평)**
연 면 적	**137.42㎡(41.7평)**
설 계	기타가와 히로키
	건축 설계

부모 가구
자녀 가구
공용
빛의 통로

준공 시 가족 구성

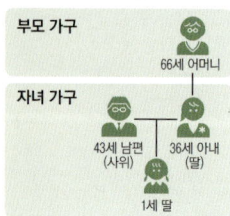

부모 가구	66세 어머니
자녀 가구	43세 남편(사위) 36세 아내(딸) 1세 딸

B1층

창고

4,400

3,325

N

S=1:150

고창으로 들어온 빛을 1층까지 보내기 위해 만든 빛의 통로

아내의 어머니와 동거하는 2가구 주택이다. 부지가 도심의 주택지에서 흔히 볼 수 있는 세로로 길고 좁은 모양이라서, 건물을 세로로 배치하여 주거공간을 되도록 많이 확보했다.

지하에는 건축주의 요청에 따라 넉넉한 수납공간을 만들고 1층에는 부모 가구(어머니)를, 2층과 3층에는 자녀 가구를 배치했다. 또한 현관과 욕실은 공용이지만 주방은 따로 만들었다. 단, 어머니의 주방은 작은 보조주방으로 줄이고 자녀 가구의 공간에 큰 원룸 형식의 거실·식당·주방을 구성하여 두 가구가 한데 모일 수 있도록 했다. 공용 욕실 역시 공용층인 2층의 대면식 주방 안쪽에 배치했다.

이 집의 설계에서는 서쪽 도로를 제외한 세 방향에 이웃집이 인접해 있는 탓에 채광과 통풍 대책도 중요했다. 그래서 2층 거실·식당의 아트리움 위쪽에 고창을 내고 바닥에는 폴리카보네이트로 덮은 슬릿을 설치했다. 그 덕분에 고창으로 들어온 햇빛이 3층에서부터 아트리움과 계단, 슬릿을 통과하여 1층의 어머니 방까지 도달한다. 2층 거실에서 위를 올려다보면 마치 계단과 수납장이 공중에 걸려 있고 아트리움에 다리가 놓인 것처럼 보인다. 확장감이 느껴지므로 공간이 실제 이상으로 넓어 보이는 효과가 있다.

[기타가와 히로키]

단순한 상자 모양의 집
사생활을 보호하기 위해 도로 쪽의 창은 작게 만들었다. 테라스 밑은 간이차고로 활용된다.

3층의 빛을 1층까지 전달하는 빛의 통로
아트리움과 골조 계단 덕분에 밝고 개방적인 분위기가 느껴지는 2층. 거실은 나무 울타리로 둘러싸인 테라스로 이어져 있다. 3층 아트리움의 큰 창으로 들어온 빛은 바닥의 슬릿을 통해 1층까지 내려간다.

침실과 아이 방을 연결하는 아트리움 쪽의 작은 창
3층 침실에서 아트리움 너머의 서재(아이 방으로 변경할 예정)를 본 모습. 잠잘 때나 냉난방 기기를 사용할 때에는 창을 닫아 놓는다. 아트리움의 남쪽에 나란히 배치된 창으로 들어온 빛이 아래층까지 환하게 밝힌다.

거실과 계단의 아트리움을 통해 2층과 3층이 하나로
2층 거실·식당에서 아트리움을 올려다본 모습. 길쭉한 집 한가운데에 배치한 아트리움과 계단 주변 빈 공간 사이에 남아 있는 바닥면이 마치 다리처럼 보인다. 아트리움에 면한 수납장은 빛의 흐름을 방해하지 않기 위해 최대한 아래쪽으로 내려 달았다.

현관 + 욕실 및 주방 공유형 설계

부모 가구의 방을 거실에 인접시킨 3세대 주택

옥상으로 통하는 계단이 설치된 파티오 바로 옆에 욕실과 세면실을 배치했다. 욕실과 파티오 사이에는 유리벽 뿐이라서 욕실이 더욱 밝고 넓게 느껴진다.

3층

3층 자녀 가구의 방과 서고는 아트리움을 통해 2층 거실과 연결되어 있다.

계단 주변에 순환 동선을 적용하고 각 공간을 미닫이로 구분한 덕분에 부모 가구는 공간 구성을 유연하게 바꿀 수 있다.

자녀 가구가 주로 쓰는 주방에서 서쪽에 있는 부모 가구의 기척을 살필 수 있다.

2층

1층에서 계단을 올라가면 거실이 나온다. 거실이 있는 2층의 서쪽 절반은 부모 가구의 공간이다.

부모 가구의 공간에는 보조주방이 있다. 이 보조주방·방과 침실을 구분하는 미닫이문을 닫으면 방을 차분한 응접실로 쓸 수 있다.

건물 한가운데에 위치한 원통형의 계단실. 계단실 입구는 현관 맞은편에 있다. 나선 계단이 있는 아트리움 안으로 천창에서 들어온 빛이 쏟아진다. 계단실 뒤쪽에는 가정용 승강기가 설치되어 있다.

현관 동쪽에 있는 8평 정도의 거실. 공장에서 직접 만든 맥주를 손님에게 판매하던 예전의 식당 좌석을 재현했다.

1층

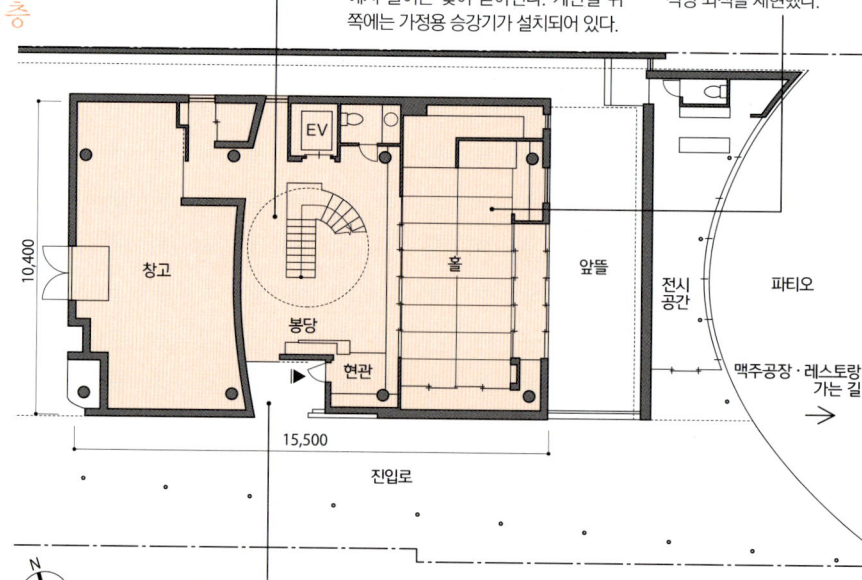

이웃한 맥주공장과 레스토랑 건물로 가는 길에 면한 현관. 원목 문을 설치했다.

S=1:250

건축개요

소 재 지	아키타 현 아키타 시
대지면적	585.28㎡(177.4평)
연 면 적	464.19㎡(140.7평)
설 계	오기쓰 이쿠오 건축 설계 사무소

범례:
- 부모 가구
- 자녀 가구
- 공용

준공 시 가족 구성

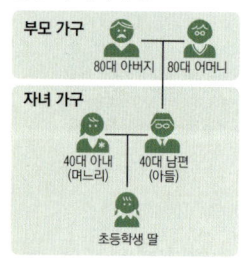

부모 가구
80대 아버지 · 80대 어머니

자녀 가구
40대 아내(며느리) · 40대 남편(아들)
초등학생 딸

원통형 계단실이 부모 가구와 자녀 가구의 공간을 구분한다
왼쪽의 미닫이를 열면 부모 가구의 거실과 자녀 가구의 거실이 합쳐진다. 또한 이 문을 통해 오른쪽 자녀 가구의 거실에서 부모의 침실로 곧바로 들어갈 수 있다.

상업구역의 중정을 바라보는 단순한 건물
집 옆에 붙어 있는 1층 건물의 목제 루버 안쪽에 예전 맥주공장의 역사를 보여주는 작은 전시장이 있다. 그리고 오른쪽에 보이는 건물에는 예전 상업시설 창고를 개조하여 만든 레스토랑이 있다.

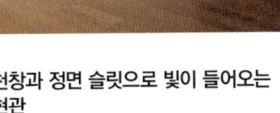

천창과 정면 슬릿으로 빛이 들어오는 현관
카메라가 있는 곳에 현관이, 안쪽에 가정용 승강기가 있다. 상업구역의 진입로에 대해 개방된 1층은 집 안에 있는 반 공공장소 같은 공간이다.

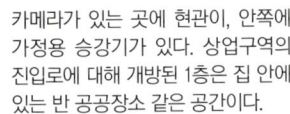

1층 현관으로 빛을 끌어들인다
원통형 계단실의 아트리움 안에 3층까지 이어진 나선 계단이 이 집의 매력 포인트다. 계단실 천장에는 천창이 설치되어 있다.

맥주를 판매하던 예전 식당 좌석을 재현한 홀
천장은 삼나무 판재, 장지는 앤티크풍 도료, 바닥은 한지로 마감했다. 오른쪽으로는 앞뜰, 왼쪽으로는 현관이 이어진다.

중앙의 원통형 계단실로 공간을 부드럽게 분할한다

　무장애 환경이 필요해진 80대 부모를 위해 원래 주류공장이 있던 부지에 개축한 주택이다. 동시에 지역 맥주공장을 둘러싼 재개발 프로젝트의 일환이기도 하다.

　1층에는 공장에서 직접 만든 맥주를 판매하던 예전 식당의 좌석을 재현한 8평의 홀과 상업시설에 있던 물건들을 보관하기 위한 창고가 있다. 또 중앙의 현관 앞에는 나선 계단이 있는 원통 모양의 아트리움이 있다. 가족들은 천창으로 들어온 빛으로 가득 찬 이 아트리움을 거쳐 자신들의 생활 공간인 2~3층으로 이동한다. 부모가 휠체어로 이동하게 될 가능성을 고려하여 주택용 승강기도 설치되어 있다. 2층에서는 이 원통형 계단실이 부모 가구와 자녀 가구의 생활 공간을 구분하는 칸막이 역할을 한다. 서쪽의 부모 가구 공간에는 보조주방과 욕실, 화장실 등이 따로 마련되어 있다. 또 자녀 가구에서는 부모 가구의 기척을 살필 수 있지만 직접 들여다 볼 수는 없다. 부모의 자유로운 생활을 바라는 배려심이 느껴지는 구조다. 3층 자녀 가구의 방과 아래층의 거실·주방은 집의 2~3층을 세로로 관통하는 아트리움 공간을 통해 이어진다. 서쪽 욕실 옆에는 옥상으로 가는 계단이 설치된 중정을 두어 욕실 분위기를 환하게 만들었다. 상업구역의 중정에 면한 정면의 부속 건물 안에는 작은 전시장을 조성하여, 이 집을 거리의 번화함과 주택의 고요함을 동시에 지닌 정취 있는 공간으로 만들어 냈다.

[오기쓰 이쿠오]

현관 + 욕실 및 주방 공유형 설계

긴 부지에 지은 집을 환하게 밝히는 계단실 내 빛의 기둥

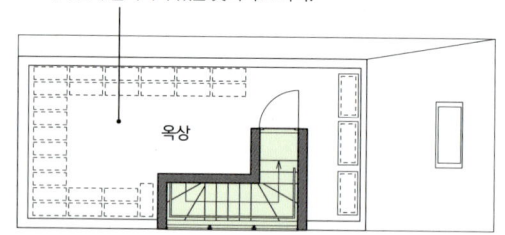

옥상을 만들어서 취미로 텃밭을 가꾸고 있다. 덕분에 주택 밀집지 안에서도 개방감을 느낄 수 있다. 옥상은 에어컨의 실외기가 있는 곳이기도 하다.

옥상

3층 자녀 가구의 공간에 넓은 드레스 룸을 설치하여 편의성을 높였다.

아이 방으로 사용할 공간. 북측사선제한 때문에 천장이 기울어지고 낮아지기는 했지만 천창을 이용하여 밝고 개방적인 공간으로 만들었다.

3층

- 침실
- 드레스 룸
- 수납장
- 아이 방

거실은 미닫이로 구분하면 독립적인 공간으로 사용할 수 있다. 또한 이 거실은 차고의 지붕에 설치한 데크와 이어져 있어 주택 밀집지임에도 사생활 노출을 염려하지 않고 개방감을 즐길 수 있다.

자녀 가구와 부모 가구의 생활 시간대가 다르므로 공용 계단과 복도를 문과 유리 칸막이로 구분하여 가구 간 독립성을 높였다.

부모 가구의 공간에서 계단을 올라가면 공용 욕실로 곧 바로 갈 수 있다. 아래층에 물 소리가 들리지 않도록 바닥을 한 번 더 깔고, 상하수관은 마루 바로 밑에 설치했다.

2층

- 데크
- 거실
- 식당
- 주방

계단실에 옥상까지 이어진 전면창과 골조 계단을 설치하여 아침 햇빛을 실내와 아래층까지 전달한다.

부모 가구 / 자녀 가구 / 공용

■ 부모 가구
■ 자녀 가구
■ 공용

건축개요
소 재 지 도쿄 도 이타바시 구
대지면적 61.57㎡(18.7평)
연 면 적 104.65㎡(31.7평)
설   계 유닛-H
          나카무라 다카요시
          건축 설계 사무소

준공 시 가족 구성

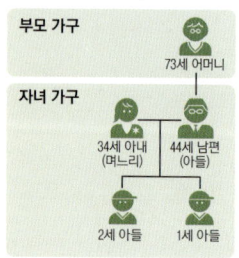

부모 가구
73세 어머니

자녀 가구
34세 아내(며느리) 44세 남편(아들)
2세 아들 1세 아들

공용 신발 보관실. 유모차나 골프 도구도 수납할 수 있다.

부모 가구의 주방. 자녀 가구와는 별도로 식사를 준비할 수 있다. 나중에 간호가 필요해지면 욕실로 개조할 예정이다.

1층

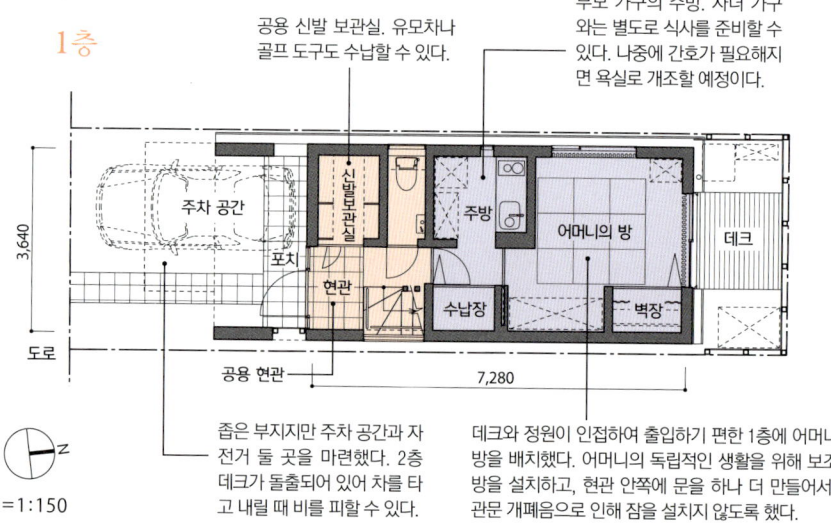

- 주차 공간
- 신발보관실
- 포치
- 현관
- 주방
- 수납장
- 어머니의 방
- 벽장
- 데크

도로

3,640

7,280

공용 현관

S=1:150

좁은 부지지만 주차 공간과 자전거 둘 곳을 마련했다. 2층 데크가 돌출되어 있어 차를 타고 내릴 때 비를 피할 수 있다.

데크와 정원이 인접하여 출입하기 편한 1층에 어머니의 방을 배치했다. 어머니의 독립적인 생활을 위해 보조주방을 설치하고, 현관 안쪽에 문을 하나 더 만들어서 현관문 개폐음으로 인해 잠을 설치지 않도록 했다.

빛의 기둥과 유리벽으로 온 집을 환하게

19평 정도의 좁은 땅에 지은 3층짜리 2가구 주택이다. 1층에는 작은 주방과 데크로 구성된 73세 어머니의 공간이 있다. 공용 현관과 부모 가구 사이에는, 대개 늦게 퇴근하는 아들이 어머니의 잠을 깨우지 않고 2층 계단으로 바로 올라갈 수 있도록 문을 하나 더 설치했다. 2층에 올라가자마자 공용 욕실이 있고, 서쪽의 미닫이 뒤에는 자녀 가구의 거실·식당·주방이 있다. 또 3층에는 부부의 침실과 넉넉한 드레스 룸, 나중에 아이 방으로 사용하게 될 방이 있다.

도시의 좁은 땅에 집을 지을 때는 어두침침해지기 쉬운 중앙부에 빛을 끌어들이는 일이 가장 중요하다. 이 집에서는 1층에서 옥상까지 이어지는 계단실의 동쪽 벽 전체를 창으로 채우고, 거기서 끌어들인 빛을 유리벽을 통해 거실과 복도로 보내는 방식을 택했다. 또한 부지가 좁은 탓에 경계선까지 꽉 채워서 건물을 지었다. 그래서 이웃집과 딱 붙어 있는 양쪽 벽은 내구성도 좋고 공간도 절약되는 갈바륨 강판으로 마감했다. 바탕재 역시 구조, 단열, 방화 기능이 뛰어나면서도 벽을 얇게 시공할 수 있는 소재를 선택했다.

[나카무라 다카요시]

유리벽을 이용하여 거실·식당·주방에 빛을 끌어들인다

온 가족이 모이는 2층의 공용 공간. 대면식 주방은 밖을 바라보며 식사준비를 할 수 있게 배치되어 있다. 계단실 앞에는 사이사이에 유리를 끼운 나무 기둥을 세웠다. 또 거실 천장을 2,665mm까지 높여서 개방감을 높였다.

좁고 긴 부지를 최대한 활용한 집

부지는 가로가 4.4m, 세로가 약 14m로 길쭉하다. 1층에는 현관과 부모 가구, 2층에는 거실·식당·주방과 욕실, 3층에는 자녀 가구를 배치하고 옥상을 만들었다.

어머니의 방은 다목적으로 사용

1층 어머니의 방은 다목적으로 사용된다. 북향이지만 데크가 딸려 있어 밝고 널찍해 보인다.

계단실 동쪽에 설치된 전면창

1층에서 다락까지 이어진 계단실은 전체가 아트리움인 데다 동쪽 벽면이 온통 창문으로 채워져 있다. 덕분에 위층의 빛이 골조 계단 사이로 내려와 아래층을 환하게 밝힌다.

천창이 있는 다락방은 아이 방으로

나중에 아이 방으로 사용할 예정인 3층 방. 북측사선제한 때문에 천장이 기울어졌지만 천창을 이용하여 빛을 확보하고 개방감을 높였다.

아트리움으로 이어진 두 가구의 공간

2층

1층 복도의 아트리움은 부모 가구
와 자녀 가구를 연결하는 장치다.

자녀 가구가 주로 사용하
는 주방. 넓어서 어머니와
함께 일할 수도 있다.

드레스 룸

작업실

주방

아트리움

거실 · 식당

침실

자녀 가구의 작업실과 침실. 문을 열면
2층 전체가 널찍한 원룸으로 변한다.

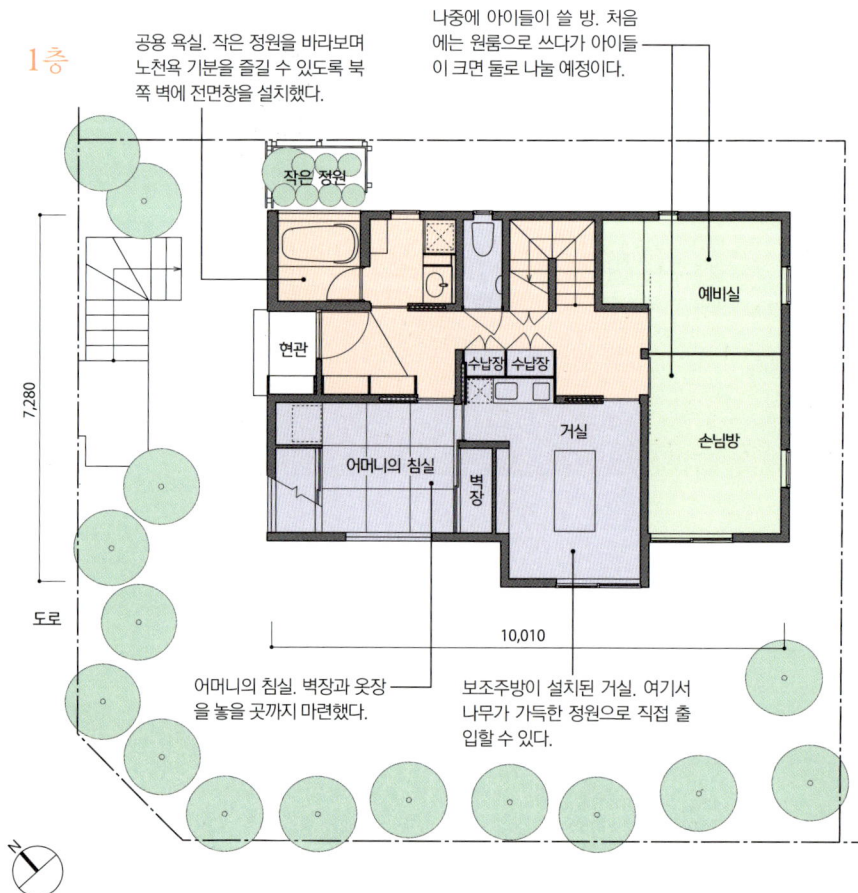

1층

공용 욕실. 작은 정원을 바라보며
노천욕 기분을 즐길 수 있도록 북
쪽 벽에 전면창을 설치했다.

나중에 아이들이 쓸 방. 처음
에는 원룸으로 쓰다가 아이들
이 크면 둘로 나눌 예정이다.

작은 정원

현관

수납장 수납장

예비실

거실

어머니의 침실

벽장

손님방

도로

7,280

10,010

어머니의 침실. 벽장과 옷장
을 놓을 곳까지 마련했다.

보조주방이 설치된 거실. 여기서
나무가 가득한 정원으로 직접 출
입할 수 있다.

S=1:150

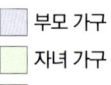

부모 가구

자녀 가구

공용

공용 가능한 공간

건축개요

소 재 지	가나가와 현 요코하마 시
대지면적	205.94㎡(62.4평)
연 면 적	121.73㎡(36.9평)
설 계	기타가와 히로키 건축 설계

준공 시 가족 구성

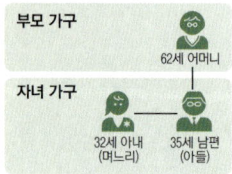

부모 가구

62세 어머니

자녀 가구

32세 아내
(며느리)

35세 남편
(아들)

어머니 방에 보조주방을 설치한다

　건축주는 결혼과 동시에 조용한 주택지에 위치한 본가를 2가구 주택으로 개축하기로 했다. 단 현관, 욕실 등은 공유하지만 1층 어머니의 공간에 거실과 보조주방을 마련하여 어머니 혼자서도 편히 지낼 수 있도록 했다.

　2층 자녀 가구의 거실·식당·주방 안쪽에는 작업실·침실을 배치했다. 이 집은 한가운데의 아트리움을 통해 거의 모든 방이 이어져 있는 구조다. 따라서 1층에 있는 어머니의 방이나 나중에 아이 방으로 쓸 예비실과 손님방에서도 문 위쪽의 통풍창과 작은 개구부를 통해 서로의 기척을 느낄 수 있다.

　2층의 거실·식당·주방은 온 가족이 모이는 곳이다. 이곳에 있는 코너창으로는 멀리까지 펼쳐진 조망을 즐길 수 있다. 부지가 모퉁이에 위치한 데다 대지가 도로보다 2m 높은 덕분이다. 거실 옆의 사다리식 계단을 타고 옥상에 올라가면 그 매력을 더 진하게 느낄 수 있다. 1층 어머니의 방 근처에 배치된 공용 욕실에는 작은 정원이 보이는 북향 창이 설치되어 있다. 정원에는 나무 울타리를 설치하여 주변 시선을 차단했다. 이 집의 욕실은 조명이 켜진 정원을 바라보며 입욕을 즐길 수 있는 훌륭한 휴식처다.

[기타가와 히로키]

거실·식당과 이어진 자녀 가구의 침실
사진 안쪽의 거실·식당과 침실을 구분하는 두 짝 미닫이를 열어놓은 상태. 왼쪽에 보이는 것은 화장대다.

아트리움으로 이어진 두 가구
아트리움은 1층 부모 가구와 2층 자녀 가구를 부드럽게 이어준다. 아래층 오른쪽의 방 두 개는 나중에 아이들 방으로 개조할 예정.

1층 부모 가구와 2층을 연결하는 아트리움
정면에 보이는 거실·식당·주방과 작업실·침실 사이에 아트리움이 있다. 침실 입구의 미닫이를 여닫아 공간을 합치거나 나눌 수 있다.

코너창으로 낮에는 채광을, 밤에는 야경을
가족의 단란한 모습을 슬며시 자랑하는 듯한 외관. 코너창은 낮에는 밝은 빛을, 밤에는 아름다운 야경을 선사한다.

넓고 기능적인 자녀 가구의 주방
ㄷ자형의 대면식 주방. 두 사람이 동시에 사용할 수 있는 넉넉한 공간이다.

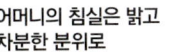

어머니의 침실은 밝고 차분한 분위기로
방범을 고려하여 고정창을 달았다. 오른쪽의 지창地窓으로는 부드러운 빛이 들어온다.

부모 가구의 공간에는 전용 주방 설치
보조주방이 설치된 어머니의 거실. 침실과 이어진 공간이다.

71

현관 공유형 설계
[생활 공간을 나누다]

현관은 사용 시간이 짧아서 공유해도 문제가 적은 공간

처음부터 '현관만 공유하겠다'고 하는 건축주는 드물다. 대부분은 현관까지 분리되는 '완전 분리형'을 희망했으나 부지의 한계 때문에 어쩔 수 없이 현관을 공유하게 된 경우다.

이럴 때는 일단 욕실을 공유하는 방법을 제안하는데, 실제 생활방식을 감안했을 때 어렵겠다고 판단되면 차선책으로 현관을 공유할 것을 권한다. 현관은 머무르는 시간이 짧아서 공유해도 일상생활에 큰 지장이 없다. 하루에 여러 번 외출한다고 해도 현관의 총 사용 시간은 아무래도 다른 곳에 비해 짧다. 일반적으로는 현관에서 손님을 맞을 기회도 많지 않다. 게다가 현관문을 하나로 줄일 수 있으니 경제적이기까지 하다. 명패나 우체통, 인터폰만 따로 쓰면 현관을 공유하는 데에 불편을 느끼는 일은 거의 없을 것이다.

수납공간은 넓을수록 좋다

부지에 여유가 없어서 어쩔 수 없이 선택하게 되는 현관 공유형. 그러나 현관이 하나 줄어들었으니 면적에 여유가 생길 것이라고 안심할 수는 없다.

현관은 집에서 약간은 특별한 공간이다. 외부와 내부의 경계라서 물건을 넣었다 뺐다 하는 동작이 일상적으로 발생하는 곳이기도 하다. 그러므로 외부에서 실내로 가지고 들어오는 물건의 양에 따라 현관 폭을 정해야 한다. 요즘은 현관에 물건을 일시적으로 보관할 장소나 방으로 가지고 들어갈 수 없는 물건을 보관할 수납공간을 마련해야 한다는 것이 이미 상식처럼 되어 있다. 게다가 2가구 주택의 경우 현관에 두 배 분량의 신발과 물건을 수납해야 하므로 현관을 공유한다 하더라도 그에 따라 차지할 면적이 축소되는 효과는 기대에 못 미칠지도 모른다. 현관은 또한 집 안 동선의 기점이자 종점이며 핵심이다. 따라서 현관을 하나 줄였다고 좋아하기보다, 하나 남은 현관을 적극적으로 이용하겠다는 생각으로 충분한 면적을 확보하는 것이 좋다. 현관이란 설계하기에 따라 얼마든지 더욱 매력적으로 변할 수 있는 공간이기 때문이다.

공용 현관을 가구 간 소통의 공간으로

공용 현관을 가구 간의 적극적인 공동 공간으로 활용하려는 자세도 중요하다. 현관을 환한 빛과 시원한 바람이 가득한 쾌적한 공간으로 만들어 보자. 또는 현관이 여름철의 환기탑 역할을 할 수 있도록 현관에 아트리움을 만들면 어떨까? 이렇게 하면 현관이 두 가구의 효과적인 소통의 장이 되어 줄 것이다. 현관은 서로의 간섭을 최소한으로 줄이면서도 가족 간의 교류를 자연스럽게 촉진하는 장치가 될 수 있다. 설계의 묘를 발휘하여 공용 현관을 한 지붕 아래 함께 사는 두 가족의 안식처로 승화시켰으면 한다.

[모로가 히사오]

Point

설계기법

- 공용 현관은 되도록 넓게 만든다.
- 현관의 수납공간을 넉넉히 확보한다.
- 채광 · 통풍 대책을 마련한다.
- 무장애 환경을 정비한다.
- 현관을 공간과 공간의 연결 장치로 이해한다.
- 현관을 가구 간 교류의 장으로 삼는다.

평면도

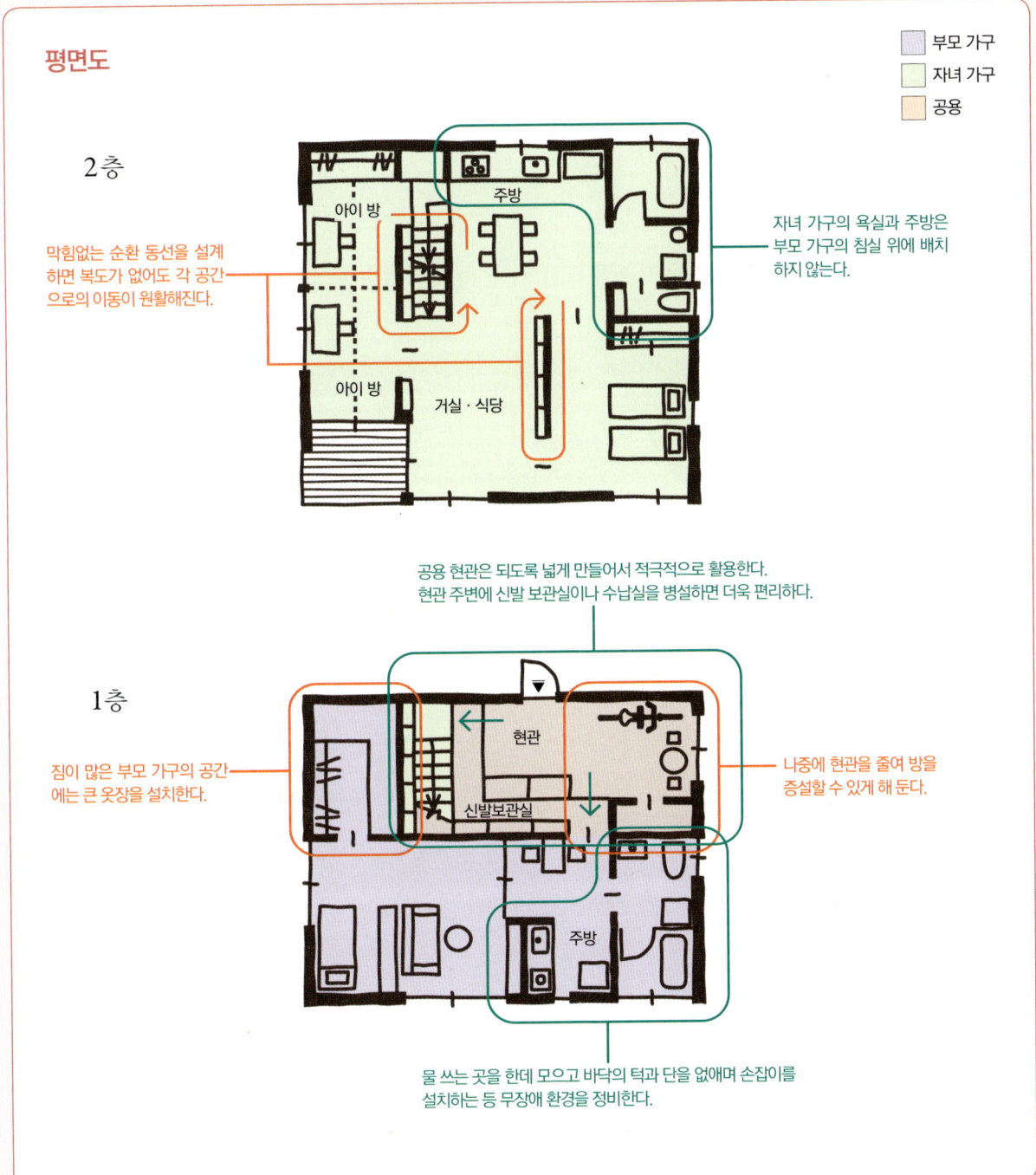

	부모 가구
	자녀 가구
	공용

2층

막힘없는 순환 동선을 설계하면 복도가 없어도 각 공간으로의 이동이 원활해진다.

아이 방
주방
거실 · 식당
아이 방

자녀 가구의 욕실과 주방은 부모 가구의 침실 위에 배치하지 않는다.

공용 현관은 되도록 넓게 만들어서 적극적으로 활용한다.
현관 주변에 신발 보관실이나 수납실을 병설하면 더욱 편리하다.

1층

짐이 많은 부모 가구의 공간에는 큰 옷장을 설치한다.

현관
신발보관실
주방

나중에 현관을 줄여 방을 증설할 수 있게 해 둔다.

물 쓰는 곳을 한데 모으고 바닥의 턱과 단을 없애며 손잡이를 설치하는 등 무장애 환경을 정비한다.

부모는 <mark>승강기</mark>를 타고 2~3층으로 이동할 수 있는 구조

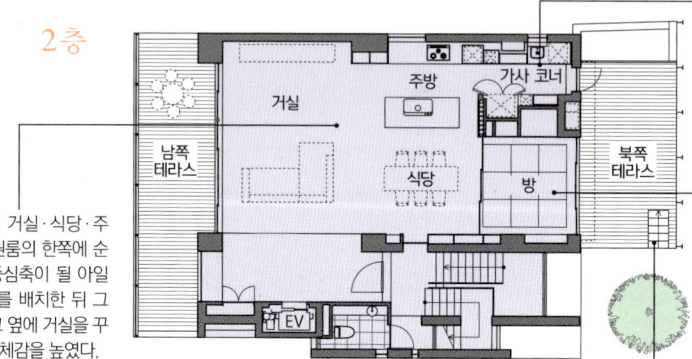

3층

옥상으로 가는 계단

벽장 / 벽장 / 어머니의 침실 / 아버지의 침실 / 옷장 / 옷장 / 작은 아들의 침실 / EV

사적인 공간 한가운데에 욕실을 배치했다. 천장에 천창을 설치하고, 두 개의 세면대가 있는 세면실과 욕실 사이에 유리벽을 세워서 환하고 널찍한 공간으로 만들었다.

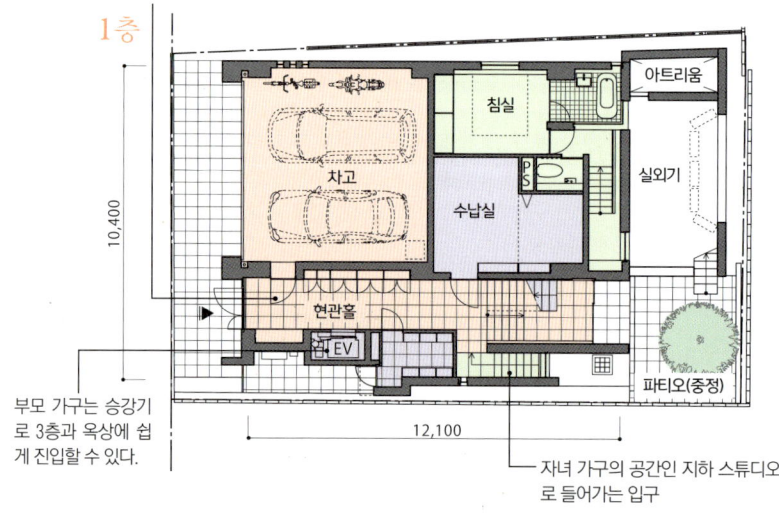

2층

거실 / 주방 / 가사 코너 / 남쪽 테라스 / 식당 / 방 / 북쪽 테라스 / EV

부모 가구의 거실·식당·주방. 사각형 원룸의 한쪽에 순환 동선의 중심축이 될 아일랜드 조리대를 배치한 뒤 그 앞에 식당, 그 옆에 거실을 꾸미며 공간의 일체감을 높였다.

아일랜드 조리대 뒤에는 세탁기, 다목적 개수대가 설치된 가사 코너가 있고 그 옆에는 북쪽 테라스로 나가는 뒷문이 있다.

식당과 방 사이에 이동식 유리벽을 설치하여 방을 손님방(침실)으로 쓸 수 있게 했다.

1층 중정으로 내려가는 계단

남쪽 도로에 면한 현관 포치와 현관홀에 라임스톤이 평평하게 깔려 있다. 라임스톤 바닥은 홀 앞 계단을 거쳐 중정까지 계속되는데, 이로써 넓은 공간이 하나로 연결된 듯한 일체감이 느껴진다.

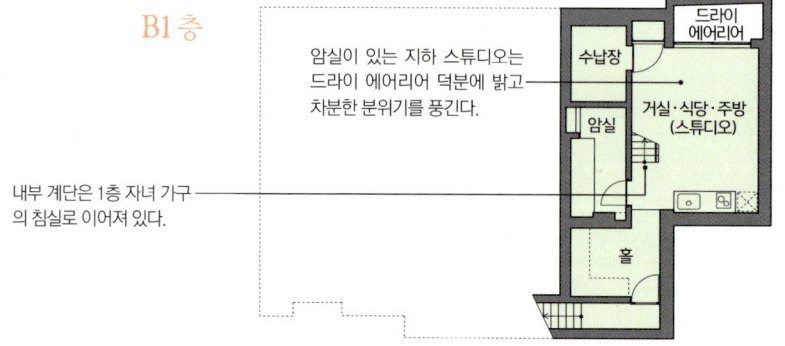

1층

차고 / 침실 / 수납실 / 아트리움 / 실외기 / PS / 현관홀 / EV / 파티오(중정)

10,400 / 12,100

부모 가구는 승강기로 3층과 옥상에 쉽게 진입할 수 있다.

자녀 가구의 공간인 지하 스튜디오로 들어가는 입구

B1층

암실이 있는 지하 스튜디오는 드라이 에어리어 덕분에 밝고 차분한 분위기를 풍긴다.

드라이 에어리어 / 수납장 / 거실·식당·주방 (스튜디오) / 암실 / 홀

내부 계단은 1층 자녀 가구의 침실로 이어져 있다.

S=1:250

범례

- 부모 가구
- 자녀 가구
- 공용

건축개요

소 재 지 **도쿄 도**
대지면적 **216.62㎡(65.6평)**
연 면 적 **400.81㎡(121.5평)**
설 계 **오기쓰 이쿠오 건축 설계 사무소**

준공 시 가족 구성

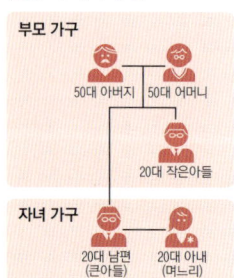

부모 가구
50대 아버지 — 50대 어머니
20대 작은아들

자녀 가구
20대 남편 (큰아들) — 20대 아내 (며느리)

부모 가구는 2층과 3층, 자녀 가구는 지하와 1층에

지하실이 딸린 3층짜리 2가구 주택이다. 빛에 이끌리듯 남북으로 뻗은 현관홀에 들어서면 산딸나무가 있는 중정과 마주친다. 이 중정을 뒤로 하고 계단을 올라가면 2층 부모 가구의 널찍한 거실·식당·주방이 나온다. 남쪽과 북쪽에 각각 설치된 넓은 테라스에는 불투명 유리로 된 창을 설치하여 외부의 시선을 차단하는 동시에 부드러운 빛을 끌어들이도록 했다.

3층도 부모 가구의 공간이다. 여기에는 부부 각자의 침실과 작은아들의 방, 천창이 있어 밝고 널찍한 중앙 욕실, 세면실이 있다. 현관에서 승강기를 타면 부모 가구가 있는 2층과 3층으로 쉽게 이동할 수 있다.

현관홀에서 계단을 내려가면 큰아들 부부가 쓰는 지하 공간이 나타난다. 여기에는 카메라맨으로 일하는 큰아들의 거실·식당·주방, 그리고 스튜디오와 암실이 있다. 계단을 올라가면 다락처럼 꾸민 침실과 욕실이 나온다.

중정에 면한 2층의 아트리움은 계단의 각도를 이용하여 재미있게 연출한 공간이다. 계단의 디딤판이 루버처럼 되어 있어 계단 사이로 풍경이 보이는 등 볼거리도 다양하다.   [오기쓰 이쿠오]

중정은 현관의 인테리어 포인트
집을 상징하는 심벌 트리(산딸나무)가 심겨진 작은 중정에서는 출입창을 거쳐 널찍한 계단참으로 올라갈 수 있다. 계단 위의 아트리움이 공간에 확장감을 더한다.

3층 건물과 반지하로 구성된 여유 있는 2가구 주택
도로 앞에 있어 채광과 통풍에 유리한 입지에 지은 집이다. 외부 시선을 차단하기 위해 테라스에는 불투명 유리창을 설치했다.

온 가족이 모이는 넓은 거실을 중간층인 2층에
통일된 색감의 간접조명을 주로 써서 단정하고 차분한 분위기로 연출했다.

자녀 가구의 반지하 거실·식당·주방
자녀 가구의 거실·식당·주방(스튜디오)은 반지하에 있다. 여기서 내부 계단을 통해 1층으로 올라가면 욕실과 침실이 나온다.

3층 부모 가구의 욕실은 넓고 환하게
천창과 유리벽을 활용하여 환하고 넓게 만든 욕실. 널찍한 세면실에는 벽면 수납장과 두 개의 세면대가 설치되어 있다.

현관 공유형 설계

부모는
자립하여 생활하고
자녀는 부모를
지켜보는 집

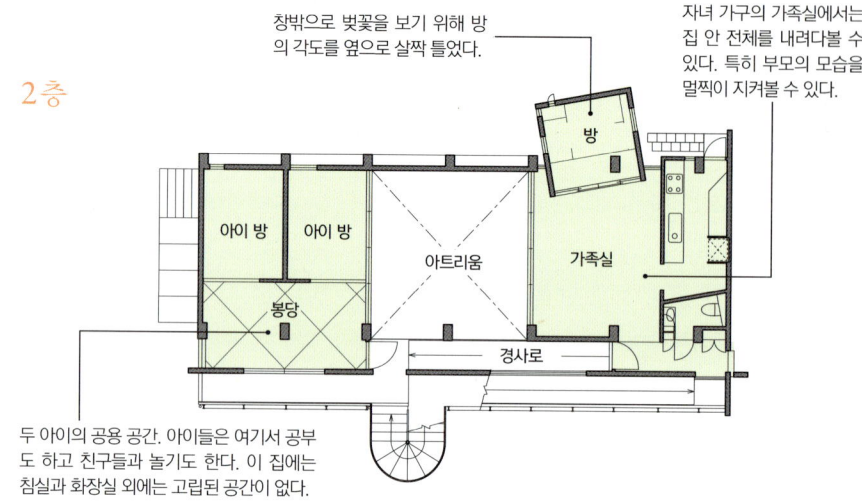

2층

창밖으로 벚꽃을 보기 위해 방의 각도를 옆으로 살짝 틀었다.

자녀 가구의 가족실에서는 집 안 전체를 내려다볼 수 있다. 특히 부모의 모습을 멀찍이 지켜볼 수 있다.

방 / 아이 방 / 아이 방 / 아트리움 / 가족실 / 붕당 / 경사로

두 아이의 공용 공간. 아이들은 여기서 공부도 하고 친구들과 놀기도 한다. 이 집에는 침실과 화장실 외에는 고립된 공간이 없다.

무장애 환경이 완비된 부모 가구. 부모 가구의 공간은 따뜻한 햇볕이 들어오는 중정으로 직접 연결되어 있어 편하게 볕을 쬐러 나갈 수 있다. 그리고 자녀 가구의 가족실에서는 이 중정을 내려다보고 살필 수 있다.

중정에서 부모는 볕을 쬐고 아이들은 뛰어논다. 이곳은 두 가구가 만나는 교류의 장이며, 서로에 대한 배려가 배어 있는 이 집을 상징하는 공간이다.

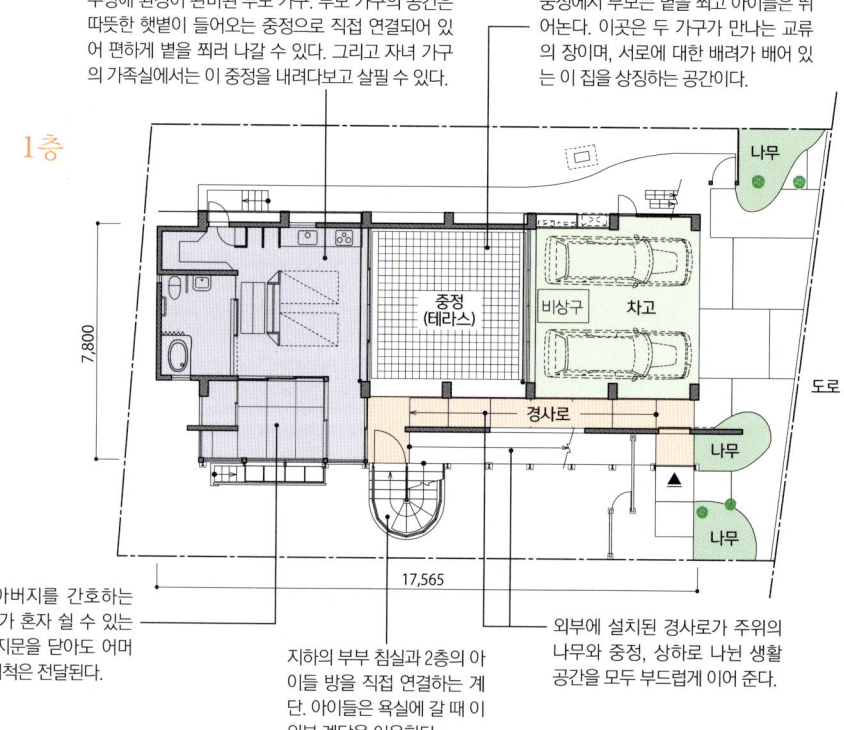

1층

나무 / 중정(테라스) / 비상구 / 차고 / 경사로 / 도로 / 나무 / 나무
7,800 / 17,565

종일 아버지를 간호하는 어머니가 혼자 설 수 있는 곳. 장지문을 닫아도 어머니의 기척은 전달된다.

지하의 부부 침실과 2층의 아이들 방을 직접 연결하는 계단. 아이들은 욕실에 갈 때 이 외부 계단을 이용한다.

외부에 설치된 경사로가 주위의 나무와 중정, 상하로 나뉜 생활 공간을 모두 부드럽게 이어 준다.

반지하에 위치한 자녀 가구에는 침실과 개방형 욕실, 휴식 공간이 원룸으로 구성되어 있다. 천장은 전체가 유리블록으로 되어 있으며, 그 위는 중정이다.

B1층

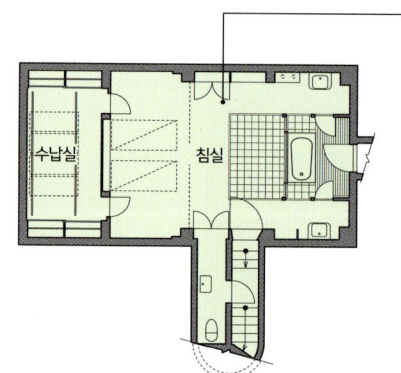

수납실 / 침실

S=1:250

■ 부모 가구
■ 자녀 가구
■ 공용

건축개요
소 재 지 도쿄 도 세타가야 구
대지면적 298.67㎡(90.5평)
연 면 적 218.45㎡(66.2평)
설 계 스튜디오 아르텍

준공 시 가족 구성

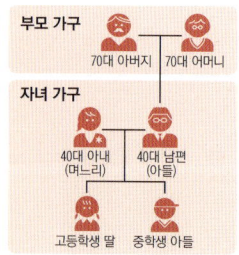

부모 가구 — 70대 아버지 / 70대 어머니
자녀 가구 — 40대 아내(며느리) / 40대 남편(아들) / 고등학생 딸 / 중학생 아들

중정과 경사로로 두 가구를 연결하여 간호하기 편하게 만든 집

　간호가 필요한 부모와 함께 사는 3세대 2가구 주택. 집이 위치한 곳은 도쿄 교외의 오래된 주택지인데, 최근 택지 개발로 녹지가 줄어들면서 주변 환경이 급격히 변하는 중이다. 이 집을 설계할 때 부모 가구의 공간에는 아버지를 매일 간호하는 어머니의 휴식처를, 자녀 가구의 공간에는 부모를 항상 지켜볼 수 있는 장치를 마련하는 데 주력했다. 또 마침 지역 내 녹지가 줄어들고 있어 건물 크기를 키우기보다 근처의 나무를 집과 혼재시키는 방법을 택했다. 이리하여 두 가구가 중정과 경사로라는 '외부 공간'으로 연결되고 나머지 공간이 고령자의 공간을 감싸듯 배치되어 상대를 자연스럽게 살피며 소통할 수 있는 구조가 완성되었다. 부모 가구의 공간에는 무장애 환경을 실현할 뿐만 아니라 간호하는 사람이 환자 가까이에 머무르면서도 혼자 편히 쉴 수 있는 공간을 만들었다.

　이 집의 또 다른 장점은 다양한 동선이다. 층간 이동을 할 때는 계단 또는 경사로를 이용할 수 있고, 2층에 위치한 자녀 가구의 가족실과 아이들 방은 모두 외부와 직접 통해 있다. 집은 '인생의 역사적 시간을 담는 그릇'으로서 다양한 인생의 상황 변화에 대응해야 한다. 그런 의미에서 이 집은 간호가 필요해진 아버지와 아버지를 간호해야 하는 어머니, 부모를 보살펴야 하는 자녀의 각각의 상황에 효과적으로 대응한 바람직한 사례라 할 수 있다. [무로후시 지로]

주위의 수목과 하나로 어우러진 외관
1층 정면에 차고를 설치했다. 또 외부 조경에는 기존의 수목을 그대로 활용하여 건물 하나만 덩그러니 있는 것이 아니라 주변의 수목과 집이 혼재하는 풍경을 만들어냈다. 건물 입구는 왼쪽으로 돌아가면 나온다.

반지하의 침실 천장은 전면 유리
천장 높이가 약 3m의 지하층 침실. 유리블록으로 덮은 천장에서 빛이 쏟아진다. 사진 안쪽에 보이는 곳은 유리 칸막이로 둘러싸인 욕실.

무장애 환경이 구비된 부모 가구의 공간
현관에서 정면의 1층 입구를 거쳐 위층까지 이어지는 경사로. 정면 안쪽에 보이는 방은 아버지를 간호하는 어머니의 방이다. 방은 바닥을 약간 높게 만들었다.

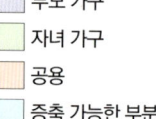

현관 공유형 설계

필요에 따라
방을 쉽게
늘렸다 줄였다
할 수 있는 집

건축개요

소 재 지	가나가와 현
대지면적	149.77㎡(45.4평)
연 면 적	254.34㎡(77.1평)
설　　계	SMA

준공 시 가족 구성

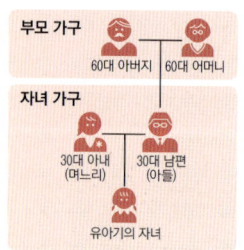

부모 가구
60대 아버지　60대 어머니

자녀 가구
30대 아내(며느리)　30대 남편(아들)
유아기의 자녀

■ 부모 가구
■ 자녀 가구
■ 공용
■ 증축 가능한 부분

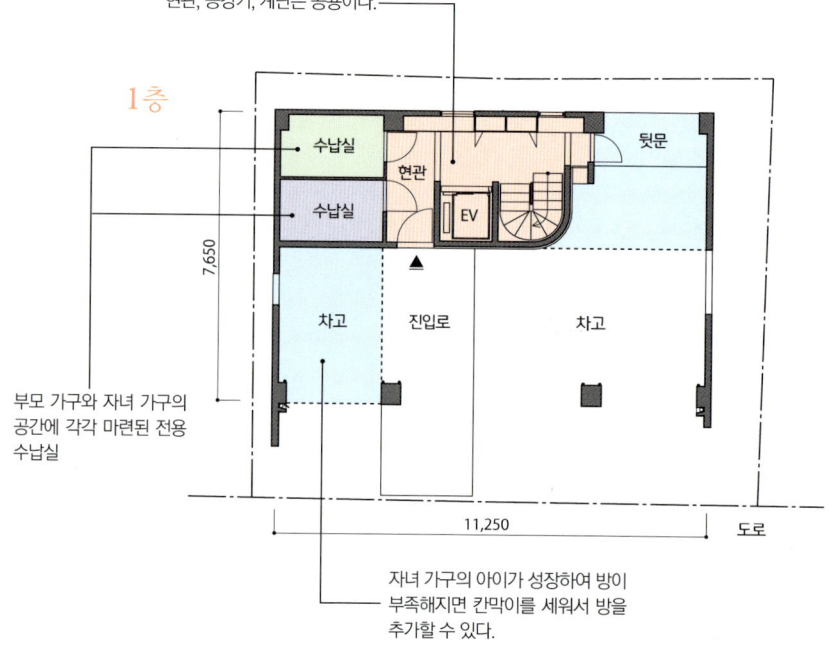

뒤쪽 발코니는 쓰레기 처리장으로 활용된다.

3층

발코니 / 주방 / 거실·식당 / 침실 / 서재 / EV / 발코니

1층과 마찬가지로 2층과 3층의 계단 및 승강기 홀에도 수납장을 설치하여 잡다한 물건을 보관하도록 했다. 덕분에 실내는 항상 깔끔하다.

3층에는 중앙에 부모 가구의 거실·식당·주방을 배치한 뒤 양옆으로 사적인 공간을 배치했다.

2층

발코니 / 주방 / 거실·식당 / 침실 / EV / 발코니

자녀 가구의 거실은 지금은 넓은 원룸이지만 필요에 따라 칸막이를 세워 작은 방 두 개를 추가할 수 있다.

현관, 승강기, 계단은 공용이다.

1층

수납실 / 수납실 / 현관 / 뒷문 / EV / 차고 / 진입로 / 차고

7,650

11,250 / 도로

부모 가구와 자녀 가구의 공간에 각각 마련된 전용 수납실

자녀 가구의 아이가 성장하여 방이 부족해지면 칸막이를 세워서 방을 추가할 수 있다.

S=1:200

앞으로의 변화를 대비해 남겨 둔 필로티

　도로변의 상점가에서 살짝 들어간 골목에 위치한 상가 주택 같은 건물이다. 건축주는 오래 살아 익숙해진 집에서 대를 이어 계속 살고 싶어서 개축을 결심했다고 한다. 그 계기는 젊은 부부에게 첫 아이가 태어난 것이었다. 여기까지는 전형적인 3가구 주택 같지만, 실제 설계는 쉽지 않았다. 향후 가족 구성이 어떻게 변할지 예측하기가 어려웠기 때문이다. 어쨌든 둘째까지는 낳을 예정이었으니 아이들이 클수록 공간이 더 필요해질 것만은 분명했다. 이처럼 앞으로 필요해질 공간을 미리 확보하는 동시에 그 공간을 지금도 활용하고 싶다면, 그 해답을 1층의 필로티에서 찾을 수 있다.

　상점가가 가까워서 주차장을 빌려 쓰려는 사람이 있을 테니 현재의 수익 면에서도 넓은 필로티는 유용하다. 게다가 방이 더 필요해지면 필로티 공간을 이용하여 무리 없이 증축할 수 있다. 이미 구조체가 완성되어 있으니 이보다 더 간단한 방법도 없을 것이다. 이리하여 필로티 위에 두 가구가 거주할 2~3층을 상자처럼 쌓아올린 단면을 만들고, 그 위에 불확실한 상황에 유연하게 대응할 수 있는 설계가 완성되었다.　　　　　　　　[마스다 스스무]

부모 가구의 공간은 채광과 통풍이 잘 되는 3층으로
3층에 위치한 부모 가구의 거실·식당. 채광과 통풍 등 자연의 혜택을 되도록 많이 누리기 위해 남쪽에 커다란 출입창을 설치했다.

철근 콘크리트 건물의 2층과 3층에 두 가구가 사는 집
2층과 3층의 구조가 거의 동일한 상하 분리형 2가구 주택이다. 단순한 평면 위에 지어진 역시나 단순한 건물이지만, 남쪽 벽 앞에 전면 발코니를 설치하고 1층을 필로티로 만들어 폐쇄적인 인상을 덜어냈다.

2층 자녀 가구는 방을 늘리거나 줄일 수 있도록
넓은 거실의 나무 칸막이 너머에 침실이 있다. 이 칸막이를 철거하여 방을 없애거나 반대쪽(동쪽)에 칸막이를 더해 작은 방 두 개를 추가할 수 있다.

공용 현관은 널찍하게
사진기가 있는 곳에는 3층에 사는 부모 가구를 위해 설치한 승강기와 계단이 있다. 사진 정면에 보이는 방이 가구별로 이용하는 수납실이고 왼쪽에 보이는 것이 현관문이다.

다용도로 이용할 수 있는 필로티 공간
필로티는 진입로, 주차장, 자전거 주차장인 동시에 야외작업 공간도 되고 날이 궂을 때면 아이들 놀이터도 된다. 필요하면 여기에 방을 하나 추가할 수도 있다.

보조 현관을 확보하여 완전 분리도 가능하게 한다

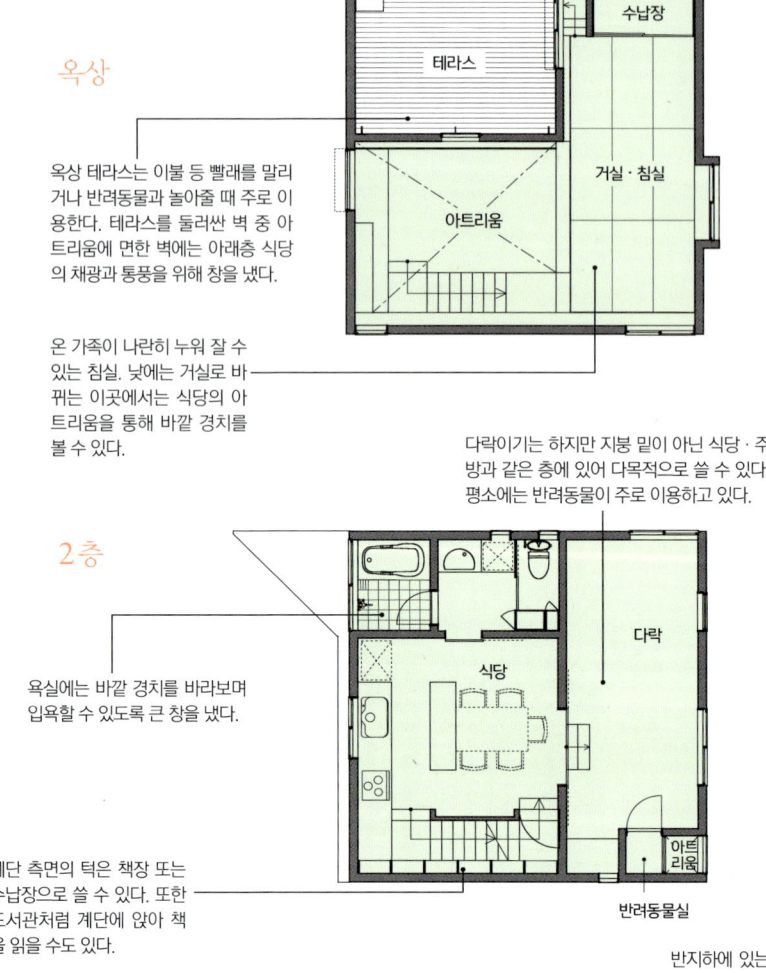

옥상

옥상 테라스는 이불 등 빨래를 말리거나 반려동물과 놀아줄 때 주로 이용한다. 테라스를 둘러싼 벽 중 아트리움에 면한 벽에는 아래층 식당의 채광과 통풍을 위해 창을 냈다.

온 가족이 나란히 누워 잘 수 있는 침실. 낮에는 거실로 바뀌는 이곳에서는 식당의 아트리움을 통해 바깥 경치를 볼 수 있다.

다락이기는 하지만 지붕 밑이 아닌 식당·주방과 같은 층에 있어 다목적으로 쓸 수 있다. 평소에는 반려동물이 주로 이용하고 있다.

2층

욕실에는 바깥 경치를 바라보며 입욕할 수 있도록 큰 창을 냈다.

계단 측면의 턱은 책장 또는 수납장으로 쓸 수 있다. 또한 도서관처럼 계단에 앉아 책을 읽을 수도 있다.

부모 가구의 공간은 계단을 내려간 반지하에 위치해 있다.

반지하에 있는 부모 가구의 공간. 채광을 위해 고창을 설치하고 편의를 위해 주방, 욕실, 세면실, 화장실을 한 곳에 모았다.

■	부모 가구
■	자녀 가구
■	공용

건축개요

소 재 지	가나가와 현 요코하마 시
대지면적	94.10㎡(28.5평)
연 면 적	92.48㎡(28평)
설 계	스즈키 아틀리에

준공 시 가족 구성

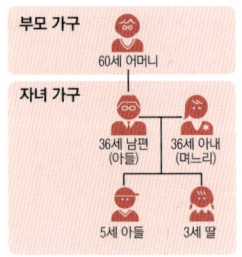

부모 가구
60세 어머니

자녀 가구
36세 남편(아들) 36세 아내(며느리)
5세 아들 3세 딸

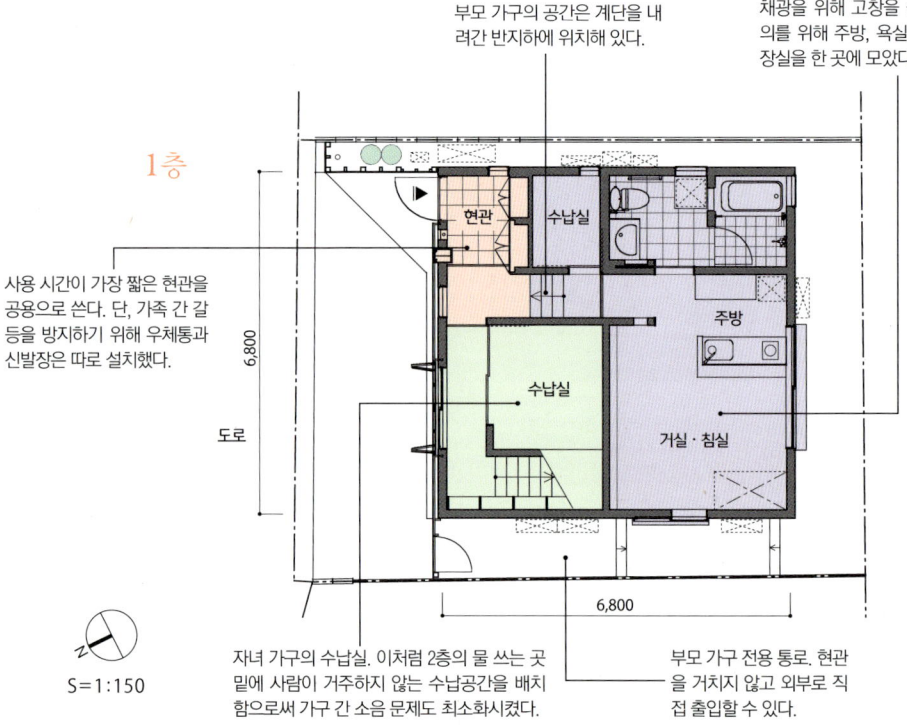

1층

사용 시간이 가장 짧은 현관을 공용으로 쓴다. 단, 가족 간 갈등을 방지하기 위해 우체통과 신발장은 따로 설치했다.

자녀 가구의 수납실. 이처럼 2층의 물 쓰는 곳 밑에 사람이 거주하지 않는 수납공간을 배치함으로써 가구 간 소음 문제도 최소화시켰다.

부모 가구 전용 통로. 현관을 거치지 않고 외부로 직접 출입할 수 있다.

S=1:150

주차 공간 옆의 외벽에 격자무늬를 넣어 담장처럼
1층 주차장 쪽 창문 앞에는 담장과 똑같은 격자무늬의 쌍여닫이 덧문이 달려 있는데, 한여름에도 이 덧문을 닫고 창문을 열어 놓으면 밤새 쾌적하고 안전하게 지낼 수 있다. 더불어 스테인리스를 가공하여 현장에서 제작한 처마를 달았더니 외관이 날렵해 보인다.

시선을 멀리까지 연장시키는 창문
아트리움이 있는 자녀 가구의 식당·주방에서는 여러 곳의 창을 통해 북쪽의 경치를 바라보거나 옥상을 살펴볼 수 있다. 적재적소에 창문을 달아 시선을 연장시킴으로써 확장감을 느끼게 한 공간이다.

부모 가구의 방은 고창으로 채광
반지하에 있는 부모 가구의 상부에 다락을 배치하여 소음을 최소화했다. 코르크 재질의 바닥에는 축열식 바닥 난방 장치가 설치되어 있다.

식당과 다락방, 중층 거실의 연결 계단
지붕 밑이 아닌 주요 생활 공간과 동일한 층에 다락방을 만들어 공간의 활용도를 높였다.

중층 거실은 다용도로 쓰기 좋은 방
낮에는 거실, 밤에는 침실이 되는 방. 여기서 옥상 테라스로도 나갈 수 있다. 아래로는 식당이 내려다보이고 아트리움을 통해서는 북쪽의 경치가 보인다.

반지하와 다락을 활용하여 27평 안에 압축한 분리형 2가구 주택

남편의 어머니와 함께 살기 위해 지은 2가구 주택이다. 생활 공간을 최대한 분리시켜 고부 갈등을 예방하는 데 주력했다. 그래서 공용 현관 외에도 부모 가구 전용 통로를 서쪽에 따로 마련했다.

그런데 건축면적 14평의 2층 건물 안에 두 가구의 생활 공간을 압축하느라 아무래도 수납공간을 확보하기가 어려웠다. 그래서 물건을 한데 모을 수납실을 만들고, 선반을 활용한 '보여주기 수납' 방식을 최대한 활용했다. 또한 부모 가구의 거실 위와 자녀 가구의 거실·침실 밑에 위치한 다락방 역시 식당과 이어져 있어서 일상용품을 보관하는 용도로 활용할 수 있다. 또 다락 위의 방을 거실·침실로 만들어 공간을 절약했는데, 식당보다 높은 곳에 위치하고 있어 식당에서 잘 보이지 않아 침실로 쓰는 데에도 무리가 없다. 옥상 테라스 또한 벽으로 둘러싸서 또 하나의 생활 공간으로 만들었다. 즉 설계를 통해 2층이지만 3층 건물 못지않은 공간을 확보한 셈이다.

1층 외부에는 평행주차를 할 수 있는 공간을 가까스로 확보했다. 그러나 담장 등 외부 조경을 추가할 만한 여유가 없어서 외벽에 울타리를 연상시키는 격자무늬를 넣는 것으로 만족했다. 또한 중앙에 설치한 격자식 덧문은 개폐 가능하므로 안쪽의 창문을 열고 격자 덧문만 닫아두면 사생활 침해와 보안에 대한 염려 없이 바람과 빛을 충분히 끌어들일 수 있다.

[스즈키 요코]

단독 주택으로 **개축**할 것을 검토 중인 2가구 주택

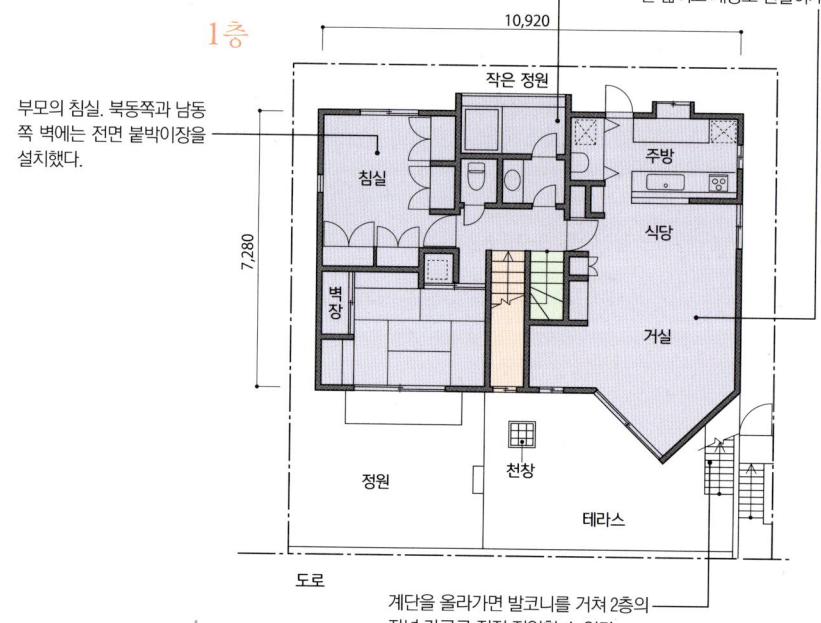

1층 부모 가구의 공간에 공용 욕실을 배치하고 2층 자녀 가구의 공간에는 샤워실을 마련했다.

자녀 가구의 거실을 L자형으로 디자인하여 피아노가 들어갈 공간을 만들었다.

2층

침실 / 수납실 / 주방 / 아이 방 / 다락 / 피아노 / 거실·식당 / 발코니

욕실은 부모의 침실 근처에 두되, 자녀 가구도 편리하게 이용할 수 있도록 지하에서 2층까지 이어지는 자녀 가구의 동선에 포함된 곳인 계단 앞에 배치했다.

두 가구의 교류가 주로 이루어지는 부모 가구의 거실·식당·주방. 남쪽 벽면을 밖으로 돌출시켜 거실 면적을 최대한 넓히고 채광도 원활하게 했다.

1층

10,920

7,280

부모의 침실. 북동쪽과 남동쪽 벽에는 전면 붙박이장을 설치했다.

작은 정원 / 침실 / 주방 / 식당 / 벽장 / 거실 / 정원 / 천창 / 테라스 / 도로

계단을 올라가면 발코니를 거쳐 2층의 자녀 가구로 직접 진입할 수 있다.

건축 기준법상 지하는 건폐율에서 제외되며 차고는 연면적에서 제외된다. 이런 규정을 활용하여 거주면적을 최대한 확보했다.

B1층

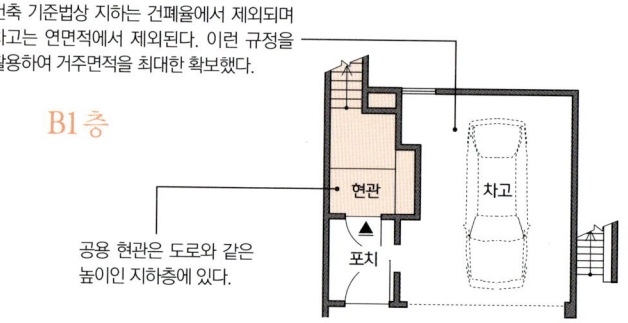

현관 / 차고 / 포치

공용 현관은 도로와 같은 높이인 지하층에 있다.

S=1:200

건축개요

소 재 지	가나가와 현 요코하마 시
대지면적	167.91㎡(50.9평)
연 면 적	167.84㎡(50.9평)
설 계	AA 플래닝

부모 가구 / 자녀 가구 / 공용

준공 시 가족 구성

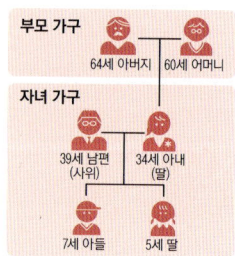

부모 가구
64세 아버지 / 60세 어머니

자녀 가구
39세 남편 (사위) / 34세 아내 (딸)
7세 아들 / 5세 딸

가족이 줄어들면 주방을 합칠 예정

약 25년 전에 지어진 2가구 주택이다. 당시 자녀 가구의 공간에는 30대의 부부와 초등학생 아들, 유치원생 딸이 살고 있었고, 부모 가구의 공간에는 아내의 부모가 살고 있었다.

처음에는 현관을 도로보다 2.5m 정도 높은 곳에 만들어 외부 계단으로 연결했지만, 2가구 주택으로 개축할 때 현관을 도로와 같은 높이인 지하층의 차고 옆으로 옮기고 다락이 딸린 2층을 새로 지어 올렸다. 그래서 이처럼 목조와 철근 콘크리트 구조가 섞인 4층 주택이 완성되었다. 유형은 지하층 현관은 함께 쓰면서 1층에는 부모 가구가, 2층에는 자녀 가구가 거주하는 상하 분리형이다. 욕실은 부모의 침실 가까이에 있지만 2층 자녀 가구의 공간에도 샤워실이 따로 있다. 그리고 주방은 완전히 분리되어 있다.

개축 당시에 6명이었던 가족은 세월이 흘러 아버지가 돌아가시고, 자녀 가구의 아들딸이 독립하면서 어머니와 자녀 가구 부부만 남아 3명으로 줄어들었다. 그래서 지금은 1가구 주택으로 감축하려고 생각하는 중이다. 우선 주방부터 손을 보아, 주로 쓰는 주방은 1층에 두고 2층 주방은 간단한 보조주방으로 바꾸기로 했다. 이러한 '집의 변천사'는 그 집만이 알고 있는 '가족의 역사' 그 자체일지도 모른다. [아오키 에미코]

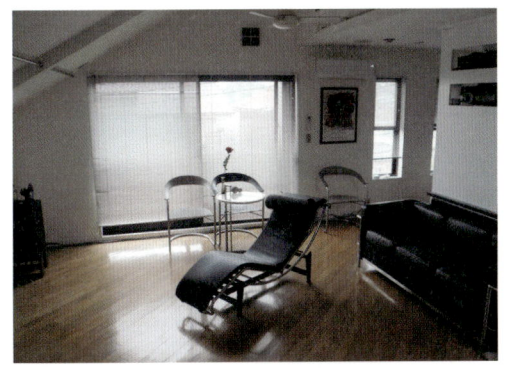

건축 25년 만에 새로 단장한 2층 거실·식당·주방
자녀 가구의 아이들이 독립하여 부부 두 쌍만 살게 되면서 큰 탁자를 없애고 소파를 새로 들여놓아 거실을 음악과 영화를 감상하는 공간으로 바꾸었다. 인테리어 색조도 흑백으로 변경했다.

도로보다 약간 높은 부지에 지은 목조주택
철근 콘크리트 구조의 지하 차고 위에 다락이 딸린 2층 목조주택을 올린 혼합 구조의 4층 건물이다.

공용 현관은 지하에
수납공간이 넉넉한 벽면수납장을 설치하고 수납장 문에는 거울을 붙였다. 봉당 천장의 천창에서 현관홀 위로 햇빛이 쏟아진다.

자녀 가구의 거실·식당·주방은 천장을 높여서 널찍하게
북측사선제한 때문에 가장 낮은 곳은 천장 높이가 1.6m밖에 되지 않지만, 지붕 모양을 그대로 살린 급경사 천장 덕분에 방이 좁아 보이지는 않는다. 모서리를 둥글린 왼쪽 테이블은 아이들이 공부할 때나 옷을 다릴 때 유용하게 쓰인다. 모임이 있을 때면 셀프서비스 코너로 변신하는 공간이기도 하다.

어머니가 살던 곳에 자녀와 손자가 대를 이어 살 수 있는 구조로 만든 집

2층

자녀 가구의 공간에는 욕실 대신 샤워실이 설치되어 있다.

1평 크기의 주방. 조리대 앞 벽에 전면창을 설치하여 빛과 개방감을 확보했다.

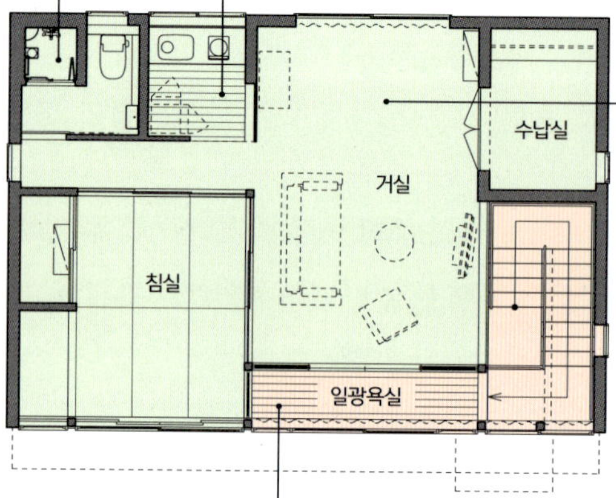

수납실

거실

침실

일광욕실

2층은 나중에 자녀와 손자·손녀들이 들어와 살 수 있도록 설계했다. 가족이 늘어나면 거실에 칸막이를 세워 방을 추가할 수 있다.

2층 남쪽에 위치한 일광욕실은 빨래를 널기에 최적의 장소다. 어머니는 매일 계단을 오르내리며 이곳을 이용한다.

벽에 손잡이를 달고 도중에 계단참을 두어 안전하게 만든 계단

현관에서 2층으로 직접 이동할 수 있어서 층별로 독립적인 생활이 가능하다.

1층

9,100

6,370

부모의 침실로 쓰이는 방과 세면실, 화장실을 나중에 원룸으로 통합할 계획이다.

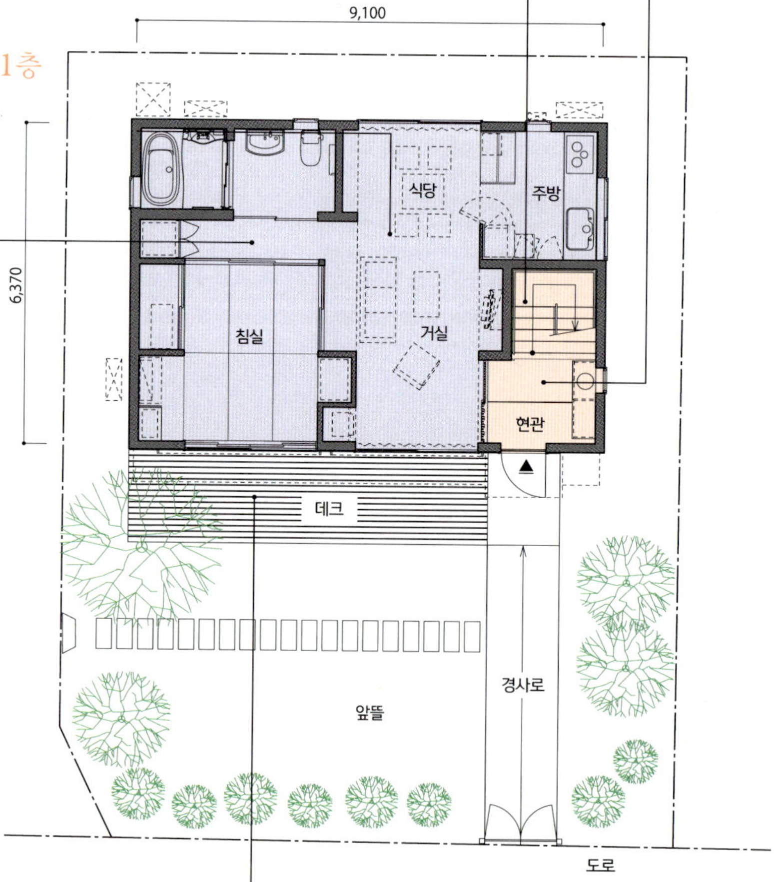

식당

주방

침실

거실

현관

데크

경사로

앞뜰

도로

데크와 침실, 거실의 바닥 높이를 통일하여 두 공간 사이의 왕래를 수월하게 했다. 진입로에도 경사로가 설치되어 있다.

S=1:150

- 부모 가구
- 자녀 가구
- 공용

건축개요

소 재 지 가나가와 현
          요코하마 시
대지면적 180.29㎡(54.6평)
연 면 적 115.09㎡(34.9평)
설   계 오기쓰 이쿠오
          건축 설계 사무소

준공 시 가족 구성

부모 가구
80대 어머니

자녀 가구
50대 작은아들

현관의 아트리움을 통해 서로의 기척을 느낀다

　나중에 어머니가 휠체어를 타거나 간호를 받게 될 때를 대비하여 1층 공용 현관에서 데크까지 무장애 설계를 적용했다. 이로써 80대인 어머니가 모든 생활을 1층에서 해결할 수 있게 되었다. 또 2층과 1층이 현관의 아트리움을 통해 이어져 있으므로 상하층의 두 가구가 서로의 기척을 느끼며 생활할 수 있다. 그리고 이 주택은 자녀와 손자들이 상황에 따라 들어와 살 수도 있다는 생각으로 설계된 집인데, 신축 당시에는 50대의 작은아들이 2층에 거주했다.

　한편 채광을 중시하여 1층과 2층의 남쪽 벽에 큰 창을 나란히 배열한 덕분에 어머니는 매일 계단을 오르내리며 2층 남쪽의 해가 잘 들어오는 일광욕실에서 빨래를 넌다. 또 1층 창문에는 채광·통풍과 방범이라는 두 마리 토끼를 잡기 위해 세로 방향 블라인드 형식의 덧문을 설치했다. 더불어 이 집에는 남쪽의 큰 창문으로 들어온 태양광 및 심야전력을 이용한 저온수 구조체 축열식 난방 시스템이 설치되어 있다. 이는 건물의 기초를 이루는 콘크리트 바닥 전체를 축열체로 이용하여, 낮에는 태양광의 열을 저장하고 전기세가 저렴한 심야에는 전기 히트 펌프로 생산한 열을 저장했다가 난방에 활용하는 저비용 시스템이다.

[오기쓰 이쿠오]

목재를 주로 사용한 부모 가구의 거실
집 전체에 구조체 축열식 바닥 난방을 적용하여 집 안의 온도차로 인한 위급 상황이 발생하지 않도록 했다.

2층 거실과 나무 창살로 구분된 일광욕실
자녀 가구의 거실에 붙어 있지만, 처음부터 어머니가 빨래 너는 곳으로 겸해서 쓰도록 설계한 곳이다. 가족 간 대화를 나누는 곳이기도 하다.

방을 거실의 연장공간으로 활용
자녀 가구의 침실은 낮에는 거실과 원룸으로 사용할 수 있다. 전통 요소를 도입하여 공간을 다양하게 활용하도록 했다.

남쪽 벽에 나란히 배열된 큰 창문들
큰 창 여러 개를 남쪽에 집중적으로 배열한 단순한 외관이다. 방범과 통풍을 위해 1층 개구부에 세로 블라인드 형태의 덧문을 달았다.

공용 현관에 세면대를 설치
온 가족이 귀가하자마자 현관 수납장 위에 설치된 세면대에서 손을 씻는다. 그리고 계단참 아래의 옆으로 긴 디딤판들은 장식 공간으로도 활용된다. 계단참 밑에는 아래층의 주방 수납장이 있다.

85

완전 분리형 설계
[건물은 하나지만 현관까지 따로]

동거(함께 사는 것)의 의미를 찾아낸다

부지와 건물 면적에 비교적 여유가 있다면 대개는 부모 가구와 자녀 가구를 전체적으로 분리하는 '완전 분리형'을 선택한다. 여기서는 건물을 어떻게 배치할지, 진입로를 어떻게 설정할지가 설계의 관건이다. 가구별 주차장 위치, 진입 방식, 현관 위치에 따라 가구 간의 거리감이 확 달라지기 때문이다.

완전 분리형을 선택한 가족은 기본적으로 생활에 관한 서로의 간섭이 최소화되기를 원한다. 그러나 그렇게 아무런 접촉 없이 산다면 가족 역시 길거리에 넘쳐나는 아파트나 연립주택의 이웃과 다를 것이 없다. 그러므로 혈연으로 맺어진 두 가족이 하나의 집에 사는 일에 의미를 어떻게 부여하는지 보면 그 설계자의 진정한 실력을 알 수 있다.

완전 분리형에서는 외부 공간과 창호의 설계에 특히 주의해야 한다. 창문을 통한 시선 교환이나 진입로를 통과하는 짧은 시간에 이루어지는 상호 접촉이 무엇보다 중요하기 때문이다. 그러나 부모의 눈앞을 통과해야만 외부로 출입할 수 있는 환경 탓에 스트레스가 쌓여 결국 함께 살기를 포기했다는 사람도 적지 않다. 따라서 가족 간의 접촉을 강요하는 집이 되지 않도록 주의하자.

서로의 간섭을 줄여주는 설계

생활 공간 설계뿐만 아니라 수도, 가스, 전기 등의 기반시설을 따로 설치할지 말지 미리 정하는 것도 중요하다. 이것은 급탕 설비나 배관 설치비, 완공 후 유지비가 달린 중요한 문제다.

또 목조주택의 경우 소음 문제를 완전히 해결하기가 어려우므로, 방 배치나 사용 시간대를 조정하여 스트레스를 최소화할 필요가 있다. 이렇게 억지로가 아니라 자연스럽게 서로를 배려하게 만들고, '함께 산다는 기분'을 불러일으키는 것이 완전 분리형 설계의 주요 과제다.

완전 분리형에는 층별로 가구를 나누는 '상하 분리형'과 좌우로 나누는 '좌우 분리형'이 있다. 이 중 좌우 분리형은 독립성도 높고 소음 문제도 적지만 두 채를 지을 때와 비슷한 건축비가 든다는 단점이 있다.

외부 건물뿐만 아니라 내부 설비까지 신중하게 분리할 것

준공 후 10년쯤 되면 두 가구의 가족 구성과 생활방식도 달라지게 마련이다. 따라서 나중에 부모가 쓰던 공간을 임대로 쉽게 전환할 수 있다는 이유로 완전 분리형을 선호하는 사람도 많지만, 같은 부지 내에 다른 가구를 받아들이기가 과연 쉬울지는 한 번 생각해 볼 일이다. 실제로 2가구 주택의 일부를 임대하는 경우는 그다지 많지 않다. 다시 말해 임대로 돌리겠다는 생각은 어디까지나 희망사항일 뿐, 그게 실현된다고는 보장할 수 없다. 완전 분리형 설계에서는 외부 건물과 내부 설비를 어떻게 분리하느냐, 어떤 기본 골격(구조)을 선택하느냐에 따라 집의 미래가 달라진다는 사실을 잊지 말자.

[스즈키 노부히로]

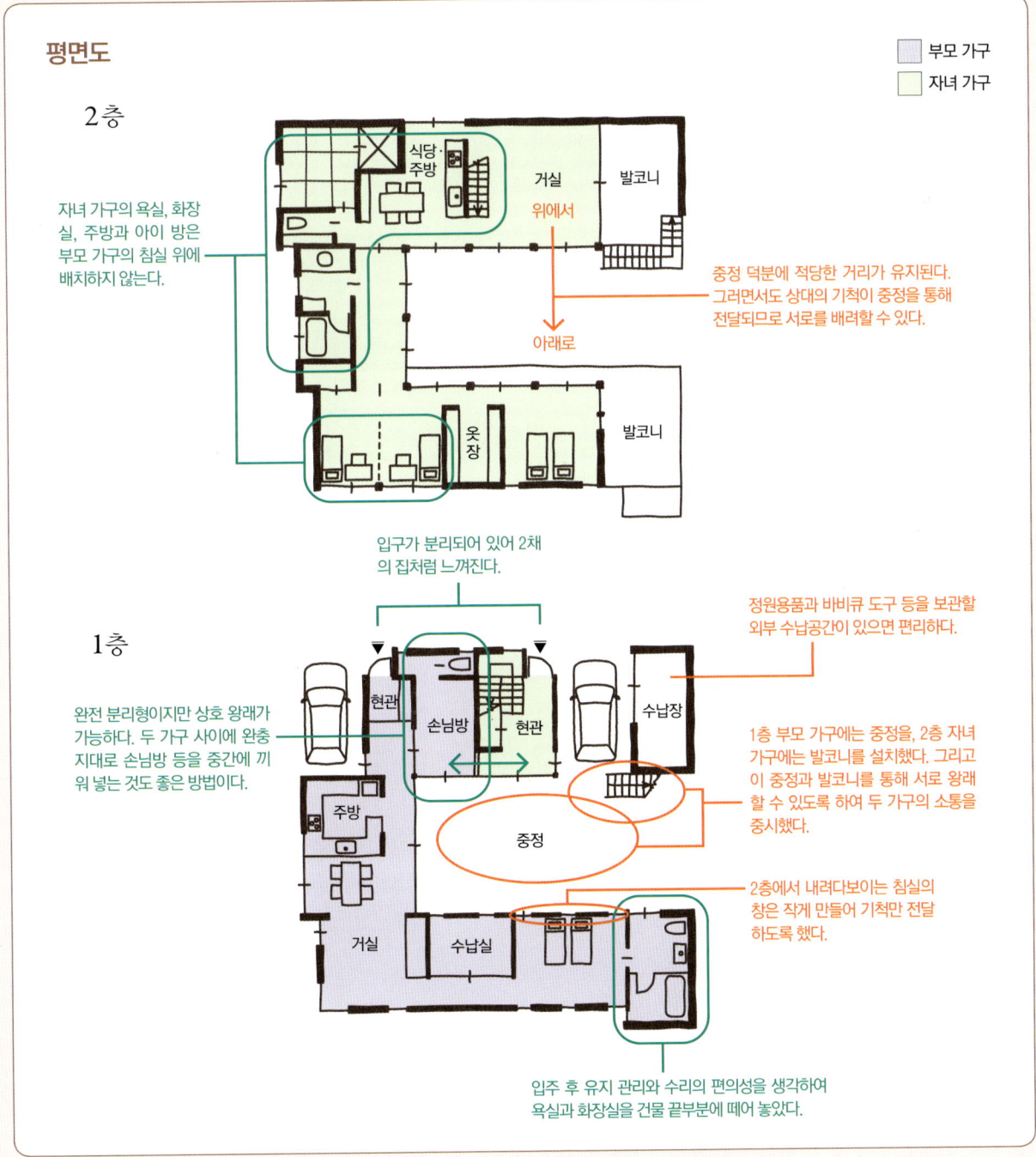

Point

공유 없는 설계기법

- 건물의 배치와 현관의 위치를 신중하게 결정한다.
- 외부 공간과 창문 설계에 특히 유의한다.
- 기반 설비까지 분리할지 검토한다.
- 상하 분리와 좌우 분리 중 무엇이 적합한지 검토한다.
- 두 가구 사이의 실내 연결 문과 완충지대의 형태를 구상한다.
- 향후에 타인에게 임대할 계획이 있는지 확인한다.

평면도

□ 부모 가구
□ 자녀 가구

2층

식당·주방

거실
위에서

발코니

아래로

옷장

발코니

자녀 가구의 욕실, 화장실, 주방과 아이 방은 부모 가구의 침실 위에 배치하지 않는다.

중정 덕분에 적당한 거리가 유지된다. 그러면서도 상대의 기척이 중정을 통해 전달되므로 서로를 배려할 수 있다.

입구가 분리되어 있어 2채의 집처럼 느껴진다.

정원용품과 바비큐 도구 등을 보관할 외부 수납공간이 있으면 편리하다.

1층

현관

손님방

현관

수납장

주방

중정

거실

수납실

완전 분리형이지만 상호 왕래가 가능하다. 두 가구 사이에 완충지대로 손님방 등을 중간에 끼워 넣는 것도 좋은 방법이다.

1층 부모 가구에는 중정을, 2층 자녀 가구에는 발코니를 설치했다. 그리고 이 중정과 발코니를 통해 서로 왕래할 수 있도록 하여 두 가구의 소통을 중시했다.

2층에서 내려다보이는 침실의 창은 작게 만들어 기척만 전달하도록 했다.

입주 후 유지 관리와 수리의 편의성을 생각하여 욕실과 화장실을 건물 끝부분에 떼어 놓았다.

서쪽과 동쪽 도로에서 각각 진입할 수 있는 완전 분리형 주택

2층

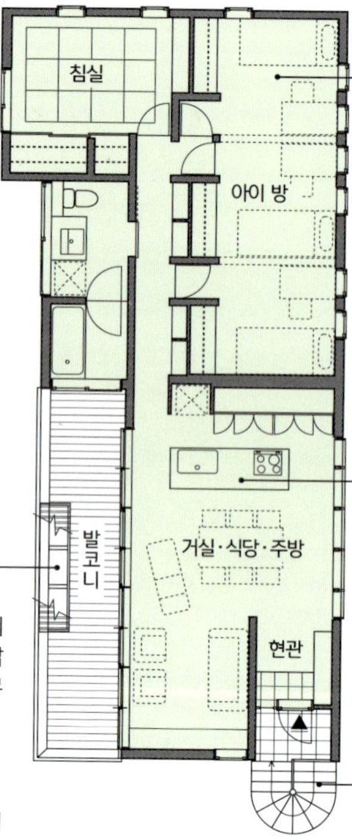

아이들이 크면 방을 여러 개로 나눌 수 있도록 문과 창을 미리 만들어 놓았다.

세 방향으로 난 창을 통해 경치를 감상하거나 가족과 이야기하며 일할 수 있는 아일랜드 키친.

침실

아이 방

거실·식당·주방

발코니

현관

자녀 가구의 현관은 계단 위 2층에 있다.

1층 부모 거실의 천창. 밤에는 1층 거실의 불빛이 새어나와 정원을 어슴푸레하게 밝힌다. 천창을 보호하기 위해 설치한 나무 덮개는 의자로도 활용된다.

1층 부모 가구의 현관으로는 서쪽 도로에서 곧바로 진입할 수 있다. 향후에 부모 가구의 공간을 임대로 전환할 것을 고려하여 이렇게 진입로까지 별도로 만들었다.

1층

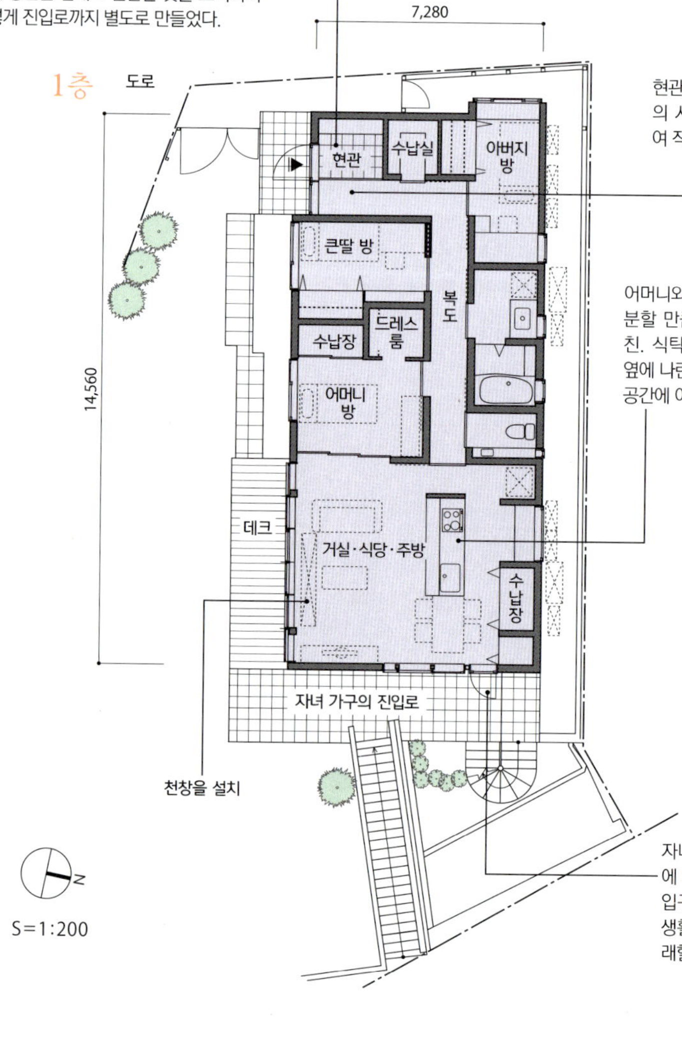

도로

7,280

14,560

현관과 중간 복도를 큰딸의 사진작품으로 장식하여 작은 화랑처럼 꾸몄다.

현관

수납실

아버지 방

큰딸 방

복도

수납장

드레스룸

어머니 방

데크

거실·식당·주방

수납장

어머니와 딸이 함께 일해도 충분할 만큼 넓은 아일랜드 키친. 식탁을 아일랜드 조리대 옆에 나란히 배열하여 거실 쪽 공간에 여유를 주었다.

자녀 가구의 진입로

천창을 설치

S=1:200

자녀 가구의 진입로 안에 부모 가구의 보조 출입구가 있어서 서로의 생활 공간으로 쉽게 왕래할 수 있다.

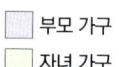

부모 가구
자녀 가구

건축개요
소 재 지 가나가와 현
　　　　　요코하마 시
대지면적 **291.78㎡**(88.4평)
연 면 적 **222.96㎡**(67.6평)
설　　계 유닛-H
　　　　　나카무라 다카요시
　　　　　건축 설계 사무소

준공 시 가족 구성

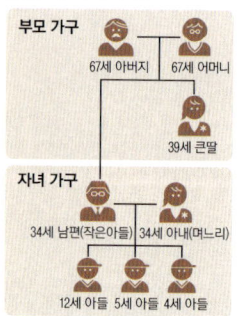

부모 가구
67세 아버지　67세 어머니
39세 큰딸

자녀 가구
34세 남편(작은아들)　34세 아내(며느리)
12세 아들　5세 아들　4세 아들

도로에서 진입하는 외부 계단
외부의 나선 계단을 올라가면 자녀 가구의 현관으로 바로 진입할 수 있다.

2층 자녀 가구의 식당 남쪽에 큰 창을 나란히
세 방향으로 창이 나 있어 밝고 탁 트인 거실. 남쪽에는 넓은 발코니를 설치하여 고지대 특유의 조망을 즐기도록 했다. 왼쪽이 현관이다.

목재로 마감하여 부드러운 인상을 풍기는 외관
부모 가구의 출입구. 서쪽 도로의 진입로는 비교적 평평하다.

1층 부모 가구의 복도를 화랑처럼
큰딸의 작품으로 장식하여 복도를 화랑처럼 꾸몄다. 나중에 부모가 휠체어를 타게 될 것까지 생각하여 복도 폭을 넓혔다.

데크로 이어지는 1층 부모 가구의 거실
아일랜드 조리대가 있는 널찍한 거실·식당·주방의 커다란 남향 창 앞에 데크를 설치했다. 데크 앞에는 나무를 빽빽하게 심어서 남의 시선을 의식하지 않고 개방감을 즐길 수 있도록 했다.

'소통과 배려'의 장치로 상하 분리형의 소음 문제를 해결

언덕 위 도로변의 주택지에 위치한 부지에 지은 2가구 주택으로, 동쪽과 서쪽 도로에서 각 가구로 진입할 수 있게 되어 있다. 이때 부모 가구는 비교적 평평한 서쪽 도로를 이용하고 자녀 가구는 동쪽 도로에 설치된 외부 계단을 이용한다. 그런데 생활 공간을 상하층으로 완전히 분리한 이 주택은 건축기준법상 연립주택으로 등록되어 있다. 이는 이후에 일부를 임대주택으로 전환할 때 편리한 조건이다.

부모 가구는 1층을 사용한다. 1층에는 무장애 환경을 실현하기 위해 바닥의 높낮이 차를 없애고 미닫이를 많이 사용했다. 또 거실로 이어진 정원과 화랑으로 꾸민 복도가 특징적이다. 자녀 가구는 2층을 사용한다. 2층의 거실 앞에는 정원 대신 넓은 발코니를 설치하여 고지대 특유의 조망을 즐길 수 있게 했다. 한편 1층 부모 가구의 거실에 채광을 위해 설치한 천창은 밤이면 아래층의 불빛이 새어나오는 덕분에 발코니를 밝히는 조명이 된다. 이 불이 꺼지면 부모가 잠자리에 들었다는 뜻이므로 위층의 행동이 자연스럽게 조심스러워진다. 소음 문제를 생각하면 1층은 철근 콘크리트 구조가 바람직하지만, 비용과 지반 상황으로 어쩔 수 없이 목조를 선택하게 되면서 이 같은 '소통과 배려'의 장치를 고안했다.

[나카무라 다카요시]

중정과 데크를
사이에 두고
좌우로 나뉜
완전 분리형 주택

옥상

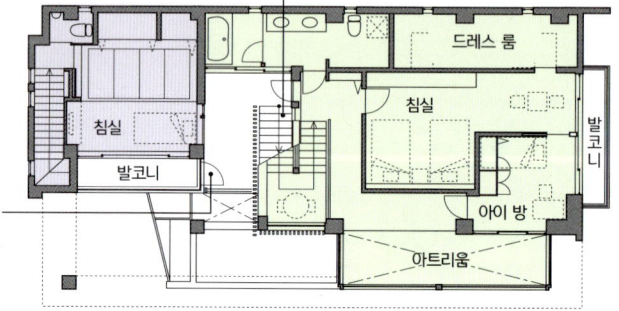

데크

정자

옥상에 족욕장과 텃밭을 만들어 두 가구가 함께 사용하도록 했다.

부모 가구와 자녀 가구 사이의 공용 데크를 통해 옥상으로 올라갈 수 있다.

2층

침실

드레스 룸

침실

발코니

발코니

발코니

아이 방

아트리움

발코니에서 공용 데크로 가는 길. 간호가 필요한 상황이 생기더라도 이 데크를 통해 어머니의 방으로 곧바로 이동할 수 있다.

부모 가구의 거실·식당·주방과 욕실, 화장실을 한데 모아 알차게 구성한 공간.

부모 가구와 자녀 가구를 연결하는 문. 긴급 상황이 발생했을 때 신속히 오갈 수 있어서 안심이 된다.

1층

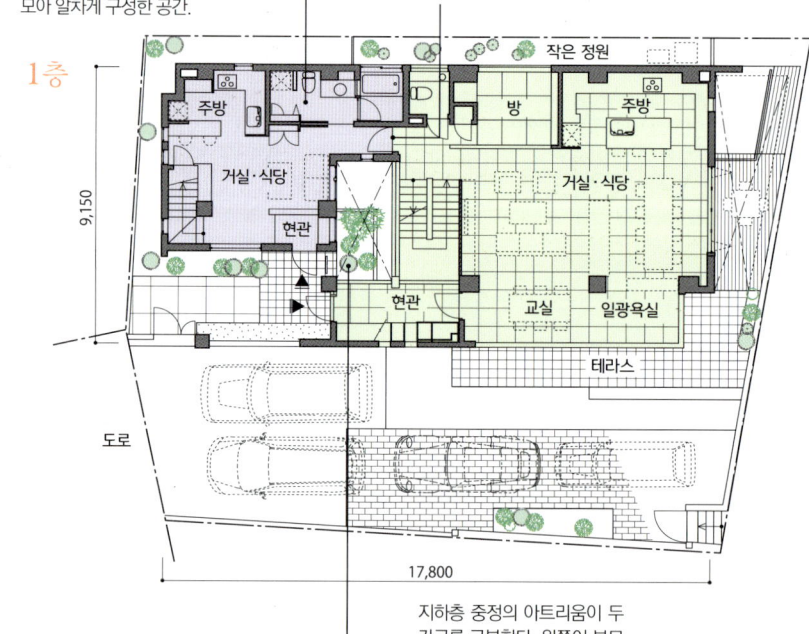

작은 정원

주방

방

주방

거실·식당

거실·식당

현관

9,150

현관

교실

일광욕실

테라스

도로

17,800

| | 부모 가구 |
| | 자녀 가구 |

건축개요

소 재 지	요코하마 시 쓰즈키 구
대지면적	337.90㎡(102.4평)
연 면 적	327.18㎡(99.1평)
설 계	도요타 공간디자인실

준공 시 가족 구성

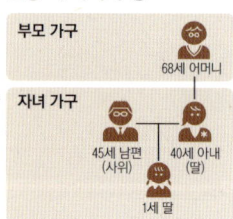

부모 가구

68세 어머니

자녀 가구

45세 남편 (사위)

40세 아내 (딸)

1세 딸

지하층 중정의 아트리움이 두 가구를 구분한다. 왼쪽이 부모 가구, 오른쪽이 자녀 가구다.

B1층

지하에는 남편의 서재와 손님방, 보조주방, 욕실, 화장실이 있다.

N

S=1:250

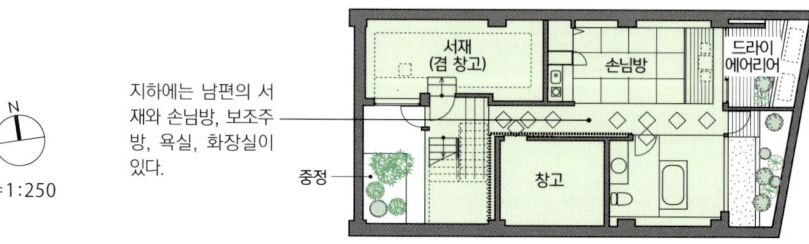

서재 (겸 창고)

손님방

드라이 에어리어

중정

창고

어머니의 자립 생활과 간호를 위해 층마다 두 가구가 연결되도록 한다

한적한 주택지인 데다가 산책로를 끼고 있어 자연을 가깝게 누릴 수 있는 집이다. 건축주는 두 가구의 생활 공간을 완전히 분리할 것과 장래의 간호를 감안한 설계를 해 줄 것을 부탁했다. 부모 가구의 어머니는 아직 건강해서 스스로 생활이 가능하고 대지 면적도 100평 이상으로 넓으므로, 완전 분리형 설계 중에서도 좌우로 가구를 나누는 좌우 분리형 설계를 택했다. 그러나 언제든 간호가 필요해지면 연결 문을 통해 어머니의 공간으로 진입할 수 있게 되어 있다. 또 1층에 위치한 두 가구의 거실·식당·주방 사이에는 중정이 있는데, 어머니와 자녀들은 이 중정을 사이에 두고 창문을 통해 서로의 기척을 살필 수 있다. 사적인 공간인 2층 역시 중간에 데크로 연결되어 있고, 데크의 외부 계단을 올라가면 옥상 정원에서 함께 족욕도 하고 텃밭도 가꿀 수 있다.

자녀 가구의 거실과 식당은 전통과 현대가 어우러지도록 연출하고 커다란 창으로 계절의 변화를 느낄 수 있게 만들었다. 부모 가구의 공간은 온화하고 자연스러운 색으로 차분하게 연출했다. 침실에 욕실과 화장실을 인접시켜 왕래를 자유롭게 하면서 계단의 경사를 완만하게 만들었다. 필요하면 부모 가구에는 나중에 승강기를 설치할 수도 있다.

[도요타 사토루]

옥상은 공용 휴식 공간

족욕장을 한가운데에 두고, 원형 테두리 주변에는 채소를 심을 계획이다. 이 옥상은 남의 시선을 신경 쓰지 않고 편하게 볕을 쬘 수 있는 공간이다.

철근 콘크리트 골조 구조로 세련된 인상을

개방적이면서도 세련되어 보이는 건물 옆에 다리처럼 생긴 포치를 만들었다. 포치는 상부를 테라스로 쓰면서도 건물에 그늘을 드리우지 않도록 신경 써서 설계했다.

1층 어머니의 거실·식당·주방은 차분한 색조로

거실, 식당, 주방과 현관을 전부 하나의 공간으로 처리하여 빛과 개방감을 확보했다. 정면에 보이는 문은 자녀 가구로 연결되는 문이다.

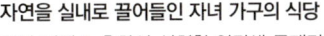

자연을 실내로 끌어들인 자녀 가구의 식당

천장 밑에 노출하여 설치한 암갈색 목재가 공간을 살짝 구분하는 동시에 늠름한 분위기를 자아낸다. 두꺼운 콘크리트 기둥의 오른편에는 일광욕실이 있다.

1층 자녀 가구의 거실과 식당, 방은 전통과 현대가 혼재하는 공간

콘크리트의 차가운 느낌과 방의 따스한 느낌이 한데 어우러진 거실. 계단실 뒤로는 중정의 나무가 보인다. 중정을 통해 건너편 부모 가구의 기척을 느낄 수 있다. 왼쪽이 현관이다.

연립식 2가구 주택으로 각자의 생활을 소중히 한다

2층

부모 가구의 거실·식당·주방. 방과 거실의 바닥 높이를 통일하여 두 공간을 하나로 합칠 수 있게 했다.

아트리움을 통해 1층 자녀 가구의 거실과 이어진 서재. 유리벽과 큰 창 너머로 펼쳐진 자연을 바라보며 창작활동에 전념할 수 있다.

정해진 용도가 없는 다목적실. 아침에 눈을 뜨면 드레스 룸에 가서 그날의 스타일로 차려입고 세수를 한 뒤 이 방에서 잠시 쉬다가 1층으로 내려간다. 그리고 하루 일과를 시작한다.

부모 가구로 통하는 문.

1층

부모의 침실. 이 침실과 욕실·화장실 사이에 작은 정원을 설치했다. 이 집은 전체적으로 1층에는 사적인 공간이, 2층에는 거실·식당·주방이 배치되어 있다.

손님이 방문할 때를 대비하여 넓은 현관홀을 확보했다.

주차장 경계 벽에는 물을 이용한 등롱(야외 조명)이 설치되어 있다. 3m 높이의 야외 조명 밑에 있는 우물에서 물을 퍼 올려 넓적한 물그릇 위로 흘려보내는 장치다. 물이 흐르는 것을 담장 밖에서도 볼 수 있도록 담벼락에 구멍을 뚫었다. 그야말로 안팎을 연결하여 집을 주변 환경과 융합시키는 장치다.

아트리움이 있는 거실·식당·주방은 디자이너인 아들(건축주)의 스튜디오로도 쓰인다. 좌우대칭을 이루는 아름다운 주방 가구가 돋보이는 공간이다.

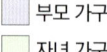
■ 부모 가구
■ 자녀 가구

건축개요

소 재 지 가나가와 현
　　　　　 가마쿠라 시
대지면적 **277.29㎡(84평)**
연 면 적 **172.24㎡(52.2평)**
설　　계 **AA 플래닝**

준공 시 가족 구성

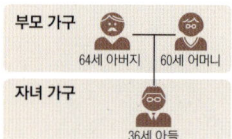

부모 가구　64세 아버지　60세 어머니
자녀 가구　36세 아들

서재의 접이식 유리문

접이식 유리문을 닫으면 서재는 독립된 공간이 된다. 서재의 맞은
편, 사진기가 있는 곳에는 거실의 아트리움이 있다. 사진 속 나선
계단은 바다가 보이는 옥상으로 이어진다.

태양과 잘 어울리는 새하얀 색의 좌우 분리형 2가구 주택

왼쪽이 부모 가구, 오른쪽이 자녀 가구의 공간이다. 중앙
테라스 뒤편에 위치한 자녀 가구의 거실은 외부로 개방된
스튜디오이기도 하다. 경계 벽에 설치된 수반과 우물에서
퍼 올린 물줄기가 주변 환경과 멋지게 어우러진다.

커다란 아트리움에 설치한 커다란 창

자녀 가구의 거실이자 스튜디오인 이곳 거실
의 천장은 2층까지 높게 뚫린 아트리움 구조
다. 이곳의 커다란 창은 청명한 하늘과 유서
깊은 거리를 담아냄으로써 디자이너인 건축
주의 창작활동에 영감을 불러일으킨다.

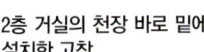

2층 거실의 천장 바로 밑에 설치한 고창

고창으로 들어온 햇빛 덕
분에 종일 밝은 2층 부모
의 거실. 서쪽 창으로는 지
역의 유명한 문화재가 보이
고, 남쪽 창으로는 도로 건
너편에 있는 여관의 나무가
눈에 들어온다.

연립형 2가구 주택의 중간 영역에 위치한 공용 테라스

은퇴한 부모의 안식처이자 상품 디자이너인 아들의 일터인 이 집은 아들이 건축주가 되어 지은 완전 분리형 2가구
주택이다. 건축주는 80년 된 부지 내의 소나무, 부지와 마주보고 있는 문화재 건물, 그리고 바다에 가까운 주변 환경
과 잘 어울리면서도 건축주의 자유로운 라이프 스타일을 반영한 집을 원했다. 그래서 연립주택 형태로 건물을 좌우로
나눈 뒤 도로에 가까운 동쪽을 자녀 가구가, 서쪽을 부모 가구가 사용하도록 했다. 그리고 두 가구의 중앙 남쪽에 위
치한 공용 테라스는 스튜디오를 겸하는 자녀 가구의 거실과 하나의 공간처럼 이어지게 만들었다.

한편 부지의 안쪽에서 조용하고 차분한 생활을 즐기는 부모 가구에게는 이 테라스가 현관으로 진입하는 통로로 사
용된다. 2층의 남쪽에는 발코니를 설치하여 기분 좋은 빛과 바람을 만끽할 수 있도록 했다. 완공된 지 5년이 지난 지
금은 아버지가 돌아가신 후 어머니와 아들 단둘이 지내고 있지만, 여전히 이 집에서 각자의 생활을 충분히 즐기고 있
으리라 본다.

[아오키 에미코]

완전 분리형 설계

5층 건물로
열악한 부지 조건을
극복한 설계

3층

옷장 상부에 설치된 다락.

테라스와 천창 덕분에 노천욕 기분을 즐길 수 있는 욕실. 낮에는 이 테라스에 빨래를 넌다.

침실

옷장

아이 방

테라스

테라스

2층

중2층 화장실

식품창고

가족 모두가 주방 일을 거들 수 있도록 식탁 앞에 아일랜드 조리대를 설치했다. 그랬더니 공간도 훨씬 넓어 보인다.

아이의 공간

거실·식당·주방

테라스

1층

독립성을 높이기 위해 두 현관을 대각선으로 배치했다. 또한 현관이 복도를 겸하는 스킵플로어 구조로 면적 효율을 높였다.

도로

현관

6,300

LDK

현관

테라스

아트리움

8,000

도로

거실 옆의 주방 창으로는 드라이 에어리어 너머의 테라스를 볼 수 있다. 이 거실은 다른 집보다 바닥이 높아서 남의 시선을 신경 쓰지 않고 개방감을 즐길 수 있는 공간이다.

B1층

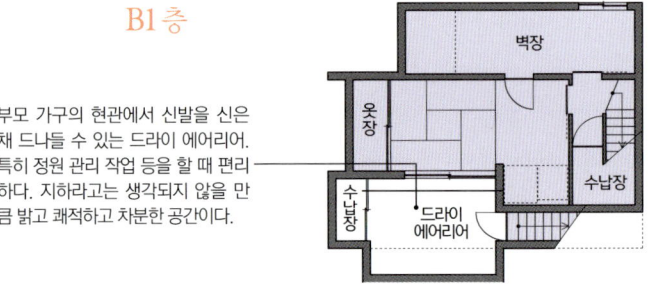

부모 가구의 현관에서 신발을 신은 채 드나들 수 있는 드라이 에어리어. 특히 정원 관리 작업 등을 할 때 편리하다. 지하라고는 생각되지 않을 만큼 밝고 쾌적하고 차분한 공간이다.

벽장

옷장

수납장

수납장

드라이 에어리어

S=1:200

■ 부모 가구
■ 자녀 가구

건축개요

소 재 지	가나가와 현 요코하마 시
대지면적	85.86㎡(26평)
연 면 적	143.40㎡(43.5평)
설 계	스즈키 아틀리에

준공 시 가족 구성

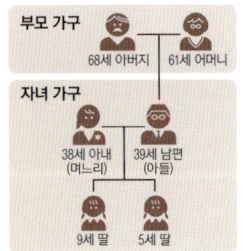

부모 가구
68세 아버지   61세 어머니

자녀 가구
38세 아내 (며느리)   39세 남편 (아들)
9세 딸   5세 딸

테라스와 발코니에 지붕 대신 처마를
모든 층의 테라스와 발코니에 처마를 달았더니 외관이 더욱 세련되어졌다.

2층 자녀 가구의 거실과 이어진 아이 방
거실에 연결된 아이 방. 처음에는 놀이방이었지만 지금은 공부방이다. 아이들이 이 방에서 생활하는 덕분에 거실이 항상 깔끔하게 유지된다.

2층 거실의 공중 정원
자녀 가구 거실 옆방에 붙은 테라스. 이곳에다가 위층의 처마에 끈을 걸어 해먹을 설치했다. 이처럼 창 앞에 외부 공간을 도입하면 공간에 확장감과 재미를 더할 수 있다.

지하 같지 않은 지하1층 방
드라이 에어리어가 있는 이 지하실의 바닥은 지면보다 1.5m 낮다. 출입창 앞에 작은 정원이 있어 차분한 느낌이 드는 공간이다.

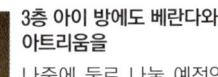

3층 아이 방에도 베란다와 아트리움을
나중에 둘로 나눌 예정인 아이 방. 옷장 상부의 빈 공간을 활용하여 만든 다락은 바람의 통로로도 활용된다.

층마다 외부 공간을 두어 실내로 빛과 바람을 끌어들인다

　남쪽과 동쪽에서는 햇빛이 거의 들어오지 않는 26평의 북향 모퉁이에 위치한 집. 태어나고 자란 이곳 본가에 아들 부부가 돌아와 2가구 주택을 개축했다.

　건축주의 요청 사항을 정리해 보니 지하 1층과 1층을 부모 가구가 사용하고, 2~3층과 다락을 자녀 가구가 사용하는 5층 건물이 필요하다는 결론이 나왔다. 처음에는 철근 콘크리트 건물을 짓는 방향으로 검토했지만 지반 사정이 좋지 않은 탓에 과다한 비용이 예상되었다. 그래서 지금처럼 지하는 철근 콘크리트, 지상은 목조로 된 집을 설계하게 되었다.

　지하실을 완전한 지하로 만들지 않고 1층 바닥 높이를 지상 1m로 설정하여 반지하로 만든 데에는 이유가 있다. 도로 쪽의 시선을 차단하여 사생활을 보호하는 동시에 지하층의 용적률 완화 혜택을 받기 위해서였다. 이때 지하실이지만 충분한 빛과 바람을 확보하기 위해 작은 정원을 만드는 바람에 규정된 면적기준을 충족시키기 위해 꽤 고심했던 기억이 난다. 1층에 있는 두 곳의 현관은 서로의 사생활을 최대한 보호하기 위해 연립주택처럼 대각선상에 배치했다. 그리고 층마다 테라스나 발코니를 설치하여 자연의 혜택을 조금이라도 더 누릴 수 있도록 했다.　　　[스즈키 노부히로]

95

두 가구 사이의
테라스를
소통과 배려의
장으로 활용한다

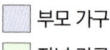

□ 부모 가구
□ 자녀 가구

건축개요

소 재 지 도쿄 도 네리마 구
대지면적 218.27㎡(66.1평)
연 면 적 182.08㎡(55.2평)
설   계 스튜디오 아르텍

준공 시 가족 구성

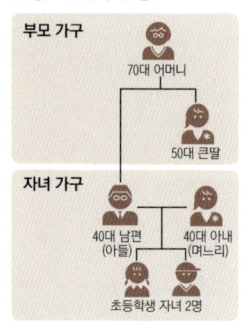

부모 가구
70대 어머니
50대 큰딸

자녀 가구
40대 남편
(아들)
40대 아내
(며느리)
초등학생 자녀 2명

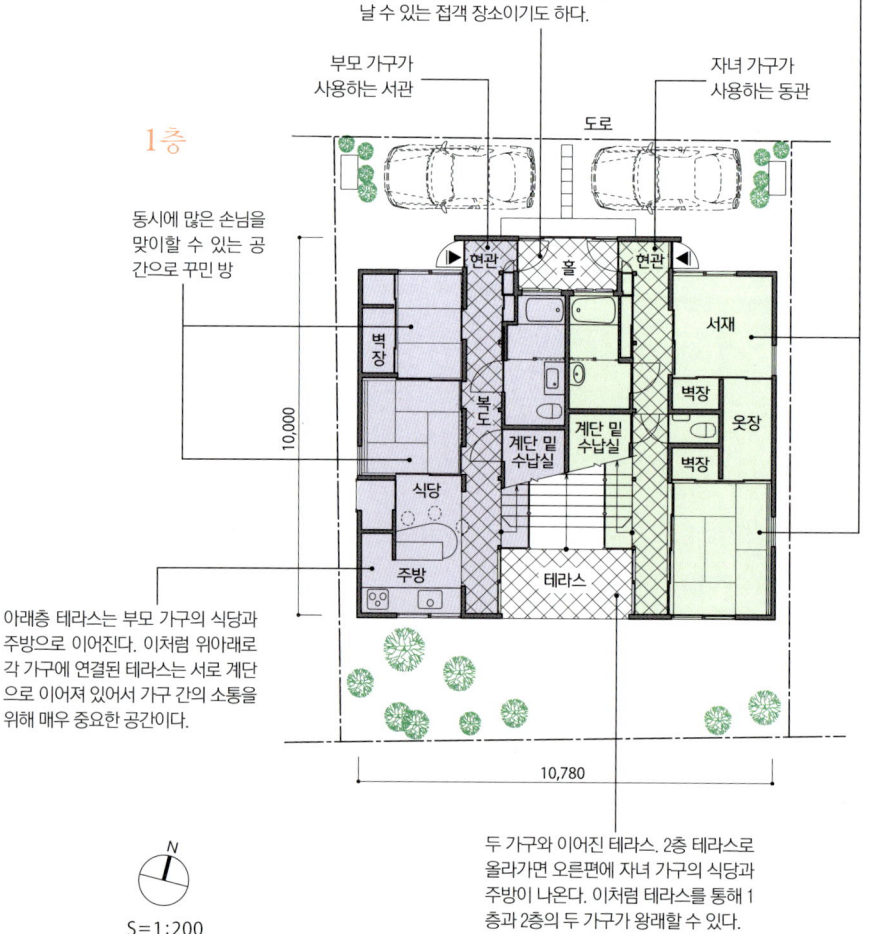

1층과 2층의 테라스는 계단으로 오르내
릴 수 있다. 이 테라스는 아래층은 정원
에, 위층은 넓은 북쪽 공원에 연결되어
있으므로 두 가구뿐만 아니라 여러 용
도로 폭넓게 활용할 수 있다.

위층 테라스는 자녀 가구의
식당으로 이어진다.

2층

긴 의자

방

벽장

옷장

벽장

방

아트리움

테라스

주방

식당

침실

옷장

벽장

북쪽 방은 큰딸의 생활 공
간. 남쪽 방은 지금은 큰딸
의 서재지만 나중에 손님방
으로 변경할 예정이다.

자녀 가구의 사적인 공간은 1층 방과 서재, 2층
의 방이다. 이 방들은 아이들이 크면 용도를 바
꿔가며 다양하게 활용할 수 있다. 아이들이 어
릴 때에는 2층 방을 썼지만, 앞으로 아이들이
크면 1층 방 두 개를 내 줄 예정이다.

두 가구의 현관이 모여 있는 다목적
봉당. 이곳은 집 밖에서 손님을 만
날 수 있는 접객 장소이기도 하다.

부모 가구가
사용하는 서관

자녀 가구가
사용하는 동관

도로

1층

동시에 많은 손님을
맞이할 수 있는 공
간으로 꾸민 방

현관

홀

현관

벽장

서재

벽장

옷장

복도

계단 밑
수납실

계단 밑
수납실

벽장

식당

주방

테라스

10,000

10,780

아래층 테라스는 부모 가구의 식당과
주방으로 이어진다. 이처럼 위아래로
각 가구에 연결된 테라스는 서로 계단
으로 이어져 있어서 가구 간의 소통을
위해 매우 중요한 공간이다.

N

S=1:200

두 가구와 이어진 테라스. 2층 테라스로
올라가면 오른편에 자녀 가구의 식당과
주방이 나온다. 이처럼 테라스를 통해 1
층과 2층의 두 가구가 왕래할 수 있다.

복층 테라스를 통해 두 가구의 거실·식당·주방이 이어진다

부모 가구의 어머니와 누나, 자녀 가구의 아들 부부와 초등학생 자녀 두 명이 함께 사는 3세대 주택이다. 계획 당시에는 부모 가구를 서관, 자녀 가구를 동관으로 나누고 둘 사이에 공용 거실의 역할을 할 입체적인 외부 공간을 끼워넣어 2가구 주택의 독특한 라이프 스타일을 구현하는 것을 목표로 했다.

외부 계단이 있는 복층 테라스는 각 가구의 주방과 연결되어 있어서 공동 행사를 진행할 때 무척 요긴하다. 이런 상호 접촉의 공간을 통해 배려와 소통을 유도하는 것이 이 집의 특징이다. 이처럼 자유롭고 개방적인 분위기가 실제로 소통을 원활하게 하는 데 좋은 영향을 미친다고 믿는다. 중립적인 공용 공간을 상호 교감의 장으로 삼기 위해 공용 거실 역할을 하는 외부 공간을 만들고, 그곳에서 각 가구로 자유롭게 접근하도록 하는 것. 도시의 집합주택 설계에는 이러한 방향성을 갖고 주택을 다양하게 활용하도록 만드는 기술이 반드시 필요하다. 이 2가구 주택은 입지의 특성을 잘 살리면서도 도시 공동주택에 반드시 필요한 요건을 두루 갖춘 모범적인 사례를 보여주고 있다. [무로후시 지로]

두 가구를 연결하는 상하층 테라스
두 층으로 이루어진 테라스는 서로의 기척을 살피기에 가장 적합한 가구 간 교류의 장이다.
아래층 바닥은 테라코타 타일, 계단과 위층 바닥은 목재로 마감했다.

왼쪽(동관)은 자녀 가구, 오른쪽(서관)은 부모 가구
좌우 분리형 2가구 주택으로, 2층만 보면 두 건물 사이에 테라스가 끼어 있는 형상이다. 1층 중앙에는 공용으로 쓰는 다목적 봉당이 있는데 여기에서 각 가구로 출입할 수 있다.

서관 1층에는 방과 식당, 주방을 배치
부모 가구의 공간인 1층에는 긴 복도를 따라 다목적 방과 식당, 주방이 이어져 있다. 이 세 공간은 미닫이로 분리하거나 통합할 수 있다.

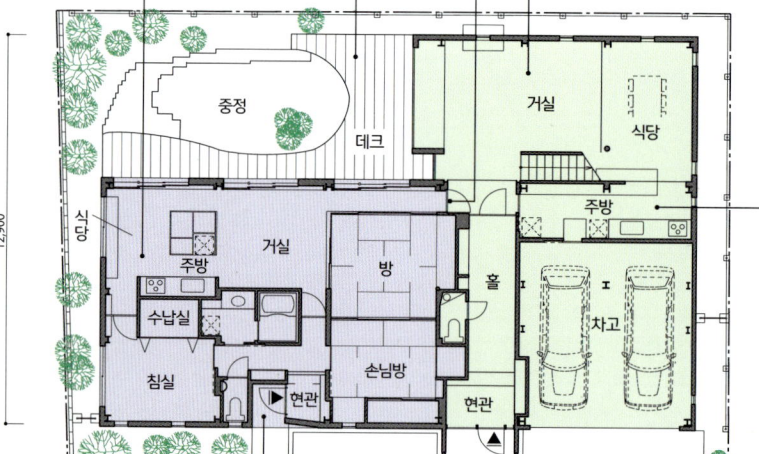

완전 분리형 설계

생활 공간은
완전히 분리시키고
중정은 공유한다

2층

옥상은 자녀 가구 아이 방의 앞뜰이다. 지금은 아이들의 놀이터로 활용되고 있다.

1층 현관과 2층 홀이 아트리움으로 연결되어 있어서 상하층이 하나로 이어진 듯한 일체감이 느껴진다.

아트리움 / 서재 / 아이 방 / 아이 방 / 옥상 / 홀 / 옷장 / 손님방 / 아트리움 / 침실

L자형 건물의 움푹 들어간 부분인 남서쪽 중정에 설치한 데크. 부모 가구와 자녀 가구를 연결하는 통로이기도 하다.

부모 가구와 자녀 가구의 연결 문

거실의 중정 쪽 창문 앞에 전동 스크린을 설치했다. 스크린을 내리면 거실은 객석이 되고 서재는 영사실이 되어 가족 영화관이 만들어진다.

욕실, 세면실, 주방 조리대를 중심축으로 한 순환 동선이 적용되어 있다.

1층

중정 / 데크 / 거실 / 식당 / 식당 / 주방 / 거실 / 방 / 주방 / 수납실 / 홀 / 차고 / 침실 / 손님방 / 현관 / 현관 / 도로

부모 가구의 현관은 벽면에서 움푹 들어가 있다.

자녀 가구의 현관은 외벽에서 지붕과 벽이 앞으로 돌출된 포치 형태를 띠고 있다.

자녀 가구의 주방 가까이에 부모 가구와의 연결 문을 배치하여 가구 간 왕래가 원활해지도록 했다.

12,900

19,300

S=1:250

부모 가구
자녀 가구

건축개요
소 재 지 아키타 현 아키타 시
대지면적 **345.87㎡**(104.9평)
연 면 적 **310.81㎡**(94.2평)
설 계 오기쓰 이쿠오
건축 설계 사무소

준공 시 가족 구성

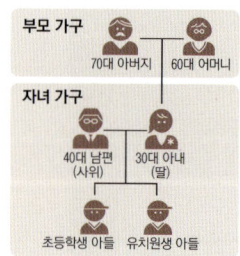

부모 가구
70대 아버지   60대 어머니

자녀 가구
40대 남편 (사위)   30대 아내 (딸)
초등학생 아들   유치원생 아들

순환 동선을 겹쳐서 만들어 낸 기능적인 평면

부모 가구, 그리고 부부와 아들 둘로 구성된 4인 가족의 자녀 가구가 집 두 채 분의 부지를 합쳐서 지은 완전 분리형 2가구 주택이다. 생활 공간은 완전히 분리되어 있지만, 부모 가구의 복도가 끝나는 곳에 연결문을 설치해 언제든 서로 왕래할 수 있는 쌍방 소통의 구조로 만들었다. 또 L자형 건물로 두 방향이 둘러싸인 중정의 데크는 부모 가구의 거실과 자녀 가구의 거실을 이어주는 통로가 된다. 자녀 가구의 거실에는 계단을 포함한 아트리움이 있다. 또 아트리움의 중정 쪽 큰 창 앞에 스크린을 내리면 거실은 3세대가 한데 모여 영화를 보는 홈시어터로 변신한다. 영사실은 식당 위의 서재다.

2층은 침실, 아이 방, 욕실 등 사적인 공간으로 구성되어 있다. 그리고 모든 방의 입구는 중앙의 화장실과 수납공간을 감싸 도는 순환 동선 안에 포함된다. 이런 설계는 집 안에서의 움직임을 원활하게 할 뿐만 아니라 배관을 한데 모아 생활 소음을 줄이는 효과가 있다. 부모 가구 역시 이처럼 욕실과 주방 등 물 쓰는 곳을 중앙에 집약했다. 이 중심축을 끼고 돌면 현관, 식당, 침실 등 어느 곳이든 쉽게 이동할 수 있다. [오기쓰 이쿠오]

두 가구를 연결하는 통로인 데크와 중정
오른쪽이 부모 가구의 거실·식당, 정면이 자녀 가구의 거실.

토담집 같은 1층 위에 금속판을 두른 2층을 올린 건물
정면 외관. 오른쪽이 자녀 가구의 현관이고 왼쪽의 벽이 움푹 들어간 부분이 부모 가구의 현관이다.

벽면 수납장을 활용하여 현관을 깔끔하게
두 가구가 함께 영화를 관람할 수 있는 거실 입구에서 본 자녀 가구의 현관홀. 벽면 수납장을 설치하여 깔끔하게 마무리했다.

자녀 가구의 거실에 설치된 홈시어터
중정과 데크 쪽으로 커다란 창이 있어 밝고 넓은 느낌이 드는 거실·식당. 오른쪽 사진은 창 앞 천장의 움푹 들어간 곳에 설치된 전동 스크린을 아래로 내린 모습이다. 오른쪽에 난로가 있다.

99

길쭉한 가족 공간의 끝 부분에 만든 아이 방

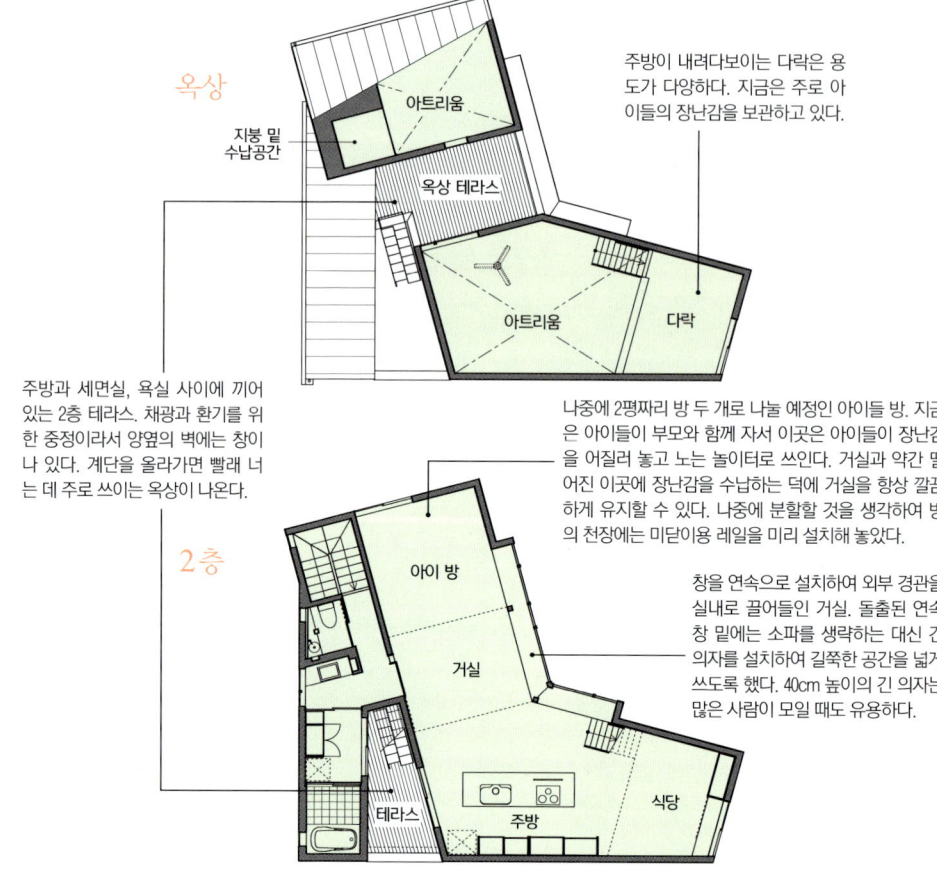

옥상

지붕 밑 수납공간

아트리움

옥상 테라스

아트리움

다락

주방이 내려다보이는 다락은 용도가 다양하다. 지금은 주로 아이들의 장난감을 보관하고 있다.

주방과 세면실, 욕실 사이에 끼어 있는 2층 테라스. 채광과 환기를 위한 중정이라서 양옆의 벽에는 창이 나 있다. 계단을 올라가면 빨래 너는 데 주로 쓰이는 옥상이 나온다.

2층

아이 방

거실

테라스

주방

식당

나중에 2평짜리 방 두 개로 나눌 예정인 아이들 방. 지금은 아이들이 부모와 함께 자서 이곳은 아이들이 장난감을 어질러 놓고 노는 놀이터로 쓰인다. 거실과 약간 떨어진 이곳에 장난감을 수납하는 덕에 거실을 항상 깔끔하게 유지할 수 있다. 나중에 분할할 것을 생각하여 방의 천장에는 미닫이용 레일을 미리 설치해 놓았다.

창을 연속으로 설치하여 외부 경관을 실내로 끌어들인 거실. 돌출된 연속 창 밑에는 소파를 생략하는 대신 긴 의자를 설치하여 길쭉한 공간을 넓게 쓰도록 했다. 40cm 높이의 긴 의자는 많은 사람이 모일 때도 유용하다.

건축개요

소 재 지 가나가와 현
요코하마 시
대지면적 112.30㎡(34평)
연 면 적 129.87㎡(39.4평)
설   계 스즈키 아틀리에

- ■ 부모 가구
- ■ 자녀 가구

준공 시 가족 구성

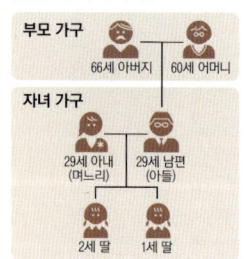

부모 가구
66세 아버지 60세 어머니

자녀 가구
29세 아내 (며느리) 29세 남편 (아들)
2세 딸 1세 딸

1층

도로

침실

벽장

현관

벽장

침실

현관

거실·식당

주방

창고

9,000

5,000

6,840

자녀 가구의 침실. 부모 가구의 침실과 인접해 있지만 중간에 완충지대인 수납공간이 있어서 서로의 취침을 방해하지 않을 수 있다.

한 채의 주택으로 신고하기 위해 침실 벽장을 가구 간 연결 문으로 정했다.

이웃의 친구가 부담 없이 방문할 수 있도록 뒷문으로 통하는 거실 앞에 툇마루를 달았다. 창을 열고 방범 기능이 있는 목제 루버 문을 닫으면 루버의 창살 틈으로 바람이 들어와 밤에도 선선한 바람을 받으며 안심하고 잠들 수 있다.

자녀 가구의 현관. 자녀 가구는 1층의 북쪽과 2층, 그리고 옥상을 사용한다.

부모 가구의 현관. 부모 가구는 1층의 남쪽을 사용한다.

변형된 사다리꼴 모양의 1층 거실과 식당. 식탁을 중심으로 구성된 공간이다. 면적은 좁지만 대면식 주방을 설치하여 가사 효율을 높였다.

S=1:200

부지 특성을 살린 부메랑 모양의 거실

건축법에 의해 자동차가 들어오지 못하는 지역에 위치한 변형된 형태의 부지다. 잘록하게 들어간 동쪽에 묘지가 있어서 전망이 좋다고는 할 수 없지만, 남편의 부모와 함께 살기 위해 부지의 특성을 최대한 살려 건축한 2가구 주택이다. 완전 분리형이라 공용 공간은 없으나 한 채의 주택으로 신고하기 위해 침실 벽장을 연결통로로 활용하는 방식을 선택했다. 지금은 생활 공간이 완전히 분리되어 있지만 가까운 미래에 부모님 간호가 필요해지면 두 침실 사이의 벽장을 철거할 수 있다.

2층 자녀 가구의 공간은 욕실, 세면실, 화장실을 제외하고는 전부 원룸이며, L자로 꺾인 주방 양쪽에 식당과 거실이 배치되어 있다. 식당 안쪽의 아이 방은 나중에 둘로 나눌 생각이지만, 지금은 다락도 있고 긴 의자를 의자와 책상으로 활용하는 등 다양하게 사용할 수 있어서 칸막이 없이 지내는 중이다. 설계할 때는 부지 모양이 특이한 데다 지붕의 경사 처리가 쉽지 않아서 세 개의 구획으로 나누어 디자인하는 방식을 택했다. [스즈키 노부히로]

좁지만 넓어 보이는 설계
1층 부모 가구의 거실·식당·주방. 주방 조리대 앞에는 낮은 칸막이를 설치하여 조리대 상판을 살짝 가리도록 했다. 방은 입구를 최대한 크게 만들어 답답한 느낌을 없앴다.

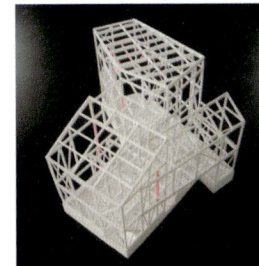

2가구 주택처럼 보이지 않는 외관
전체적으로 상자 세 개를 조합한 듯한 모양이다. 목재 현관문 주변을 보면 겉에서는 2가구 주택이라는 것을 알아챌 수 없다.

자녀 가구의 아일랜드 키친
집 한가운데에 아일랜드 키친이 있어 어린아이를 지켜보면서 일할 수 있다. 모든 가족이 자연스럽게 부엌일을 돕게 되는 것도 아일랜드 키친의 장점이다.

적당한 거리감이 느껴지는 길쭉한 거실
2층 자녀 가구의 거실·식당·주방은 길고 잘록하게 꺾인 형태의 원룸이다. 장소에 따라 천장 높이가 들쑥날쑥한 덕분에 단조롭게 느껴지지 않는다.

건물을 ㅁ자로 디자인해 두 가구 모두 살기 좋은 환경을 만든다

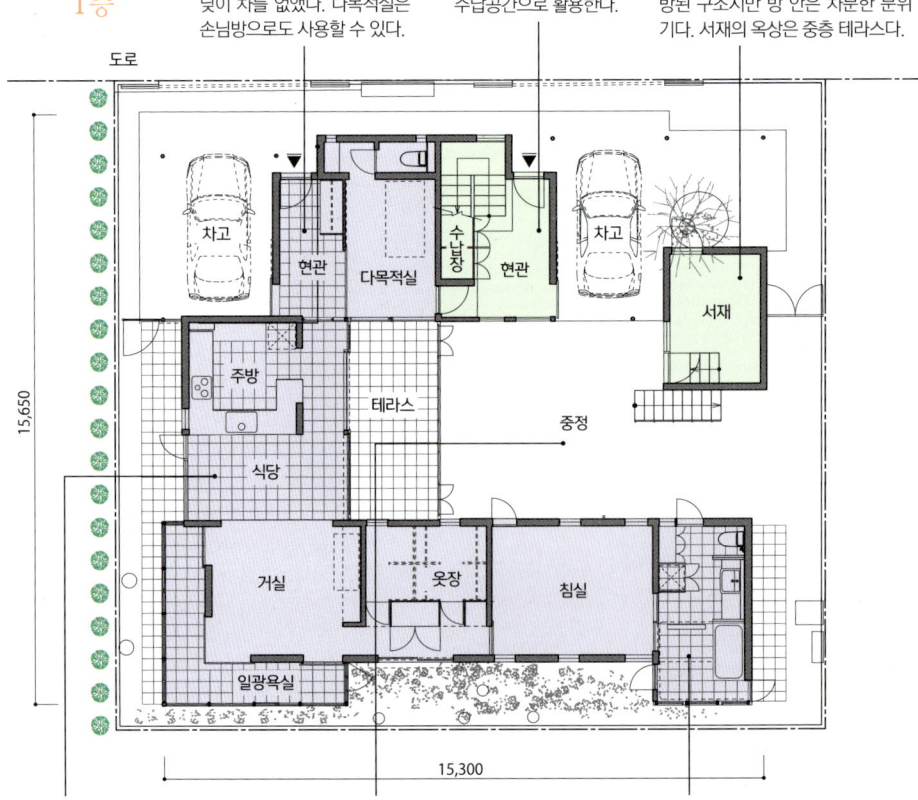

2층

자녀 가구의 거실. 도로 쪽이 수납장으로 가려져 있지만 고창이 있어서 채광과 통풍은 원활하다. 거실은 식당, 주방과 이어진 원룸이며 커다란 출입창을 통해 내부 테라스와도 이어져 있다.

서재의 옥상인 중층, 2층, 전망대층 등 3층으로 이루어진 테라스. 테라스에 심어져 있는 나무는 개축 이전부터 있던 것을 그대로 둔 것이다.

실내 테라스지만 바닥에 데크가 깔려 있어 창문만 열면 외부 공간처럼 쓸 수 있다.

자녀 가구의 사적인 공간은 길쭉한 원룸으로 만든 뒤 이동식 가구로 분할하여 쓰도록 했다. 고창 덕분에 채광과 통풍이 원활하다.

1층

부모 가구의 현관. 무장애 환경을 만들기 위해 타일 바닥의 높낮이 차를 없앴다. 다목적실은 손님방으로도 사용할 수 있다.

넓은 봉당이 있는 자녀 가구의 현관. 계단 밑은 수납공간으로 활용한다.

자녀 가구의 남편 서재. 계단의 반 층만 올라가면 바로 중정이 나오는 개방된 구조지만 방 안은 차분한 분위기다. 서재의 옥상은 중층 테라스다.

주방·식당·거실이 원룸으로 구성되어 일체감이 느껴지는 공간

중정은 실내에 빛을 끌어들이는 장치일 뿐만 아니라 외부 거실로도 쓸 수 있는 가족 모임 장소이다.

침실 안쪽의 사적인 공간. 욕실·세면실의 남쪽 천장은 전면이 유리로 되어 있다. 또한 중정에서 물이 필요할 때면 여기서 가져다 쓴다.

■ 부모 가구
■ 자녀 가구

건축 개요
소 재 지 도쿄 도 오타 구
대지면적 320.15㎡(97평)
연 면 적 312.73㎡(94.8평)
설   계 스튜디오 아르텍

준공 시 가족 구성

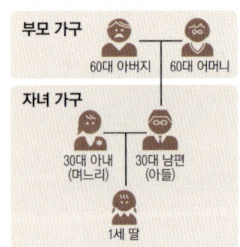

부모 가구
60대 아버지   60대 어머니

자녀 가구
30대 아내 (며느리)   30대 남편 (아들)
1세 딸

S=1:200

모든 방을 중정 쪽으로 향하게 하여 가구 간의 교류를 촉진한다

60대의 부모와 아들 가족이 지은 2가구 주택이다. 예전 집은 커다란 전통가옥이었는데, 어두침침해서 항상 불을 켜고 살았으니 이번에는 밝은 집을 만들고 싶다는 것이 건축주의 요청이었다. 또 오래된 주택지라 나중을 생각해서 방범 성능도 충실히 갖추기를 원했다.

외부에서는 닫혀 있지만 집 안은 밝았으면 좋겠다는 건축주의 희망에 따라 ㅁ자 형태의 건물로 디자인했다. 먼저 1층 부모 가구를 보면 현관에서 안으로 들어갈수록 사적인 공간이 배치되어 있다. 그리고 동선은 최대한 구부러지거나 막히지 않도록 했다. 다음으로 2층 자녀 가구의 경우에는 공적인 공간과 사적인 공간을 평행하게 배치한 뒤 중간에 욕실과 실내 테라스를 끼워 넣었다.

목조주택 특유의 소음에 관해서는 상하층의 생활 공간을 용도별로 어긋나게 함으로써 문제를 최소화했다. 또 2층 슬래브 위에 80mm 두께의 콘크리트를 깔아 소음을 더욱 줄이는 동시에 집의 내구력을 보강했다. 평평한 바닥의 2층 건물로 중정을 둘러싸서 안쪽으로 열린 집을 만들고, 하늘에 가까운 전망대, 중간층의 테라스가 있는 반지하 서재를 활용하여 다양한 높이의 생활 공간을 조성한 설계다. [무로후시 마사토]

나무 위 오두막 같은 집
커다란 나무가 심어져 있는 테라스는 2층 거실의 일부처럼 느껴지는 곳이다. 이 테라스 덕분에 거실에서 사계절의 변화를 느끼고 나무 위 오두막 같은 아늑함을 느낄 수 있다.

열린 부분을 만들어서 폐쇄적인 느낌을 덜어낸 외관
2층 수납장이 밖으로 돌출되어 있어서 전체적으로 닫혀 있는 듯 보일 수 있지만, 차고와 테라스, 고창 등의 열린 부분을 군데군데 배치하여 폐쇄적인 인상을 덜어냈다.

혼자 편히 쉬면서도 고립되지 않는 내부 거실
집의 중심에 위치한 1층 거실은 아늑함과 동시에 중정에서 전해지는 서로의 기척을 느낄 수 있는 곳이다. 침실 등 사적인 영역으로 이동하기에도 편리하다.

손님과 동물, 텃밭의 식물까지 아우르는 다양한 소통의 공간
중정은 집의 중심을 이루는 광장이자 가구 간 교류의 장이다. 두 가구는 중정을 사이에 두고 서로의 모습을 살피며 자연스럽게 왕래할 수 있다. 또한 이런 구조 덕분에 중간 높이인 테라스에서는 집 내부의 상황을 한눈에 파악할 수 있다.

중정이 선사하는 적당한 거리감
2층 거실에는 전면창을 설치했다. 이 창을 통해 1층 부모 가구의 기척을 살피는 등 자연스러운 상호 교류가 가능하다.

103

어머니의 간병을 우선하여 설계한 무장애 주택

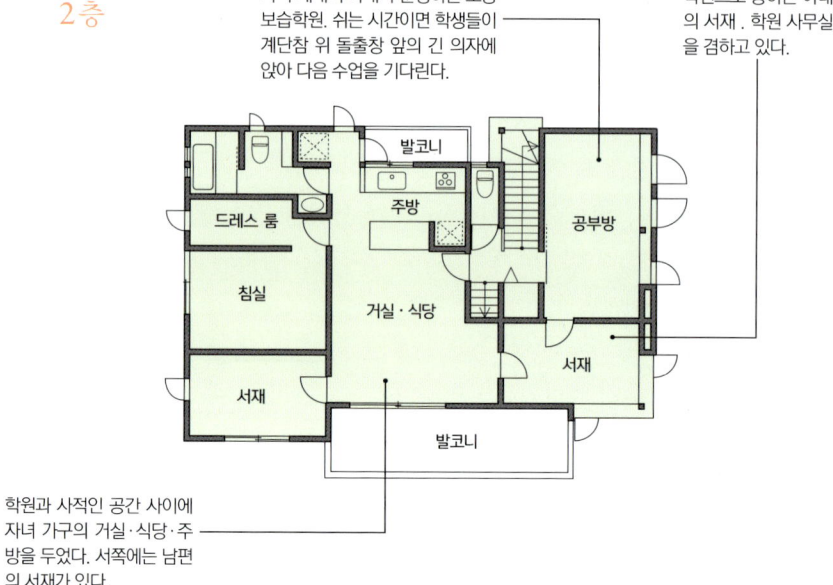

2층

자녀 세대의 아내가 운영하는 초등 보습학원. 쉬는 시간이면 학생들이 계단참 위 돌출창 앞의 긴 의자에 앉아 다음 수업을 기다린다.

학원으로 통하는 아내의 서재. 학원 사무실을 겸하고 있다.

발코니
주방
공부방
드레스 룸
침실
거실·식당
서재
서재
발코니

학원과 사적인 공간 사이에 자녀 가구의 거실·식당·주방을 두었다. 서쪽에는 남편의 서재가 있다.

부모 가구(어머니와 작은아들)의 현관. 두 가구는 현관 앞의 문으로 서로 왕래할 수 있으나 내부는 완전히 분리되어 있다.

자녀 가구(큰아들 부부)의 현관. 자녀 가구는 2층 전체를 사용한다.

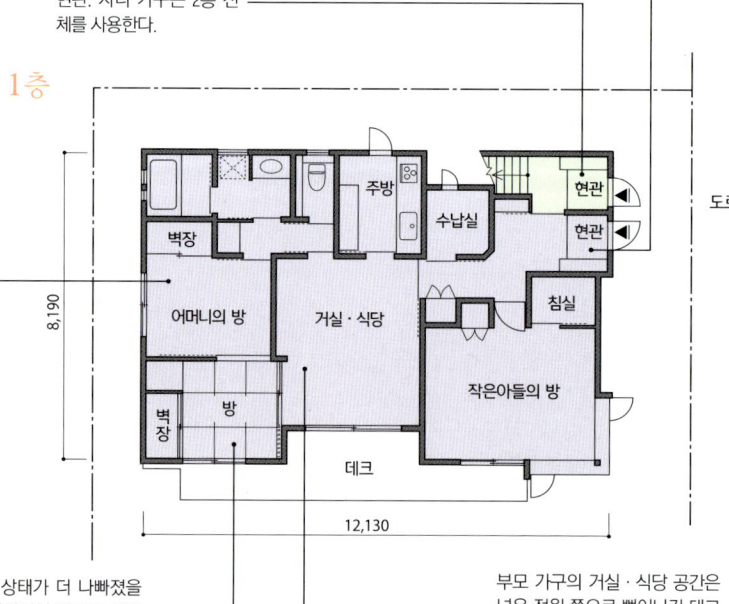

1층

벽장
어머니의 방
주방
수납실
현관
현관
도로
거실·식당
침실
벽장
방
작은아들의 방
데크

8,190

12,130

부모 가구
자녀 가구

건축개요

소 재 지 가나가와 현 요코하마 시
대지면적 304.20㎡(92.2평)
연 면 적 178.99㎡(54.2평)
설   계 AA 플래닝

준공 시 가족 구성

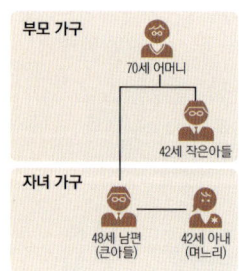

부모 가구
70세 어머니
42세 작은아들

자녀 가구
48세 남편(큰아들)
42세 아내(며느리)

치매를 앓는 어머니의 상태가 더 나빠졌을 때를 대비하여 욕실, 화장실의 위치를 정했다. 또한 침실은 아늑하고 조용한 곳에 두어 어머니가 편안하게 쉴 수 있도록 했다.

어머니가 주로 생활하는 방. 간호는 작은아들이 담당한다.

부모 가구의 거실·식당 공간은 넓은 정원 쪽으로 뻗어나간 데크까지 이어진다. 이 정원을 통해 사계절의 변화를 느낄 수 있다.

S=1:200

형제가 함께 사는 2가구 주택은 사생활을 중시한다

치매를 앓는 어머니와 작은아들로 이루어진 부모 가구와 큰아들 부부로 이루어진 자녀 가구가 거주하는 2가구 주택이다. 동쪽에 두 가구의 현관문이 나란히 있지만 실제로는 1층과 2층으로 가구가 나뉘는 상하 분리형이다.

1층 부모 가구의 공간은 간호가 편안한 설계를 목표로 손잡이를 설치하고 높낮이 차를 없애서, 어머니가 휠체어를 타게 될 경우를 대비하여 추후에 일부 벽을 철거할 수 있도록 했다. 그리고 치매인 어머니는 새로운 기기를 조작하기가 어렵기 때문에 욕실과 주방에는 일어서자마자 물이 자동으로 내려가는 변기와 IH쿠킹히터 등 편리하고 안전한 기기를 도입했다. 또 간병인이 없는 낮 동안 사고가 발생하지 않도록 주방문에 잠금장치를 다는 등 세세한 부분까지 간호 활동을 고려하여 설계했다.

생활방식이 서로 다른 두 형제가 함께 사는 집이라서 현관 옆의 연결 문은 평소에는 거의 닫혀 있다. 현관 역시 필요할 때는 쉽게 통행할 수 있지만 서로의 사생활을 존중하기 위해 따로 사용하는 완전 분리형을 택했다. 이 집을 지은 지 3년 후에 어머니는 돌아가셨지만, 형제는 여전히 독립적이고 쾌적한 생활을 누리고 있다. [아오키 에미코]

어머니가 편안하게 드나들 수 있는 현관
부모 가구의 현관. 신발을 신고 벗기 편하도록 긴 의자를 설치하고 입구에서부터 홀까지 손잡이를 설치하는 등 어머니의 동선을 세심하게 배려했다.

무장애 환경이 갖춰진 욕실
고령의 어머니를 위해 바닥의 턱을 전부 없애고 미닫이와 손잡이를 설치한 완전 무장애 욕실.

형제가 함께 사는 두 가구의 현관은 나란히
현관이 나란히 있기는 하지만 실제로는 상하 분리형 2가구 주택이다. 따라서 두 형제는 거의 마주치지 않고 독립적으로 생활할 수 있다.

코너창으로 밝고 여유로운 공간을
자녀 가구 아내가 운영하는 학원 사무실 겸 서재 공간. 코너창으로 바깥의 나무들을 바라보면 눈이 시원해진다.

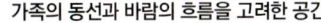

가족의 동선과 바람의 흐름을 고려한 공간
2층 자녀 가구의 식당과 주방. 거실과 주방에 발코니가 하나씩 있어 바람이 잘 통하는 공간이다.

105

직장과 주거를 겸한 6층 건물 중 4~6층에 거주하는 2가구 주택

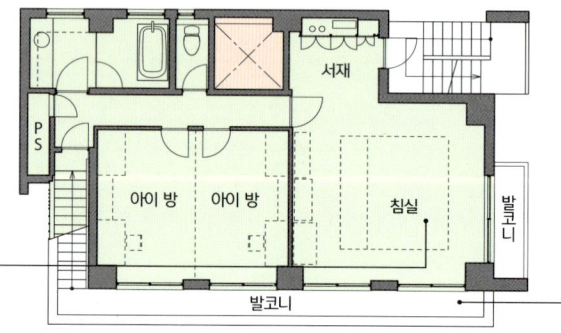

옥상

불꽃놀이가 잘 보이는 옥상. 승강기, 옥외 공용 계단 또는 6층 자녀 가구 발코니의 외부 계단을 이용하여 올라올 수 있다.

옥상은 빨래를 널거나 바비큐를 즐기거나 기분을 전환하는 다용도 공간이다. 집 안 이곳저곳의 동선이 옥상 정원을 향해 막힘없이 뻗어 있다.

6층

자녀 부부의 침실은 2.2평 (7.4㎡) 크기의 목재 수납함 위에 이불을 깔고 자는 방식이다. 덕분에 수납공간이 넉넉해졌다.

자녀 가구의 침실이나 아이 방에서 발코니를 거쳐 외부 계단을 올라가면 옥상이 나온다. 이 발코니는 5층 내부 계단의 지붕이기도 하다.

5층

자녀 가구의 거실·식당·주방. 수납 선반으로 공간을 나누어 화장실과 거실의 통로를 확보했다.

자녀 가구의 전용 현관

부모들 공간에서 이어지는 4층 계단

아이들만을 위한 높은 공간이 있는 6층 계단

4층

부모 가구의 전용 현관

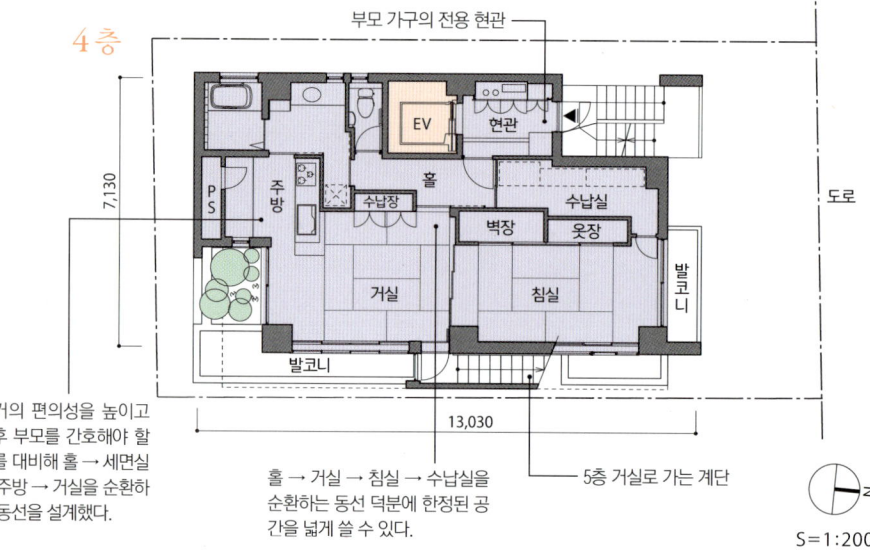

주거의 편의성을 높이고 향후 부모를 간호해야 할 때를 대비해 홀 → 세면실 → 주방 → 거실을 순환하는 동선을 설계했다.

홀 → 거실 → 침실 → 수납실을 순환하는 동선 덕분에 한정된 공간을 넓게 쓸 수 있다.

5층 거실로 가는 계단

S=1:200

범례
- 부모 가구
- 자녀 가구
- 공용

건축개요

소재지	가나가와 현 아쓰기 시
대지면적	164.35㎡(49.8평)
연면적	528.12㎡(160평)
설계	오기쓰 이쿠오 건축 설계 사무소

준공 시 가족 구성

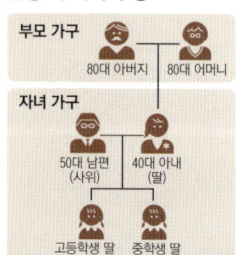

부모 가구: 80대 아버지, 80대 어머니
자녀 가구: 50대 남편(사위), 40대 아내(딸), 고등학생 딸, 중학생 딸

가족의 거리감을 조절하는 내부 계단과 그 계단을 활용한 외관

일터와 주거 공간이 공존하는 6층 건물로, 80대의 부모 가구, 중고생인 두 딸과 50대 부부로 이루어진 자녀 가구가 4~6층에 거주하는 2가구 주택이다. 1~3층의 일터(건축 당시는 급식 센터, 현재는 카페 및 요리교실)로 출근할 때는 승강기나 외부 계단을 이용한다. 외부 계단 앞의 2층 현관은 공용이며 4층과 5층에는 가구별 현관이 각각 설치되어 있다. 이처럼 생활 공간은 완전히 분리되어 있지만 거실과 거실은 내부 계단으로 이어져 있어서 두 가구가 자유롭게 왕래할 수 있다. 이 계단은 그 형태를 그대로 살려 남쪽 외관의 악센트로 활용된다.

자녀 가구의 침실과 아이 방, 욕실은 6층에 있다. 5층의 거실에서 6층의 이러한 사적 공간으로 이동하는 내부 계단은 서쪽 끝에 위치해 있다. 4층의 부모 가구가 위층으로 이동할 때 이용하는 계단과 가장 먼 곳에 배치하여 가족 간의 거리감을 유지하기 위해 이처럼 서쪽 끝에 설치했다. 철근 구조물인 내부 계단은 철근 콘크리트의 외부 구조물을 바깥에서 휘감는 듯한 형상으로 노출되어 있다.

자녀 가구의 내부 계단을 올라가면 6층의 각 방과 발코니, 외부 계단을 거쳐 옥상으로 갈 수 있다. 한정된 부지 안에 길고 막힘없는 동선을 설계하기 위해 계단을 최대한 활용한 설계다.

[오기쓰 이쿠오]

내부 계단의 독특한 실루엣
노출 콘크리트의 묵직한 외관에 내부 계단이 돌출되어 있다. L자 모양으로 건물 외벽을 휘감는 듯 보이는 이 계단은 철골 구조물이다.

5층 자녀 가구의 거실과 식당은 두 가구의 모임 장소
사진 안쪽 오른편에 부모 가구가 4층에서 올라올 때 이용하는 내부 계단이 있다. 소파, 커튼 등 모든 가구와 소품은 테마 컬러인 파란색으로 통일했다.

자녀 가구의 거실·식당·주방은 커다란 원룸
오른쪽 수납장 뒤쪽에 현관, 승강기, 화장실이 있다. 비워 둔 수납선반 위에 설치된 간접조명이 천장을 은은하게 비춘다. 사진 왼쪽의 피아노 옆에는 6층 자녀 가구의 공간으로 가는 내부 계단이 있다.

4층 부모 가구에는 방 두 개를 연달아 배치
왼쪽에 5층 거실로 가는 계단의 윤곽이 보인다. 정면의 거실 창 밖에는 작은 정원이 있다.

입구 주변은 테마 컬러인 파란색으로 통일
왼쪽은 공장(현재는 카페) 입구. 오른쪽 계단을 올라가면 2층의 공용 현관이 나온다.

특수형 설계
[두 가구의 구성과 건물 형태에 따라]

소유권과 세금 등을 고려하여 주택 규모와 분리 방식을 정한다

2가구 주택은 공용 공간의 비중에 따라 분류하는 것이 일반적인데, 지금까지 소개한 네 유형은 그런 분류 기준에 잘 들어 맞았다. 그러나 이 분류에 맞지 않는 사례가 있어서 그것들을 '특수형 설계'로 따로 분류해 보았다. 대개 이런 경우는 다가구 주택인데, 토지를 분할하여 짓는 '동 분리형' 또는 아파트처럼 여러 층으로 이루어진 '집합주택형'이 대표적이다.

특수형 설계를 선택하는 건축주들에게는 토지에 대한 생각이 각별하다는 공통점이 있다. 즉 그들은 대개 '이 땅에 가족 대대로 살고 싶다'는 마음으로 특수형 설계를 택한다. 따라서 설계자 역시 토지, 건물의 등기나 자금 분담, 세금 등을 소홀히 여겨서는 안 된다. 특히 구분등기나 상속세, 증여세 문제는 건물의 규모와 구조, 예산에 직결되므로 공간을 디자인하기 전에 말끔히 정리해 두는 것이 좋다. 특수형 2가구 주택의 경우, 가족 구성과 생활방식의 변화에 빈틈없이 대응하려고 이것저것 대안을 마련하는 것이 사실 큰 의미가 없다. 미래에 대비하는 것도 중요하지만 아무리 철저히 준비해도 생각대로 되지 않을 때가 많기 때문이다. 그러므로 중요한 부분만 짚고 넘어가는 정도로 마무리하는 것이 낫다.

나중에 건물을 분할하고 싶다면

특수형 설계에서는 한 채의 건물로 신고는 하지만 나중에 토지와 함께 건물을 분할할 생각으로 주택을 설계하는 경우가 종종 있다. 이는 부모 소유의 땅에 자녀가 집을 지을 때 상속세를 절감하기 위해 흔히 활용되는 방법인데, 이렇게 하면 나중에 상속세를 납부할 때 토지와 건물을 분할하여 분할된 부분을 세금 대신 현물로 납부할 수 있다. 단, 그러려면 나중에 건물을 분할할 때 기반 설비인 수도, 가스, 전기를 분할하는 별도의 공사를 하지 않아도 되도록 처음부터 배관, 배선을 분리하고 공급업체와도 별도로 계약을 체결해야 한다.

토지를 분할하여 별도의 동을 지으려면

상속세를 줄이고 자녀를 일찍 독립시킬 목적으로 생전에 토지를 분할하여 증여하는 사람도 있다. 이럴 때는 부모의 부지 일부를 가상으로 분할하여 설계를 진행하게 된다. 다만 건축기준법상 가상 구분선은 등기상 구분으로 인정되지 않으므로 토지를 담보로 금융기관에서 융자를 받을 경우에 주의가 필요하다. 한편 토지가 분할되어도 건물을 서로 연결하는 방식으로 설계하면 가구 간 교류는 충분히 유지될 것이다.

집합주택 형식의 다가구 주택을 짓는다면

아파트 등 집합주택의 경우, 각 가구의 구획도 명확하고 전용부분과 공용부분의 구분도 명확해서 구분등기가 가능한 것이 장점이다. 따라서 가구별로 각각 주택융자를 받거나 부모가 사망한 후에 일부를 임대로 돌릴 수도 있다. 이는 자산 증식에 자주 쓰이는 수법이기도 하다.

[스즈키 노부히로]

Point
특수한 분리
설계기법

- 등기(단독 · 공유 · 구분)에 관한 사전 조정을 충분히 거쳐야 한다.
- 상속세 · 증여세를 꼼꼼하게 검토한다.
- 장기간 사용할 수 있도록 설계한다. 근시안적으로 설계하여 건물의 수명을 단축하지 말자.
- 특수한 사정에 휩쓸리지 말고 보편적인 주택의 기능을 살리는 데 충실하자.
- 건축법상 다가구 주택의 건축 기준을 준수한다.

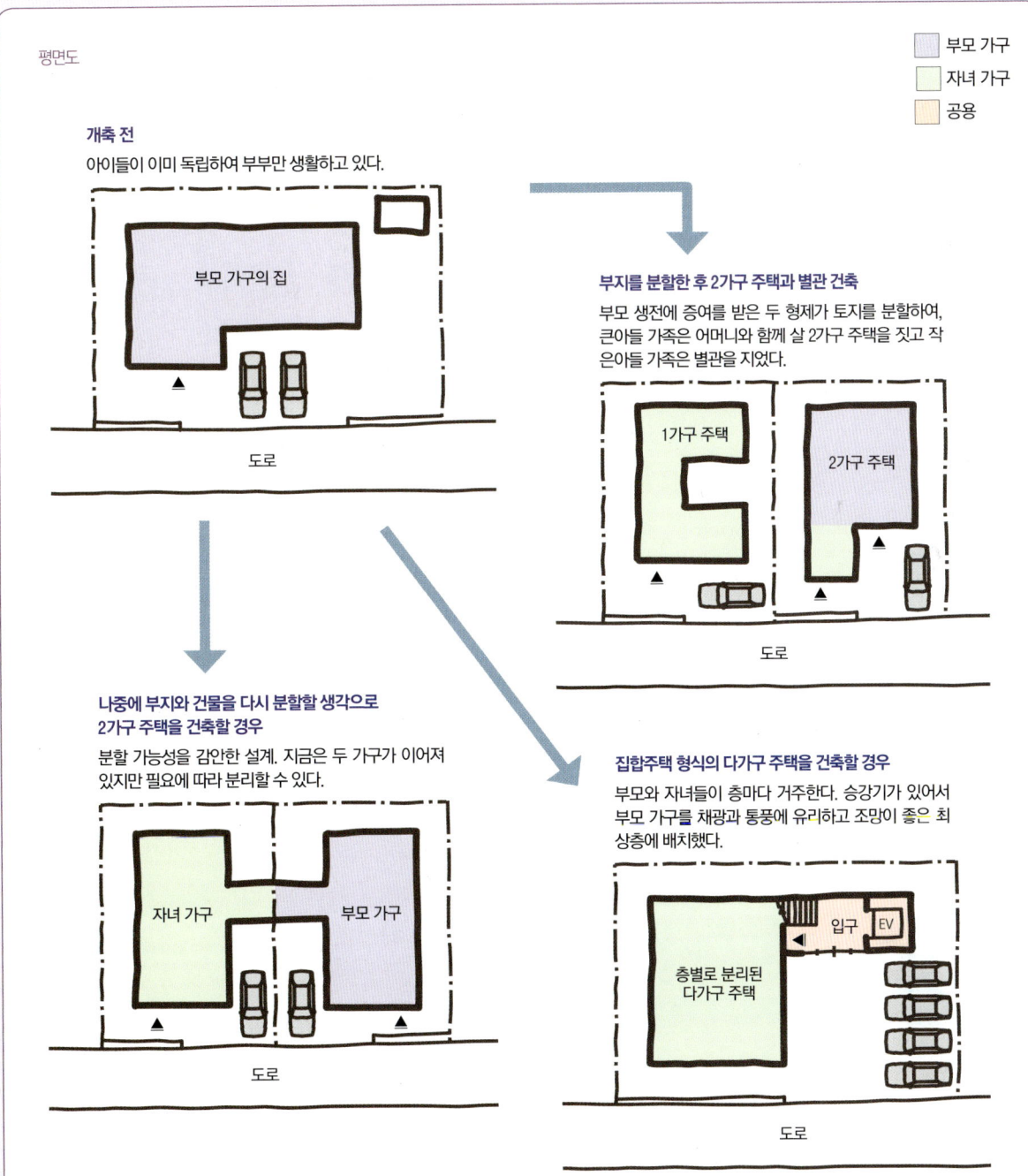

평면도

■ 부모 가구
■ 자녀 가구
■ 공용

개축 전
아이들이 이미 독립하여 부부만 생활하고 있다.

부모 가구의 집

도로

부지를 분할한 후 2가구 주택과 별관 건축
부모 생전에 증여를 받은 두 형제가 토지를 분할하여, 큰아들 가족은 어머니와 함께 살 2가구 주택을 짓고 작은아들 가족은 별관을 지었다.

1가구 주택

2가구 주택

도로

나중에 부지와 건물을 다시 분할할 생각으로 2가구 주택을 건축할 경우
분할 가능성을 감안한 설계. 지금은 두 가구가 이어져 있지만 필요에 따라 분리할 수 있다.

자녀 가구

부모 가구

도로

집합주택 형식의 다가구 주택을 건축할 경우
부모와 자녀들이 층마다 거주한다. 승강기가 있어서 부모 가구를 채광과 통풍에 유리하고 조망이 좋은 최상층에 배치했다.

입구 EV

층별로 분리된 다가구 주택

도로

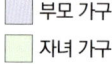

특수형 설계

부모 가구의 공간 중 1층을 향후 임대로 전환할 계획인 주택

2층

북향 방에는 통풍과 채광을 위해 고창을 설치했다. 낮 동안 태양의 움직임에 따라 바닥에 내리쬔 빛이 서서히 이동하는 것을 관찰할 수 있다.

가사를 돌보는 틈틈이 잡다한 일을 처리하기 위한 책상. 수건 건조대로도 쓰인다. 중앙의 가사 도구함 안에는 냉장고와 식기장, 전화기 등이 들어 있다.

별관과 본관 사이의 데크. 별관의 처마와 난간 높이를 통일한 덕분에 압박감 없이 적당히 아늑한 느낌이다.

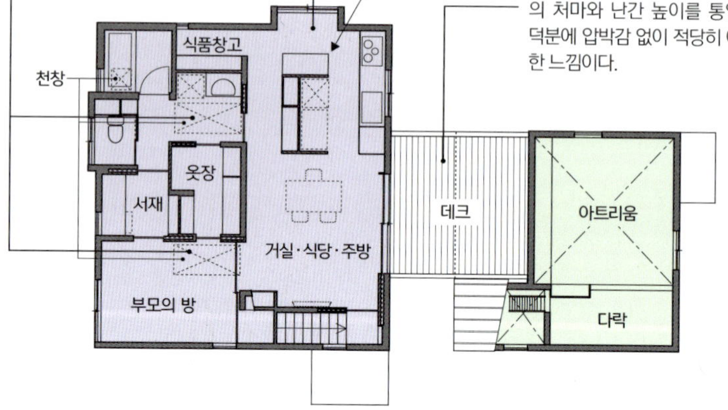

- 가사 도구함
- 식품창고
- 천창
- 옷장
- 서재
- 거실·식당·주방
- 데크
- 아트리움
- 부모의 방
- 다락

손님이 왔을 때 황급히 현관을 정리하지 않아도 되도록, 가족들이 집에 오자마자 신발 보관실부터 들르게 했다. 즉, 또 하나의 현관이 있는 셈이다.

나중에 1층 전체를 임대로 전환하기 위해 주차장을 따로 확보했다.

1층

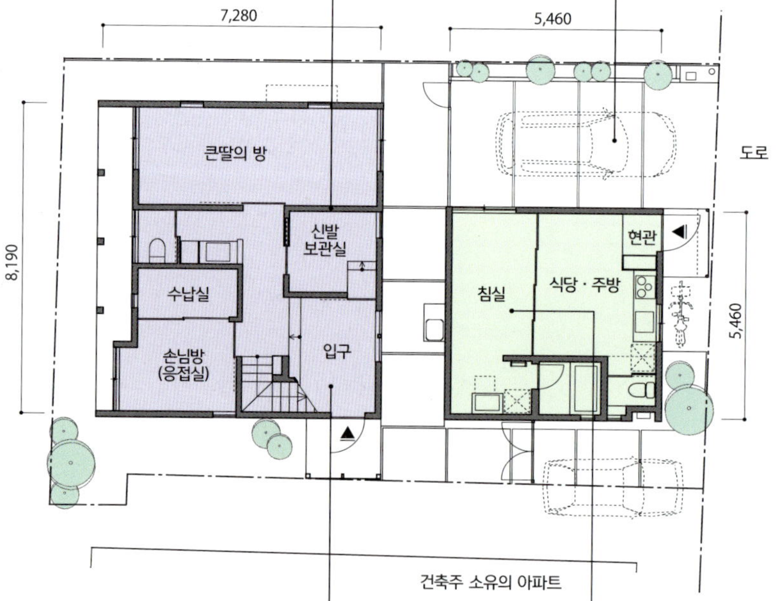

- 7,280
- 5,460
- 8,190
- 5,460
- 큰딸의 방
- 신발 보관실
- 수납실
- 입구
- 손님방 (응접실)
- 침실
- 식당·주방
- 현관
- 도로

부모 가구
자녀 가구

건축개요
소 재 지 도쿄 도
대지면적 184.84㎡(56평)
연 면 적 143.57㎡(43.5평)
설　　계 스즈키 아틀리에

준공 시 가족 구성

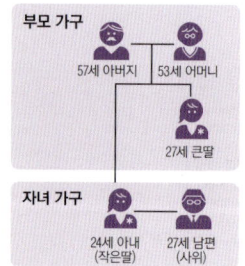

북쪽 건물은 부모 가구의 공간. 현관 근처에는 찾아오는 친척들을 위한 응접실이 마련되어 있다. 한편 이 응접실은 임대료를 지불하러 오는 세입자를 위한 접객 공간이기도 하다.

건축주 소유의 아파트

남쪽 건물은 자녀 가구의 공간. 이 건물 역시 완전히 독립된 집으로 임대할 수 있도록 설계했다. 침실과 거실은 미닫이를 여닫아 합치거나 나눌 수 있다. 거실과 식당은 천장을 다른 곳보다 높였다.

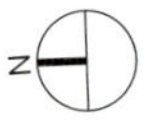

S=1:200

신발 보관실을 만들어 현관을 항상 깔끔하게
부모 가구의 현관에는 신발장이 없는 대신 옆에 있는 신발 보관실을 거쳐서 출입하게 되어 있다.

남북으로 위치한 큰 집과 작은 집
나중에 오른쪽 자녀 가구의 집도 임대로 전환할 수 있도록 도로 쪽에 출입구를 냈다. 부모 가구의 집은 자녀 가구의 집에 가려져 도로에서는 거의 보이지 않는다.

거실과 주방의 물건을 수납한 가사도구함
부모 가구의 주방 근처에는 냉장고, 식기, 전화기와 가사용 간이 테이블, 생활 소도구 등 잡다한 물건을 수납한 가사 도구함이 있다. 이 가사 도구함은 지저분한 것들을 깔끔하게 수납하는 동시에 순환 동선의 중심축 역할을 한다.

조용히 활약하는 가사 공간
부모 가구 주방 뒤쪽의 가사 공간. 책상은 다리 없는 형태로 만들어 동선을 가로막지 않도록 했다.

북향 침실에도 남쪽의 햇빛을 끌어오도록
북쪽에 위치한 부모 가구의 침실에 천창을 설치하여 남쪽의 햇빛과 바람을 안으로 끌어들였다.

중심축을 끼고 도는 순환 동선
부모 가구의 2층에는 중앙 옷장을 중심축으로 하는 순환 동선이 적용되어 있다. 이렇게 순환하는 가사 동선은 주방 쪽에서 끝이 나므로 거실 쪽으로 집안일이 넘어올 염려가 없다. 이런 순환 동선은 복도가 없이도 집 안에서의 이동을 원활하게 만드는 장치다.

건물을 크게 짓기보다 향후 임대 가능성을 감안한 설계를

건축주 부부는 집을 두 번이나 지은 경험이 있어서 설계에 건축 당시의 상황을 너무 많이 반영하면 2가구 주택의 편리함이 오래 가지 못한다는 것을 잘 알고 있었다. 따라서 생활 방식이나 가족 구성의 변화에 유연하게 대응할 수 있는 집의 골격을 만들기를 원했다. 그런데 실제 계획은 간단하지 않았다. 건축주는 나이가 들면 큰 집이 필요 없다고 생각하면서도 한편으로는 큰딸이 해외 근무로 나가 있는 동안 짐 둘 곳이 필요하다고 하는 데다 최근 결혼한 작은딸이 상황에 따라 함께 살 수도 있어 필요한 공간을 산정하기가 어려웠기 때문이다. 그래서 작은딸 부부와 동거할 것을 상정하면서도 여차하면 일부를 임대로 돌릴 수 있도록 설비와 배관 등을 따로 설계했다. 그리고 별관을 만드는 한편 상하층으로도 분리할 수 있는 구조를 택했다.

이렇게 하면 부모 가구는 쾌적한 환경의 2층에서 모든 생활을 해결할 수 있다. 1층을 나중에 분리할 경우에도 동쪽에 현관만 하나 증축하면 된다. 별관 역시 하나의 가구로 임대할 경우를 생각하여, 주변 임대 주택의 평균적인 면적에 맞춰 설계한 후 아트리움과 다락을 추가하여 상대적으로 넓게 쓸 수 있도록 했다.

[스즈키 노부히로]

집합주택 형식의 4층짜리 3가구 주택

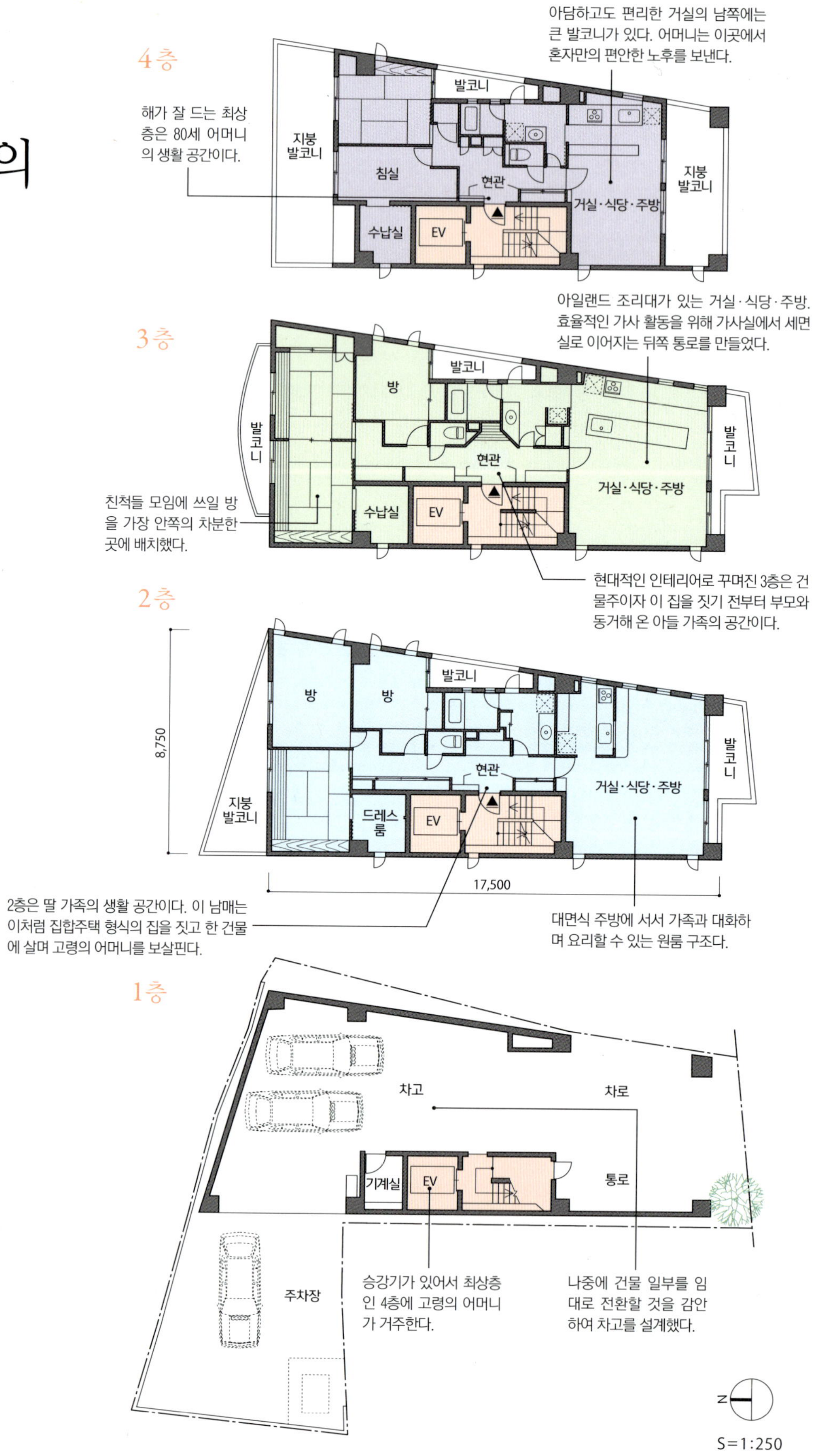

4층

해가 잘 드는 최상층은 80세 어머니의 생활 공간이다.

아담하고도 편리한 거실의 남쪽에는 큰 발코니가 있다. 어머니는 이곳에서 혼자만의 편안한 노후를 보낸다.

지붕발코니 · 침실 · 수납실 · EV · 현관 · 발코니 · 거실·식당·주방 · 지붕발코니

3층

친척들 모임에 쓰일 방을 가장 안쪽의 차분한 곳에 배치했다.

아일랜드 조리대가 있는 거실·식당·주방. 효율적인 가사 활동을 위해 가사실에서 세면실로 이어지는 뒤쪽 통로를 만들었다.

발코니 · 방 · 발코니 · 수납실 · EV · 현관 · 거실·식당·주방 · 발코니

현대적인 인테리어로 꾸며진 3층은 건물주이자 이 집을 짓기 전부터 부모와 동거해 온 아들 가족의 공간이다.

2층

8,750

방 · 방 · 발코니 · 지붕발코니 · 드레스룸 · EV · 현관 · 거실·식당·주방 · 발코니

17,500

2층은 딸 가족의 생활 공간이다. 이 남매는 이처럼 집합주택 형식의 집을 짓고 한 건물에 살며 고령의 어머니를 보살핀다.

대면식 주방에 서서 가족과 대화하며 요리할 수 있는 원룸 구조다.

1층

차고 · 차로 · 기계실 · EV · 통로 · 주차장

승강기가 있어서 최상층인 4층에 고령의 어머니가 거주한다.

나중에 건물 일부를 임대로 전환할 것을 감안하여 차고를 설계했다.

■ 부모 가구
■ 자녀 가구(아들)
■ 자녀 가구(딸)
■ 공용

건축개요

소 재 지 **도쿄 도 시나가와 구**
대지면적 **240.02㎡(72.7평)**
연 면 적 **487.13㎡(147.6평)**
설　　계 **AA 플래닝**

준공 시 가족 구성

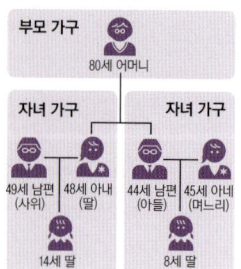

부모 가구
80세 어머니

자녀 가구
49세 남편(사위) · 48세 아내(딸)
14세 딸

자녀 가구
44세 남편(아들) · 45세 아내(며느리)
8세 딸

N
S=1:250

고령의 어머니가 해가 잘 드는 최상층에 거주

도심의 상점가에 위치한 3가구 주택이다. 일터이자 집인 이곳에서 쌀집을 경영하던 아버지가 돌아가신 후, 어머니와 아들 가족이 그때까지 살던 2층짜리 목조주택을 개축하여 4층 건물을 지었다. 도중에 아파트 건축이 한창인 주변 환경을 의식한 딸까지 합세하여 결국 지금과 같은 집합주택 형식의 3가구 주택이 완성되었다. 남매가 함께 당시 80세였던 고령의 어머니를 모시게 된 것이다.

일부 가구를 임대로 전환할 경우를 생각하여 1층에는 필로티 형식의 주차장과 공용 현관, 승강기를 설치했다. 구조는 층마다 다른데, 2층 딸 가구와 건축주인 3층 아들 가구의 공간은 방 세 개와 거실·식당·주방으로, 맨 위층 어머니 가구의 공간은 방 두 개와 거실·식당·주방으로 구성되어 있다.

전에는 집이 가게 안쪽에 있어서 해가 잘 들지 않았기 때문에, 어머니는 돌아가시기 전까지 해가 잘 드는 4층의 생활에 만족하며 독립적으로 생활했다고 한다. 이제 4층 공간에는 다른 형제의 가족이나 결혼하여 가정을 꾸린 손자의 가족이 입주할 예정이다. 이리하여 앞으로도 혈연으로 이어진 이 3가구 주택이 쭉 유지될 듯하다. [아오키 에미코]

해가 잘 드는 어머니의 거실
4층의 거실·식당·주방은 어머니에게 쾌적한 노후를 선물하고 싶다는 건물주의 바람에 따라 채광과 통풍을 우선으로 하여 설계했다.

아들 가구의 공간은 기능성과 디자인을 양립한 공간으로
3층에 위치한 자녀 가구(아들 가족)의 거실·식당·주방. 아일랜드 조리대를 설치하는 등 기능에 충실한 공간이다. 주방 뒤쪽 수납장은 일상용품까지 종류별로 어디에 보관할지 세세히 계획하여 만들었다.

3층의 아들 가구에는 손님방을
건물주이자 전부터 어머니와 동거했던 아들 가족의 공간에 친척이 한데 모일 수 있는 있는 방을 설치했다. 단, 현대적인 디자인을 적용하여 다른 방과도 조화를 이루도록 했다.

도시와 잘 어울리는 노출 콘크리트 건물
철근 콘크리트 구조의 4층 건물로 1층은 주차 공간, 2~4층은 세 가구의 생활 공간이다. 차가운 인상의 콘크리트와 거리의 풍경을 나무 한 그루가 부드럽게 이어주고 있다.

113

부지를 분할하여 2가구 주택과 별관을 건축한 경우

사선제한을 준수한 건물 두 채가 나란히
왼쪽은 2004년에 준공된 작은아들 가구의 집, 오른쪽은 2010년에 준공된 부모 가구와 큰아들 가구로 이루어진 2가구 주택이다. 두 건물은 각각 마음에 드는 건축가에게 의뢰하여 지었다.

범례

- 부모 가구
- 자녀 가구(큰아들)
- 공용
- 자녀 가구(작은아들)

건축개요

소 재 지 가나가와 현
　　　　　 요코하마 시

본관 : 어머니 + 큰아들 가구
대지면적 151.35㎡(45.9평)
연 면 적 144.97㎡(43.9평)
설　 계 스즈키 아틀리에

별관 : 작은아들 가구
대지면적 128.29㎡(38.9평)
연 면 적 95.84㎡(29평)
설　 계 유닛-H
　　　　 나카무라 다카요시
　　　　 건축 설계 사무소
　　　　 + 5'st

준공 시 가족 구성 (2010년)

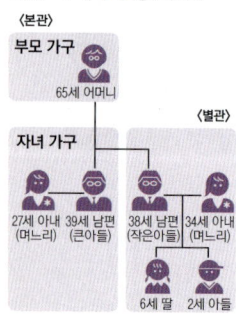

〈본관〉
부모 가구
65세 어머니

자녀 가구
27세 아내(며느리)　39세 남편(큰아들)

〈별관〉
38세 남편(작은아들)　34세 아내(며느리)
6세 딸　2세 아들

수납공간을 되도록 많이 확보하기 위해 공용 현관의 수납장을 골조 계단 밑까지 연장시켰다.

1층 동쪽은 부모 가구의 공간. 부모 가구의 거실과 음악실을 되도록 멀리 떨어뜨려 배치하고자 두 공간 사이에 현관과 옷장을 배치했다. 낮에는 침실의 미닫이문을 완전히 개방하여 원룸으로 사용한다.

본관
(2 가구 주택)
1층

큰아들 부부의 공통 취미는 악기 연주다. 그래서 음악실에 방음 시공을 하고, 더 확실한 소음 차단을 위해 음악실을 부모 가구의 침실과 가장 먼 곳에 배치했다.

별관
1층

12,580

6,230

음악실 / 현관 / 옷장 / 거실·식당·주방 / 침실 / 침실 / 주차 공간

드레스 룸 / 침실 / 차고 / 현관

4,550

11,830

도로

처음에는 부모 가구가 지은 기존의 본관이 있었고, 2004년에 먼저 결혼한 작은아들이 뜰 앞에 건물 한 채를 추가했다. 그때 부지를 두 개로 분할하여 각각의 건물이 현행 건축법을 준수하도록 했다. 또 별관은 본관의 일조권을 고려하여 되도록 작은 크기로 남쪽에 바싹 붙여서 지었다.
그리고 6년 후 큰아들 가족이 나서서 본관을 어머니와의 2가구 주택으로 개축했다. 함께 계획하여 집을 짓지는 않았지만, 지금 세 가구는 두 건물 사이의 빈터를 공용 정원으로 삼아 사이좋게 지내고 있다.

좋아하는 자동차를 늘 감상할 수 있도록 차고와 현관홀 사이에 유리벽을 설치했다.

N　S=1:200

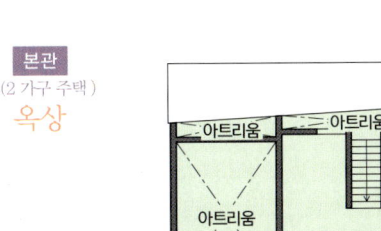

한쪽으로 기울어진 지붕 밑에 만든 다락. 현재는 고양이 방으로 쓰인다.

본관
(2 가구 주택)
옥상

2층에는 막힘없는 순환 동선이 적용되었다. 침실과 옷장, 주방도 양방향으로 통로가 뚫려 있어 통과하여 지나갈 수 있다. 그래서 2층에서는 고양이 두 마리가 매일 운동장처럼 빙빙 돌며 뛰어다닌다. L자형 거실과 식당에는 두 군데의 코너를 만들어 가족들이 서로 거리를 두고 차분하게 쉴 수 있도록 했다.

동남쪽 구석의 작은 테라스. 지붕이 달려 있어서 비가 오는 날에도 창문을 열고 생활할 수 있다.

본관
(2 가구 주택)
2층

화장실, 세면대, 세탁실은 가구별로 따로 마련되어 있다. 긴 의자가 설치된 남쪽 복도는 빨래를 실내에서 말릴 수 있는 장소다. 덕분에 맞벌이 부부가 가사 활동을 효율적으로 할 수 있다.

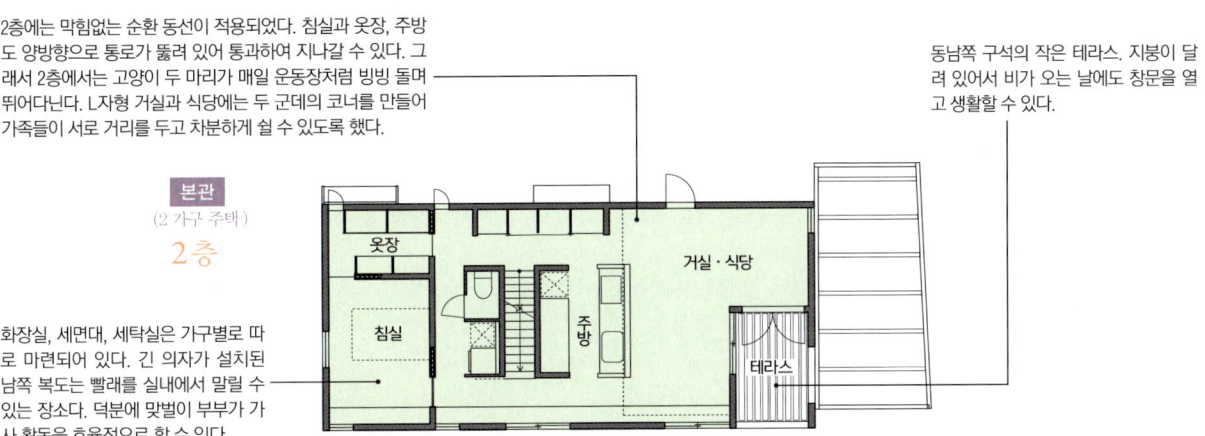

별관
옥상

현재는 개방된 공간이지만 나중에 아이들 방으로 개조할 예정이다. 본관의 일조권을 감안하여 북쪽 지붕의 높이를 낮췄다.

남쪽에서는 햇빛이 거의 들어오지 않으므로 거실 상부의 고창을 이용하여 빛과 바람을 끌어들이도록 했다. 덕분에 거실과 주방이 밝고 쾌적해졌다.

별관
2층

본관의 일조권을 고려하여 2층 거실을 뒤쪽으로 후퇴시켜 설치했다. 대신 거실 앞쪽에 생긴 빈 공간에 울타리로 둘러싸인 넓은 데크를 설치하여 남의 눈을 의식하지 않고 개방감을 즐길 수 있게 했다.

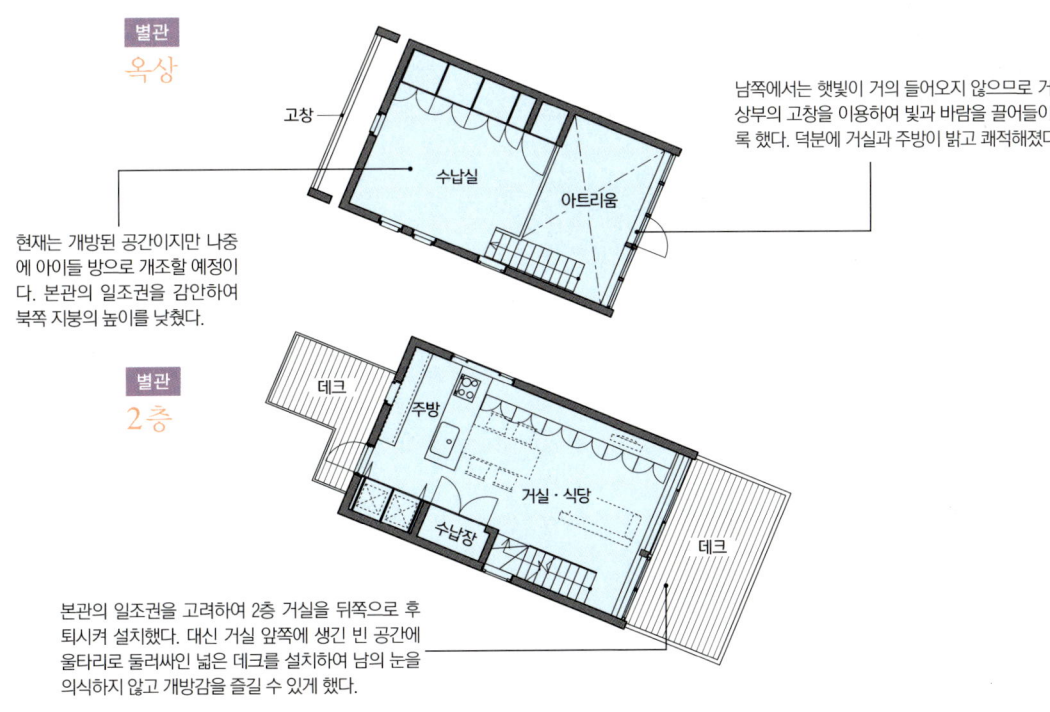

S=1:200

음악실과 욕실은 공용부에서 편하게 진입할 수 있도록
손님이 많이 찾아오는 음악실은 현관 바로 옆에 배치하고, 공용 욕실은 각 가구의 생활 동선에 가까운 곳에 배치했다.

전면 미닫이로 공간을 합치거나 나누거나
여닫을 때 벽이 움직이는 듯 보일 정도로 커다란 미닫이는 이 공간을 원룸으로도, 세 개의 방으로도 만들 수 있다. 이러한 미닫이는 공간에 융통성을 부여하는 효과적인 장치다.

테라스를 감싸듯 구부러진 L자형 거실은 외부와 일체화된 공간
테라스를 사이에 끼고 두 코너로 나뉘는 거실. 같은 공간에 속해 있지만 느낌이 약간 다른 두 영역이 존재하는 거실이란 무척 매력적인 장소다. 그래서 때때로 가구를 움직여서 거실과 식당의 자리를 바꾼다.

작은아들 가구가 거주하는 별관 앞에 빈터를 확보하여 조성한 공용 정원

작은아들 가구의 별관이 비스듬하게 배치된 덕분에 두 건물 사이에는 작은 정원이 생겼다. 가족들이 2가구 주택을 건축할 때도 그 정원을 그대로 남기기를 원해서 건물을 최대한 북쪽으로 붙이고 주차 공간을 동쪽에 세로로 설계했다. 덕분에 남쪽 현관으로 가는 진입로와 작은아들 가구의 부지가 겹쳐져서 형제의 교류가 자연스럽게 이루어지게 되었다. 이렇게 정원을 유지하면서도 두 가구가 거주할 공간을 확보하려다 보니 건물은 위층으로 갈수록 점점 앞으로 돌출되는 양상을 띤다. 1층을 보면 동쪽에는 부모 가구의 공간이, 중앙에는 공용 현관과 욕실이, 서쪽에는 큰아들 부부가 취미를 즐길 수 있는 음악실이 공존하고 있다. 따라서 소음 문제를 방지하기 위해 음악실에 방음 시공을 하고 부모 가구의 공간을 가장 먼 동쪽 끝에 배치했으며, 둘 사이에 현관과 수납실 등을 두어 몇 겹의 벽이 소음을 최대한 흡수하도록 했다. 2층 자녀 가구의 공간에는 8자 모양의 순환 동선이 적용되었다. 이런 막힘없는 동선은 2가구 주택에서 일상적으로 발생하는 스트레스를 줄이는 데에 큰 도움을 준다. [스즈키 요코]

재택근무와 홈 파티 모두를 멋지게 소화해 내는 거실
아트리움 덕분에 아담하면서도 밝고 개방적인 분위기를 주는 2층 거실·식당·주방. 다락 형식의 3층은 나중에 아이 방으로 변경할 예정이다.

기울어진 지붕 밑에 전면창을 설치하여 세련된 인상으로
2층의 거실을 뒤쪽으로 후퇴시켜 설치하고 그 자리에 데크를 설치함으로써 북쪽 본관의 일조권을 확보했다.

차고와 현관홀 사이에는 유리벽을
차고와 현관홀 사이에 유리벽을 세워 좋아하는 자동차를 항상 볼 수 있게 했다.

본관의 일조권을 감안한 작은아들 가족의 별관 설계

전체 100평 정도의 부지를 분할한 후, 작은아들 부부는 6개월 후에 태어날 아이와 함께 살 집(별관)을 남쪽 부지에 건축했다. 설계 목표는 세련된 작은아들 부부에게 어울리도록 단순하고 현대적이면서도 부드러움과 따스함이 느껴지는 아담한 집을 짓는 것이었다. 따라서 밝고 개방적이며 편안한 집을 원하는 부부를 위해 1층에는 좋아하는 자동차를 위한 실내 차고를, 2층에는 거실과 널찍한 데크를, 다락 형태의 3층에는 아이를 위한 다목적 공간을 배치했다.

설계할 때는 특별히 본관의 일조권을 고려했다. 그래서 건물을 남쪽으로 최대한 붙여 본관과의 거리를 확보했다. 또 2층과 3층의 생활 공간을 뒤로 후퇴시킨 뒤 그 자리에 데크를 설치해서 해를 가리지 않도록 했고, 동쪽의 햇빛과 탁 트인 전망을 누리기 위해 거실 앞 데크 쪽에는 커다란 아트리움을 만들었다. 이 아트리움 덕분에 거실에서는 실제 면적 이상의 여유와 개방감을 느낄 수 있다. 또한 좋아하는 자동차를 현관과 침실에서 매일 감상할 수 있도록 차고와 현관, 차고와 침실 사이 벽을 유리로 시공한 것이 특징이다.

[나카무라 다카요시]

117

30년 된 주택의 역사에서 배우는
소통과 거리 두기의 균형

현관 앞 진입로 도로 끝 막다른 골목 안에 '대롱 집'이 있다.

2층 옥상 테라스 나무가 우거진 정원에 닿아 있다.

1층 현관홀 이 봉당은 다양한 방으로 이어지는 '혼재의 공간'.

다카하시 다카시

1936년 도쿄 출생. 1961년 도쿄 대학 공학부 건축학과 졸업. 1968년 도쿄 대학 대학원 수학·물리학계 연구과 건축학전문 박사과정 수료 후 공학박사 학위 취득. 나고야 공업대학 강사, 도쿄 대학 교수, 니가타 대학 교수, 니혼 대학연구소 교수, 와세다 대학 인간과학부 특임교수 등 역임. 현재 도쿄 대학 명예교수로 주거환경과 인간 성격 형성의 관계에 대한 연구를 하고 있다.

대롱 집

1983년 준공. 다카하시 다카시와 고코 부부가 고코의 친정 부모와 함께 살 2가구 주택으로 설계한 집. 콘크리트 블록과 철골조의 2층 건물.

- 대지면적 466.257㎡(약 141평)
- 건축면적 113.832㎡(약 34.4평)
- 연 면 적 196.684㎡(약 59.5평)

초록이 무성한 '대롱 집'

1983년에 준공된 '대롱 집'은 당시 니혼 여자대학 주거학과와 도쿄 대학 건축학과에서 각각 교편을 잡고 있던 건축가 부부 다카하시 다카시와 고코가 공동으로 설계한 집이다.

이 주택은 도쿄 교외의 한적한 주택지의 막다른 골목 안, 도로에서 약간 뒤로 물러난 곳에 수줍은 듯 서 있다. 외부를 보면 1층과 2층·중2층의 마감재가 다른데 1층은 콘크리트 블록, 2층과 중2층은 금속(아연철판)이다. 2층과 중2층은 벽과 지붕에 같은 소재를 쭉 연속시켜서 건물을 금속판으로 푹 덮어씌우듯 했다. 그래서 밖에서는 일반적인 2층집처럼 보인다. 다카시 씨는 방문자를 반갑게 맞아, 우선 외관을 한 바퀴 돌아서 보여 준 다음 내부로 안내했다.

30년 전 2가구 주택으로 개축

'대롱 집'이 어떻게 건축되었는지 그 역사를 들어보았다. 예전 이곳에는 다카하시 부부와 아내인 고코 씨의 부모가 함께 살던 목조주택이 있었다. 그런데 빌려 쓰던 땅 일부를 돌려주게 되어 부지가 좁아진 것을 계기로 개축을 검토하게 되었다고 한다. 살던 집이 지은 지 50년이 넘은 낡은 목조주택이었던 점 역시 개축을 결심하게 만든 이유였을 것이다. 전에도 부모 가구와 함께 생활했기 때문에 개축하는 집 역시 자연스럽게 2가구 주택이 되었고, 부모들도 흔쾌히 찬성해 주었다.

제1기 / 1983년 준공 ~

2가구 주택

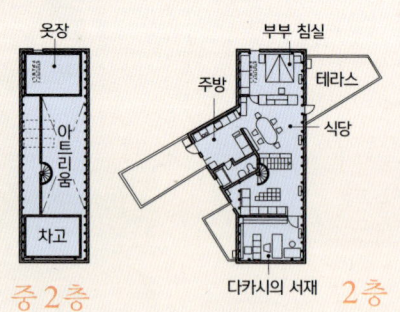

다카하시 부부 가구 (중 2층 포함)

옷장 / 아트리움 / 차고 / **중 2층**

부부 침실 / 주방 / 테라스 / 식당 / 다카시의 서재 / **2층**

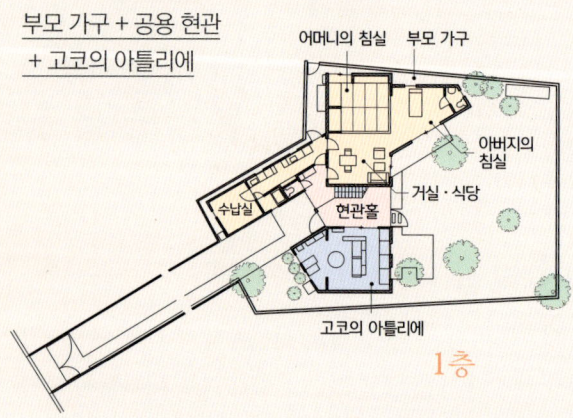

부모 가구 + 공용 현관
+ 고코의 아틀리에

어머니의 침실 / 부모 가구 / 아버지의 침실 / 수납실 / 현관홀 / 거실·식당 / 고코의 아틀리에 / **1층**

'대롱 집'은 다카하시 부부와 아내인 고코 씨의 부모(부친 82세, 모친 74세)가 함께 살 2가구 주택으로 지어졌다. 1층에는 공용 현관, 부모 가구의 공간, 고코의 아틀리에가 있었고 2층과 중2층에는 부부의 생활 공간이 있었다.

제2기 / 1988년 ~

1가구 주택 + 사람들이 모여든 생활

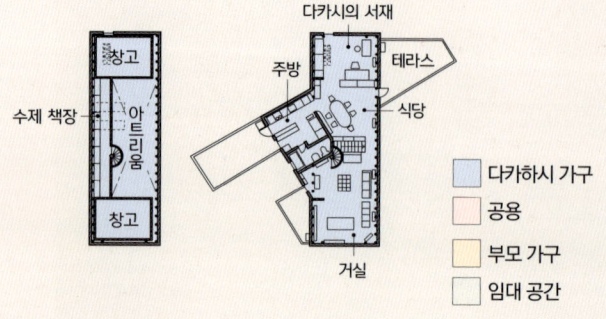

다카시의 서재 / 창고 / 주방 / 테라스 / 수제 책장 / 아트리움 / 식당 / 창고 / 거실

■ 다카하시 가구
■ 공용
■ 부모 가구
□ 임대 공간

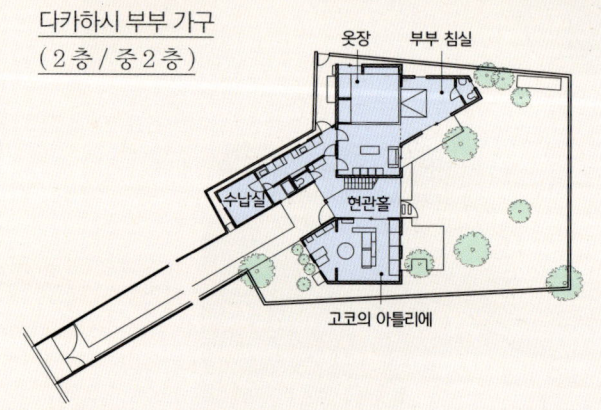

다카하시 부부 가구
(2층 / 중 2층)

옷장 / 부부 침실 / 수납실 / 현관홀 / 고코의 아틀리에

부모가 세상을 떠난 후 1층은 부부의 침실로, 2층의 침실은 서재로 바뀐다. 이때 1층의 방에는 마루를 새로 깔았다. 당시 2층에서는 '대롱회'라는 모임이 정기적으로 열려 부부의 제자들이 모여들었다.

현관을 공유하는 상하 분리형으로

건축 당시 '대롱 집'의 구조를 소개하자면 다음과 같다.

1층에는 공용 현관과 부모 가구의 공간을, 2층과 중2층(일부를 다락으로 사용함)에는 자녀 가구의 공간을 배치했다. 그 중 1층을 보면 중앙에 현관이 있고 왼쪽에는 부모 가구의 생활 공간이, 오른쪽에는 고코 씨의 아틀리에(설계사무소)가 있었다. 이 구조는 지금도 변함없는데, 다카시 씨 가족은 현관 앞에 있는 계단을 통해 2층으로 곧바로 올라가게 되어 있다(제1기).

세월에 따라 변해 가는 '대롱 집'

2가구 주택으로 시작했지만, 얼마 후 부모님이 돌아가시자 집에는 다카시 부부 두 사람만 남게 되었다. 그래서 부부의 침실을 부모 가구가 있던 1층으로 옮기고, 친구와 학생들을 종종 불러 모아 2층의 거실·식당에서 모임을 열기 시작했다(제2기).

당시에는 그 모임을 '대롱회'라고 불렀다. 필자도 학생일 때 그 모임에 참가한 적이 있는데, 널찍한 홀의 아무 곳이나 걸 터앉아 토론을 하거나 음식을 먹는 즐거운 파티였다. 고코 씨

1가구 주택 + 임대 공간

독신 가구 (중 2 층 포함)

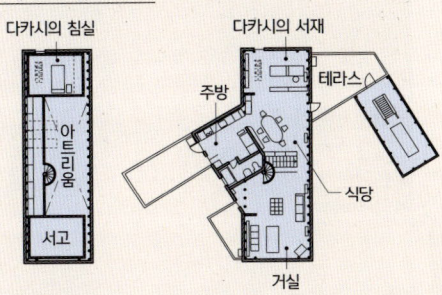

공용 현관 + 임대 공간

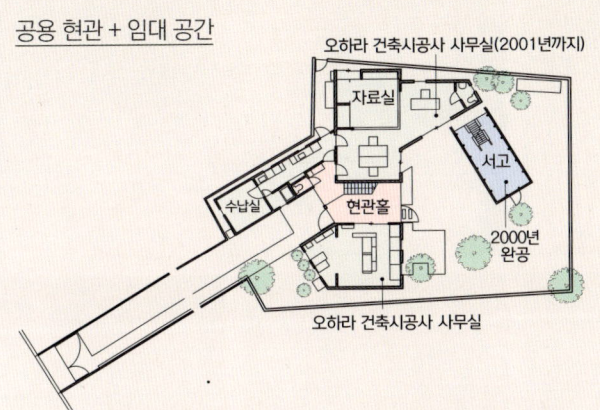

1997년 고코 씨가 타계한 후에 1층을 오하라 건축시공사에 임대하게 되었다. 오하라 건축시공사는 '대롱 집'을 지은 회사로 다카시 씨와 허물없는 사이였고, 같은 공간에 있으면 집을 관리하기도 편하다는 것이 이유였다. 이때 정원에 서고가 새로 생긴다.

현재 1가구 주택

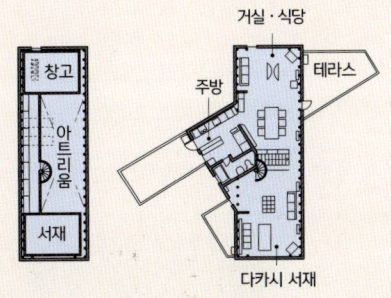

다카하시 부부 가구 (2 층 / 중 2 층)

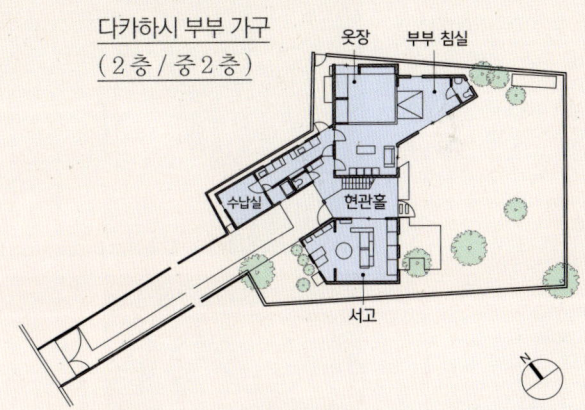

2001년에 오하라 건축시공사가 이전한다. 다카시 씨는 재혼하여 침실을 다시 1층으로 옮긴다. 정원의 서고도 철거되어 '대롱 집'은 건설 당시의 모습으로 돌아간다. 2층에서 열렸던 '대롱 회' 모임도 그 횟수가 서서히 줄어들었다.

2가구 주택은
약간의 불편함이 혼재된 공간

뿐만 아니라 다카시 씨도 가끔 주방에서 음식을 만들던 것이 기억난다.

그 후 1997년에 고코 씨가 사망하면서 '대롱 집'은 또 한 번 크게 달라진다. 다카시 씨 혼자 남게 되자 공간에 여유가 생겨 1층을 오하라 건축시공사에 임대하게 된 것이다. 그러면서 다카시 씨는 침실을 1층에서 중2층으로 옮겼고, 전에 침실과 아틀리에가 있던 곳은 오하라 건축시공사의 사무실로 내주었다. 당시 오하라 건축시공사는 고코 씨가 설계한 다른 주택들을 여럿 시공했고 '대롱 집'의 시공도 담당한 이력이 있었다. 그리고 건축시공사가 들어오자 다카시 씨의 서고가 좁아져 2000년에는 정원 한 구석에 2층짜리 서고를 증축하게 된다. 서고로는 2층 테라스에서 직접 출입할 수 있었다 (제3기).

오하라 건축시공사는 다카시 씨가 재혼하기 전까지 이곳에 있었다. 재혼 이후에 1층 북동쪽은 다시 다카하시 부부의 침실이 되었고, 남서쪽 고코의 아틀리에가 있던 곳은 서고로 바뀌었다. 이때 정원의 서고는 철거되었다 (제4기).

소통을 지속하면서도
기분 좋은 거리감을 유지한다

   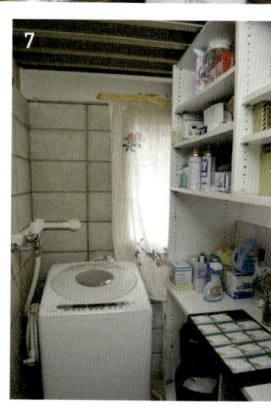

1. **중2층 다락**　지금은 서재로 쓰인다.

2. **중2층 다락의 복도**　복도 양 끝 아래층에 서재와 서고가 있다. 다락에서 2층 거실이 내려다보인다.

3. **1층 서고**　원래는 고코 씨의 아틀리에였으나 현재는 많은 서적이 보관되어 있다.

4. **주방**　청결해 보이는 흰색을 주로 썼다. '대롱회' 모임이 열리면 다카시 씨도 이 주방에서 음식을 만들었다.

5. **욕실**　화장실, 세면실, 욕실은 하나의 원룸으로 이어져 있다.

6. **화장실**　2층에서 유일하게 문을 닫을 수 있는 방. 그 외에 2층에는 문이 하나도 없다.

7. **세탁실**　물 쓰는 곳을 한데 모아서 가사 효율을 높였다.

*인터뷰는 2012년 7월에 이루어졌다. 사진 촬영은 간다 마사코, 스즈키 노부히로.

원룸에서 배우는 '적당한 거리감'

　마지막으로 2층을 방문했다. 주방과 거실, 서재, 다락이 한데 모인 2층의 커다란 원룸은 다카시 씨의 일상의 다양한 장면이 전개되는 공간이다. 다카시 씨에게 이곳은 생활의 전부다. 참고로 여기에는 화장실을 제외하고는 문이 하나도 없다.

　다카시 씨는 말한다. "벽으로 가로막힌 감옥 같은 방은 싫습니다. 옛날 집에는 완전히 닫힌 방이 없었지요. 장지나 미닫이로 구분할 수는 있었지만 문을 닫아도 소리가 다 들렸습니다. 그때는 집에서 생활하는 데에도 예의범절이 있었어요. 저희 아버지도 가족들이 다 보이는 곳에서 원고를 쓰셨습니다."

　옛날 주택과 현대 주택의 가장 큰 차이점이 바로 여기에 있다. 예전 사람들은 가족의 소리가 항상 들리는 집에서 살았기에 오히려 상대를 배려하는 예절이 몸에 밴 것이 아닐까?

　벽을 세우기는 쉽지만, 그러면 상대의 기척이 지워지고 만다. 그보다 가족이 서로를 배려하고 각자 자신에게 맞는 기분 좋은 거리감을 찾아가며 함께 생활하는 곳이 이상적인 주택일 것이다. 물론 가족끼리 기본적인 예의를 지킨다는 전제하에서 말이다. '대롱 집'은 그 '적당한 거리감'을 가르쳐 주는 사례다.

[야스다 히로미치]

원룸 형식의 2층 거실·식당의 넓은 공간을 가구로 구분했다. 낮은 책장 뒤쪽은 서재다. 왼쪽의 길쭉한 창은 준공 당시에는 벽이었다.

PART
3

2가구 집 짓기
아이디어

CASE 1

성공적인 2가구 주택을 만들기 위한 포인트

가족 간에도 '적당한 거리감'이 필요하다

같이 산다는 것은 무엇이든 함께 한다는 뜻이 아니다. 부모 가구와 자녀 가구 사이에는 기본적으로 문화나 생각 차이가 존재하기 때문에 생활에서의 충돌을 피할 수 있는 장치가 마련되어 있어야 한다. 이처럼 가족 간에는 소통은 원활하게 하되, 서로를 존중하는 적절한 거리감이 반드시 필요하다.

IDEA 1

공용 주방에
가구별 전용 냉장고를 설치한다

아들 부부와 함께 사는 동거형 2가구 주택의 경우, 주부의 일터인 주방에서 고부 갈등이 시작될 때가 많다. 그런데 사실 부모 가구와 자녀 가구는 대개 식사 시간이 달라서 주방도 한꺼번에 쓰지 않는 것이 보통이다. 그러므로 주방을 공유하더라도 냉장고만 나누면 고부 갈등을 얼마간 해소할 수 있다. [아오키 에미코]

식기 수납장 양쪽에 부모 가구와 자녀 가구의 냉장고를 각각 설치할 공간을 만들었다.

주방 수납장 평면도

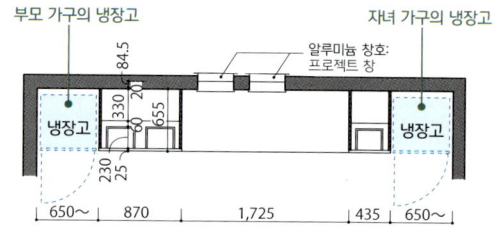

주방 수납장 전개도

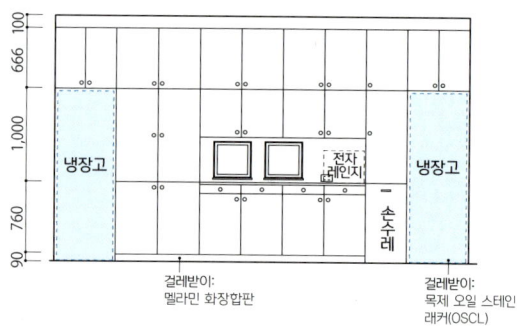

S=1:80

사이좋게 지낼 수 있는
거리감은 3m

가족끼리 아무리 사이가 좋아도, 2가구 주택의 경우에는 넓은 원룸 거실을 만들기보다는 좁더라도 두 개의 코너가 존재하는 L자형 거실이 좋을 수 있다. 이렇게 거실이 두 코너로 나뉘어 있다면 만약 아이가 거실을 한참 어지를 나이라도 어질러진 곳만 금세 정돈하면 된다. 또 가족이 각각 거실에서 하고 싶은 일을 편하게 하려면 가구 간에 3m 정도는 거리가 있어야 한다. 그것이 다 함께 잘 지내는 비결이다. [스즈키 노부히로]

가족의 공간이 계단 너머의 작업실과 거실·식당으로 나뉘어 있어 모두가 편안하게 지낼 수 있다.

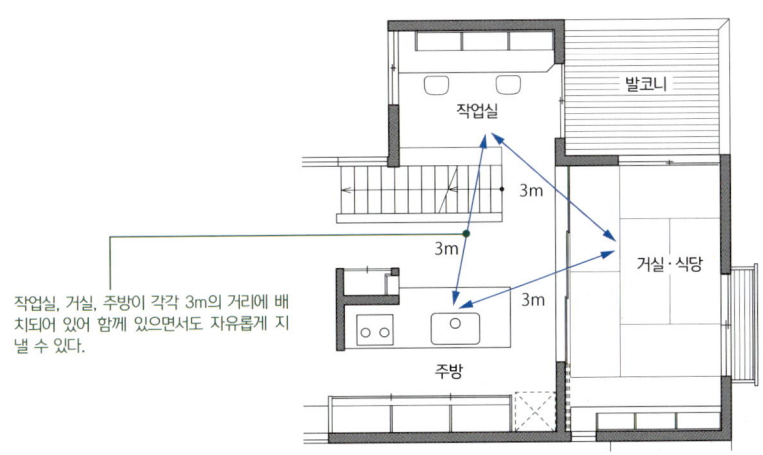

작업실, 거실, 주방이 각각 3m의 거리에 배치되어 있어 함께 있으면서도 자유롭게 지낼 수 있다.

주방 옆에는 책장과 탁자, 의자가 있어 책을 읽거나 공부를 할 수 있다. 또한 덕분에 이 가족 도서관에서 공부하는 아이들을 거실에서도 자연스럽게 지켜볼 수 있다.

주방을 사이에 두고 거실과 가족 도서관이 나뉘어 있다. 세 공간이 각각 3m의 거리에 있으니 가족 공간의 삼각형 구조라고 불러도 좋을 듯하다.

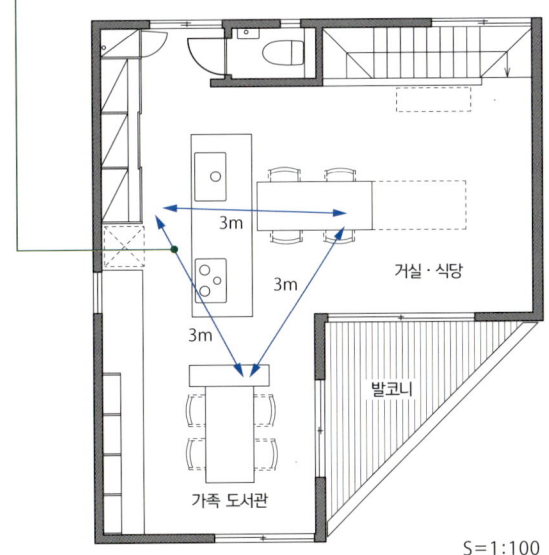

S=1:100

127

IDEA 3 | 부모 가구의 취침을 알리는 천창·데크 조명

2가구 주택에서 가장 해결하기 어려운 것이 소음 문제다. 특히 목조주택의 경우 쿵쿵거리는 중량음을 완전히 차단하기는 어렵다. 그래서 생각해 낸 것이 1층의 부모 가구에 천창을 설치하는 방법이다. 밤에는 이 창으로 새어나온 불빛이 위층 자녀 가구의 데크를 밝힌다. 따라서 이 조명이 꺼지면 부모 가구가 잠자리에 들었다는 뜻이니 자녀 가구는 자연스럽게 부모 가구를 배려할 수 있다.

[나카무라 다카요시]

1층 부모 가구의 거실에 설치한 천창. 밤에는 1층에서 새어나온 불빛이 2층 데크의 야외 조명이 된다. 불이 꺼지면 부모 가구가 잠자리에 들었다는 뜻.

천창 상부에는 유리도 보호할 겸 목재로 된 긴 의자를 설치했다. 이곳은 아이들의 놀이터 또는 목욕하고 나서 바람을 쐬거나 담배를 피우는 장소로 사용된다.

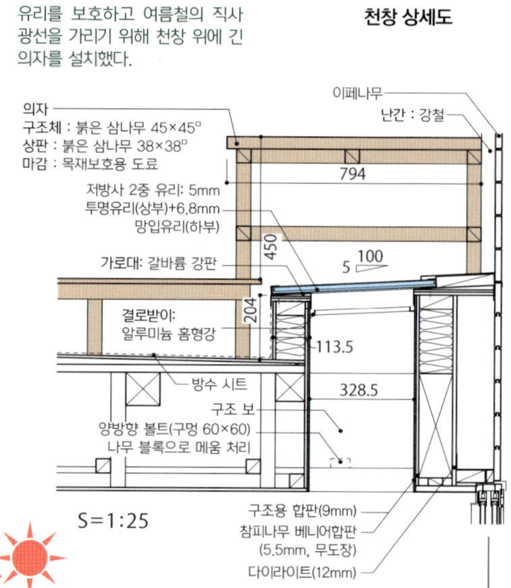

유리를 보호하고 여름철의 직사광선을 가리기 위해 천창 위에 긴 의자를 설치했다.

천창 상세도

의자
구조체 : 붉은 삼나무 45×45ᵃ
상판 : 붉은 삼나무 38×38ᵃ
마감 : 목재보호용 도료

저방사 2중 유리: 5mm
투명유리(상부)+6.8mm
망입유리(하부)

가로대: 갈바륨 강판

결로받이:
알루미늄 홈형강

방수 시트

구조 보

양방향 볼트(구멍 60×60)
나무 블록으로 메움 처리

이페나무
난간 : 강철
794
450
5 100
204
113.5
328.5

구조용 합판(9mm)
참피나무 베니어합판
(5.5mm, 무도장)
다이라이트(12mm)

S=1:25

단면도

74 100

AC
자녀 가구 LDK
CH=2,300 (넓은 쪽)
900
870
CH=2,630 (낮은 쪽)

겨울 여름

2,820
1,100

AC
440
220

부모 가구 LDK
CH=2,350
850

*CH: 난간 높이

S=1:100

바닥 밑에 차음 시트를 깔고 흡음재를 넣었는데도 아이들의 발소리는 여전히 1층 부모 가구에 들린다. 따라서 늦은 시간에는 조용히 해주는 배려가 필요하다.

부모 가구의 불빛은 천창으로 새어나와 데크의 정원 조명이 되므로 데크의 불빛이 꺼지면 부모 가구가 잠자리에 들었다는 뜻이다.

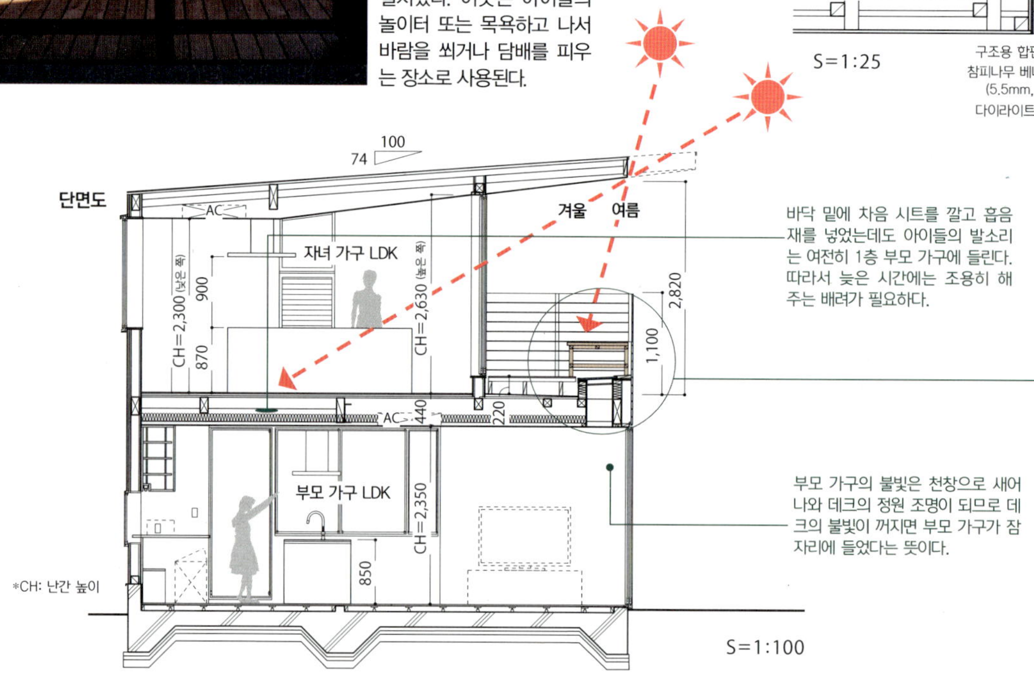

지하층에서 옥상까지 이어진 중정이
두 가구를 구분한다

IDEA 4

두 가구의 생활 공간을 세로로 나누고 완충지대인 중정을 중간에 설치하면 부모 가구와 자녀 가구의 독립성을 유지하면서도 상호 소통을 유도할 수 있다. 이처럼 벽으로 가구를 구분하기보다 열린 공간을 통해 서로의 기척을 간접적으로 전달하는 것이 효과적이다. 물론 이럴 경우 자연광을 얻을 수도 있다.

[도요타 사토루]

거실의 계단 너머로 큰 개구부를 통해 중정의 자연광과 식재를 감상할 수 있다. 그 뒤편에 부모 가구의 작은 창이 보인다.

지하층 중정의 심벌 트리를 내려다본 모습. 빛을 받은 나뭇잎이 아름답게 반짝인다.

드라이 에어리어를 겸하는 중정과 중정의 나무는 지하층에 빛과 안정감을 가져다준다.

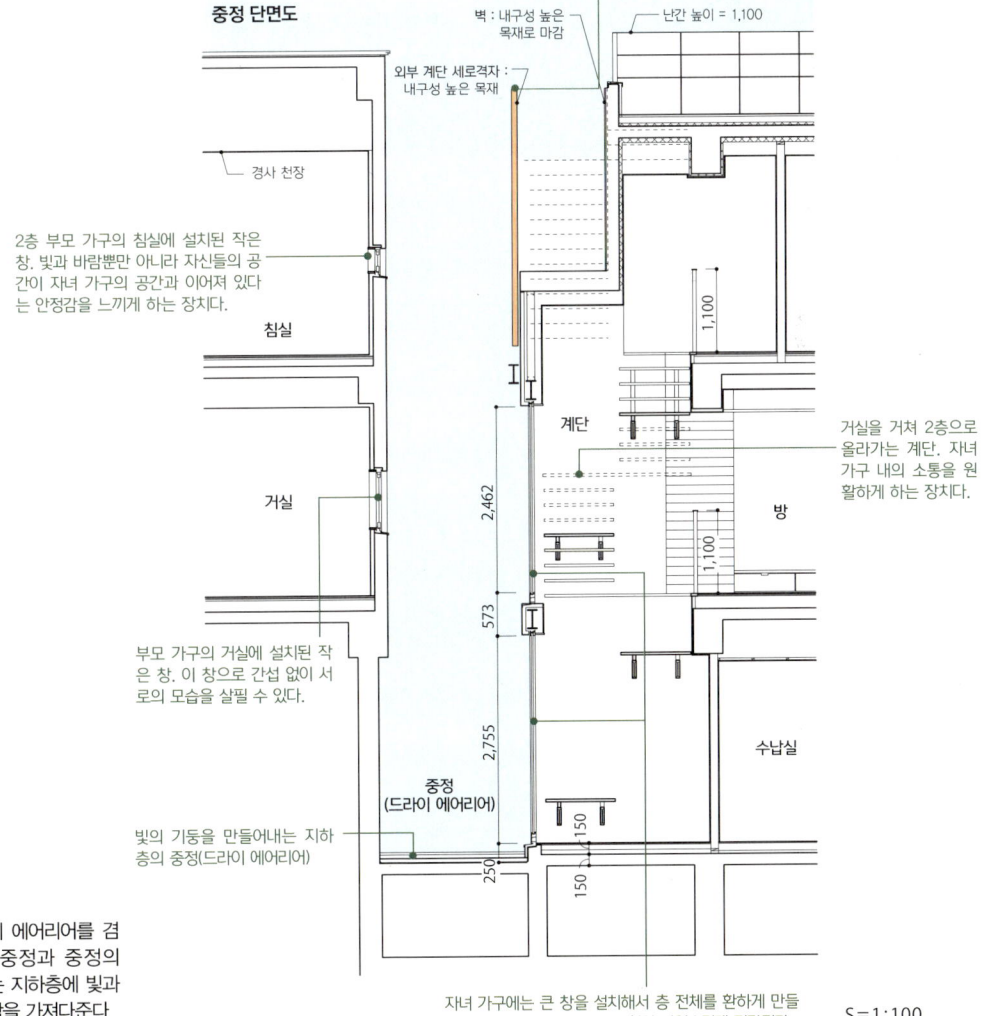

중정 단면도

2층에서 옥상정원으로 가는 계단에 세로 격자 울타리를 설치했다. 이 울타리는 계단을 외부 시선으로부터 보호하고 옥상으로 가기 전부터 미리 정자의 분위기를 느끼게 한다.

벽 : 내구성 높은 목재로 마감

난간 높이 = 1,100

외부 계단 세로격자 : 내구성 높은 목재

경사 천장

2층 부모 가구의 침실에 설치된 작은 창. 빛과 바람뿐만 아니라 자신들의 공간이 자녀 가구의 공간과 이어져 있다는 안정감을 느끼게 하는 장치다.

침실

1,100

계단

거실

2,462

거실을 거쳐 2층으로 올라가는 계단. 자녀 가구 내의 소통을 원활하게 하는 장치다.

방

1,100

573

부모 가구의 거실에 설치된 작은 창. 이 창으로 간섭 없이 서로의 모습을 살필 수 있다.

2,755

수납실

중정 (드라이 에어리어)

150

빛의 기둥을 만들어내는 지하층의 중정(드라이 에어리어)

250

150

자녀 가구에는 큰 창을 설치해서 층 전체를 환하게 만들었다. 이 창으로 가구 간의 기척이 자연스럽게 전달된다.

S=1:100

말로 하기 껄끄러운 'NO' 사인은
잠금장치로 대신한다

IDEA 5

2가구 주택에서는 부모 자식 간에도 예의가 필요하다. 그래서 가구 사이의
연결 문 양쪽에 잠금장치를 설치했다. 즉, 문이 열려 있으면 '들어와도 된다'
는 뜻이고, 잠겨 있으면 '들어오지 말라'는 뜻이다. 이런 의사 표현은 부모
자식 간에도 말로 하기가 껄끄러우니 신호로 대신하려는 것이다. 따라서 두
가구 사이에 있는 것은 미닫이 연결 문 한 짝 뿐이지만, 이 잠금장치만 있으
면 사생활을 충분히 보호할 수 있다. [아오키 에미코]

사진 왼편 안쪽의 미닫이가 연결 문이다. 사진에
보이는 쪽이 자녀 가구의 공간, 문 뒤쪽이 부모
가구의 공간. 문의 잠금장치를 잘 활용하면 사생
활을 보호하면서도 원활한 소통을 꾀할 수 있다.

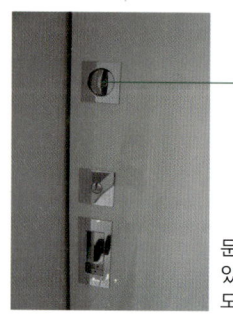

자녀 가구 쪽의 연결 문. 위의 나사
를 돌리면 문이 잠긴다. 아래에는
부모 가구 쪽의 자물쇠가 있고 그
밑에는 손잡이가 있다.

문 양쪽에 자물쇠가 달려
있다. 열려 있으면 '들어
와도 된다'는 뜻.

손님방은
현관 근처에 배치한다

IDEA 6

본가인 부모 가구에는 일가친척들이 자주 찾아온다. 그래서 손님
방은 현관 바로 옆에 두어야 서로 불편하지 않다. 또 손님방 옆에
큰 수납실을 만들어 놓으면 큰 물건을 바로 정리할 수 있어서 편
리하다. [스즈키 노부히로]

손님방 평면도

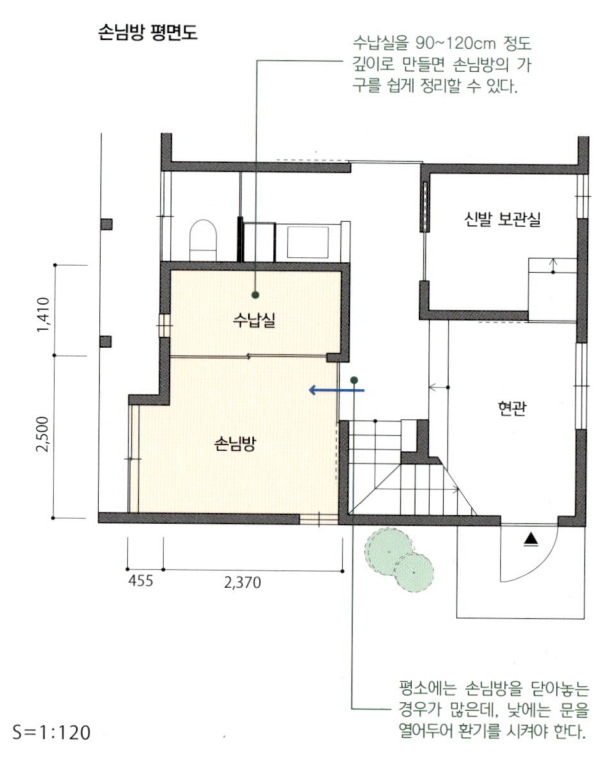

수납실을 90~120cm 정도
깊이로 만들면 손님방의 가
구를 쉽게 정리할 수 있다.

신발 보관실

수납실

현관

손님방

S=1:120

평소에는 손님방을 닫아놓는
경우가 많은데, 낮에는 문을
열어두어 환기를 시켜야 한다.

1,410
2,500
455
2,370

현관에서 올라와 안쪽에
위치한 손님방. 방문자가 많
은 공간임을 고려하면 입
구는 ㄱ자 형이 좋다. 응접
실을 겸하고 있다.

아트리움을 닫을 수 있게 만들어 냉난방 효율을 높인다

IDEA 7

이 아트리움은 집 전체를 하나로 연결하여 가족의 기척과 분위기를 전달하는 중요한 역할을 한다. 그러나 문제는 2층 거실·식당·주방의 냉난방효율이다. 그래서 냉난방 기기를 가동할 때는 벽 속에 숨어 있던 문을 끄집어내서 아트리움을 닫을 수 있게 만들었다. 이때 문은 빛이 통하는 폴리카보네이트이고, 상부 난간은 유리라서 완전히 막힌 느낌은 들지 않는다.

[기타가와 히로키]

집 전체를 하나로 연결하는 아트리움. 이 빈 공간이 정면 안쪽의 부부 침실과 아래층에 살짝 보이는 미래의 아이 방을 살짝 이어준다. 아래 사진은 오른쪽 벽 안에 숨어 있던 반투명 폴리카보네이트 미닫이를 끄집어내서 닫은 모습. 상부는 유리 난간이다.

아트리움 평면도

평소에는 여기 수납되어 있는 폴리카보네이트 미닫이두 짝. 꺼내서 닫으면 유백색의 반투명 벽이 된다.

침실·작업실과 아트리움 사이의 벽에 설치된 창. 창문을 열면 아트리움 너머로 같은 층 거실과 1층의 모습을 엿볼 수 있다.

나머지 한 짝의 폴리카보네이트 문은 벽 안에 숨어 있다.

침실을 아트리움과 분리된 별도의 방으로 만들어주는 미닫이문. 서재 수납장 위의 유리 난간과 책상 옆 벽 상부의 작은 창으로 들어온 빛이 침실을 환하게 밝힌다.

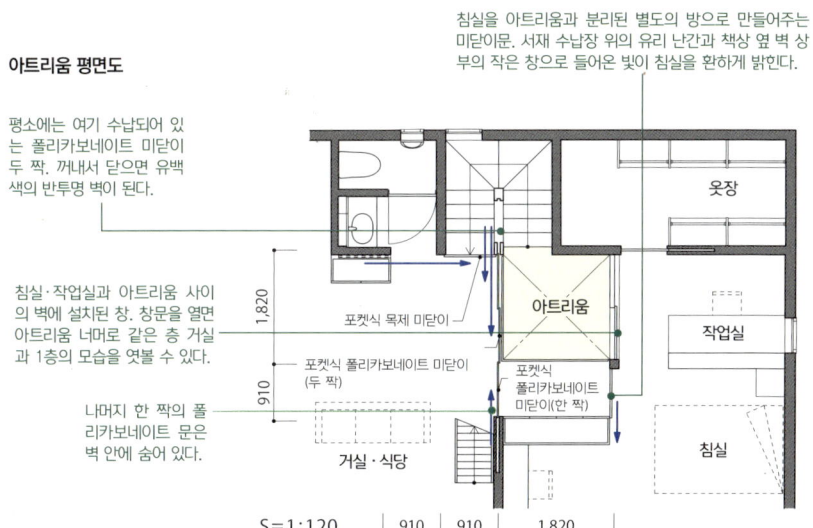

포켓식 목제 미닫이
포켓식 폴리카보네이트 미닫이(두 짝)
포켓식 폴리카보네이트 미닫이(한 짝)
옷장
아트리움
작업실
침실
거실·식당

S=1:120   910 910 1,820

아트리움 단면도

방마다 설치된 작은 창과 유리 난간을 통해 서로의 기척과 분위기를 전달한다.

아트리움을 둘러싼 침실과 복도, 거실과 예비실 사이에 시선이 오간다.

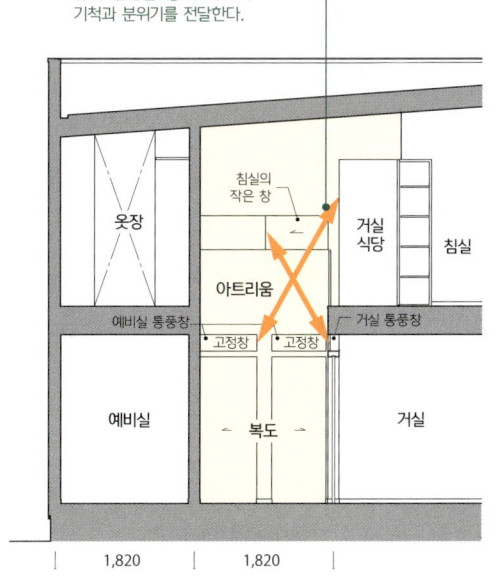

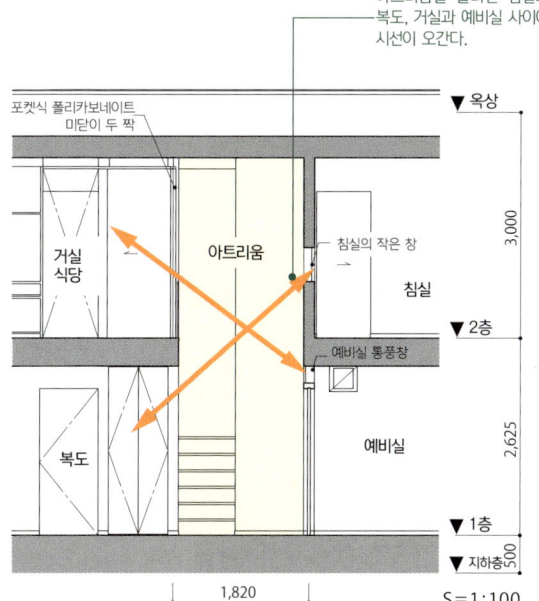

포켓식 폴리카보네이트 미닫이 두 짝
옥상
3,000
2,625
500
2층
1층
지하층

침실의 작은 창
거실 식당
침실
옷장
아트리움
예비실 통풍창
거실 통풍창
고정창 고정창
예비실
복도
거실

거실 식당
아트리움
침실의 작은 창
침실
복도
예비실 통풍창
예비실

1,820   1,820   1,820

S=1:100

2층까지 뻗은 세로로 긴 동향 창으로 산뜻한 아침 햇살이 들어온다.

IDEA 8

가족의 건강을 위해
공용 현관에 설치한 세면대

1층에 부모 가구, 2층에 자녀 가구가 사는 2가구 주택으로, 현관은 공용이다. 가족의 건강을 위해 귀가하자마자 이와 손을 닦을 수 있는 세면대를 공용 현관 옆 수납장에 설치했다. 이 수납장이 계단실 아트리움을 관통하는 길쭉한 창 앞에 있어 세면 공간이 더욱 밝고 위생적이다. 수납장 하부에는 조명기구를 매립하여 간접조명이 바닥을 비추도록 했다. [오기쓰 이쿠오]

수납장 위에 그릇 하나가 놓여 있는 듯한 깔끔한 디자인의 세면대.

세면대를 비추는 아침 햇살과 바닥을 비추는 간접조명 덕분에 온 가족이 기분 좋게 외출하고 귀가할 수 있다.

현관 평면도

계단참까지는 디딤판 폭을 최대한 넓혀 계단을 장식공간으로 활용할 수 있게 했다.

직경 30cm, 높이 9cm의 희고 둥근 도기 세면대에 단순한 모양의 L자형 수도꼭지를 조합했다.

현관

S=1:100

현관 수납장과 세면대 전개도

세면대 뒤편의 프로젝트 창은 상부의 세로로 긴 창과 가로로 긴 현관 수납장을 시각적으로 연결시켜 주는 장치다.

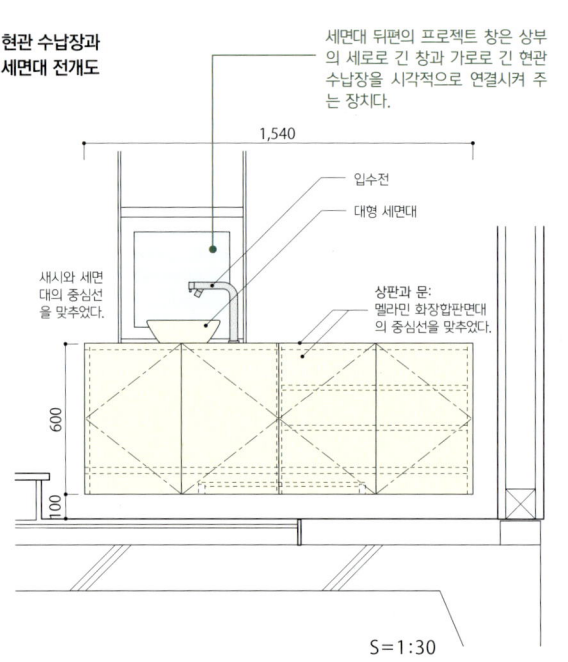

1,540

입수전

대형 세면대

섀시와 세면대의 중심선을 맞추었다.

상판과 문: 멜라민 화장합판면재의 중심선을 맞추었다.

600

S=1:30

문의 상부를 안쪽으로 비스듬히 잘라내어 손잡이 대용으로 붙잡을 수 있게 하고, 표면에는 아무것도 달지 않았다. 세면대와 같은 흰색으로 마감한 단정한 디자인.

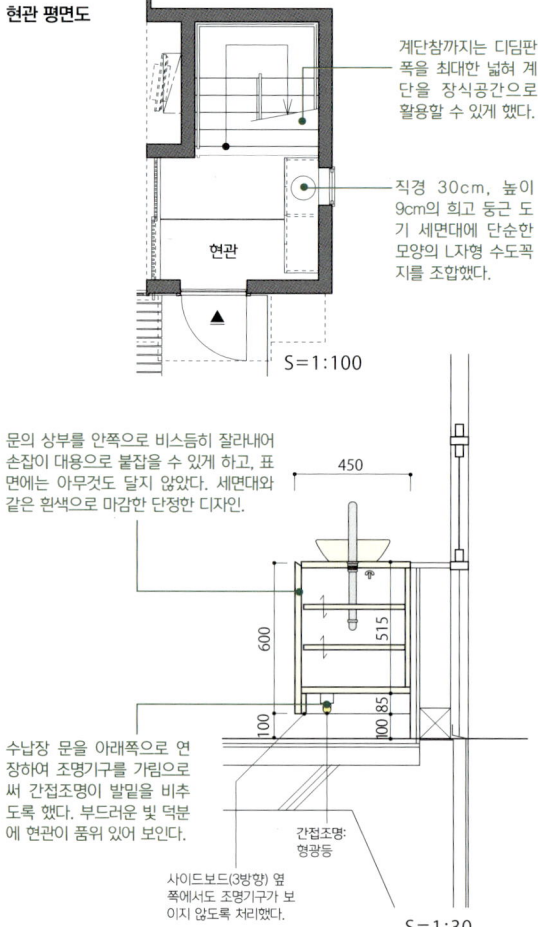

450

600

515

100

100 85

수납장 문을 아래쪽으로 연장하여 조명기구를 가림으로써 간접조명이 발밑을 비추도록 했다. 부드러운 빛 덕분에 현관이 품위 있어 보인다.

간접조명: 형광등

사이드보드(3방향) 옆쪽에서도 조명기구가 보이지 않도록 처리했다.

S=1:30

IDEA 9
자녀 가구의 창으로 들어온 빛을
1층 부모 가구까지 보낸다

주택 밀집 지역이라서 주로 옥상 펜트하우스의 천창과 아트리움 최상부의 고창으로 빛을 얻는다. 이 자연광은 아트리움, 투명 챌판을 넣은 계단, 바닥을 띄운 수납장, 바닥 슬릿 등을 통해 1층 부모 가구의 공간까지 전달된다.

[기타가와 히로키]

정면 뒤쪽에 아트리움 상부의 고창이 보인다. 앞에 보이는 수납장은 바닥을 띄운 행잉 타입으로 설치했다.

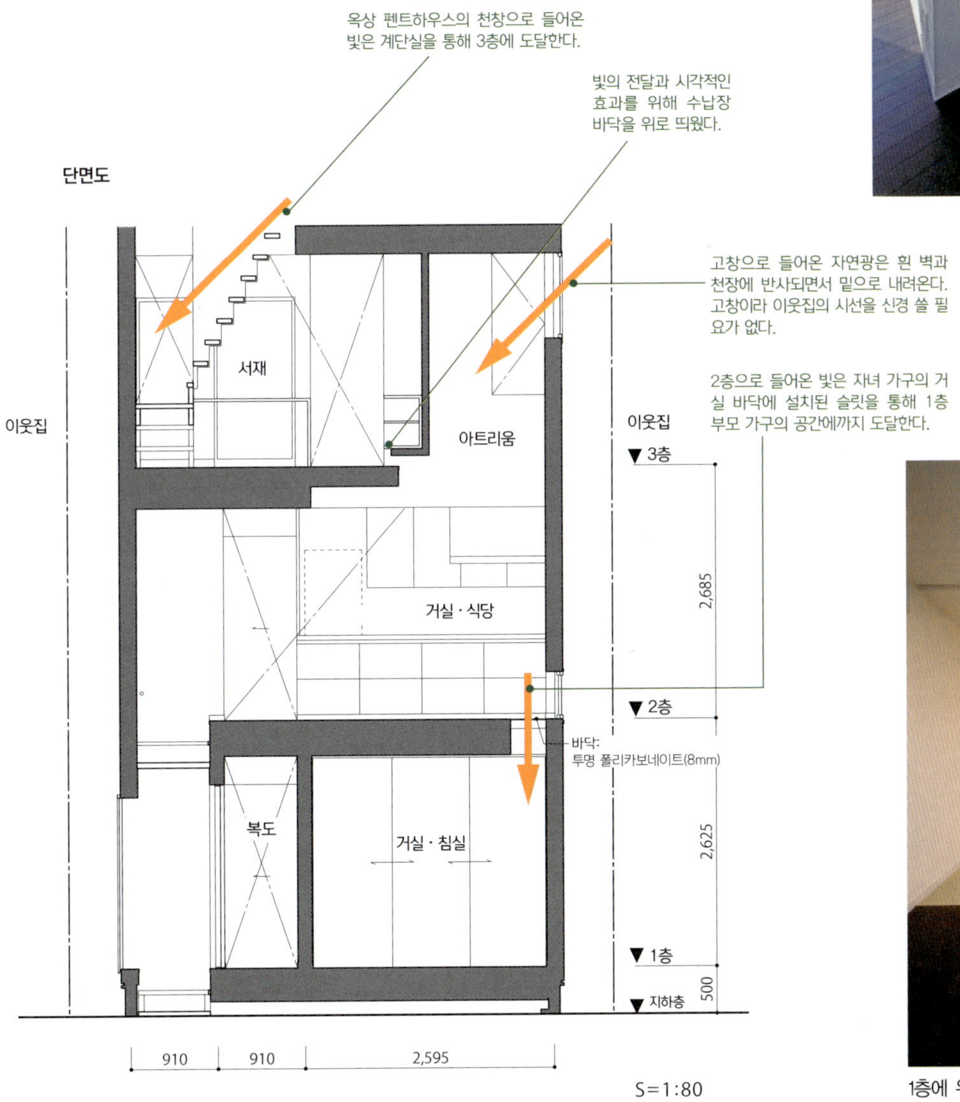

단면도

옥상 펜트하우스의 천창으로 들어온 빛은 계단실을 통해 3층에 도달한다.

빛의 전달과 시각적인 효과를 위해 수납장 바닥을 위로 띄웠다.

고창으로 들어온 자연광은 흰 벽과 천장에 반사되면서 밑으로 내려온다. 고창이라 이웃집의 시선을 신경 쓸 필요가 없다.

2층으로 들어온 빛은 자녀 가구의 거실 바닥에 설치된 슬릿을 통해 1층 부모 가구의 공간에까지 도달한다.

서재

아트리움

거실·식당

바닥: 투명 폴리카보네이트(8mm)

복도

거실·침실

이웃집

▼ 3층

2,685

▼ 2층

2,625

▼ 1층

▼ 지하층

500

910   910   2,595

S=1:80

1층에 위치한 부모 가구의 거실과 침실. 오른쪽 위에 보이는 2층 바닥의 슬릿으로 자연광이 들어온다.

IDEA 10

아크릴 챌판으로 불빛이 새어나오면
누군가 화장실을 사용하고 있다는 뜻

가운데 층인 2층에는 공용 거실·식당·주방을 배치하고 1층에는 부모 가구의 공간, 2층에는 자녀 가구의 공간을 배치했다. 1층 현관과 화장실은 공용이다. 그런데 손님이 2층 거실에 있다가 1층 화장실에 가고 싶은 경우가 있다. 그럴 때는 계단 챌판에 시공된 아크릴판으로 불빛이 새어나오는지를 보면 1층까지 가지 않고도 화장실을 누군가 사용하고 있음을 알 수 있다. [나카무라 다카요시]

계단 챌판에 설치한 아크릴판으로 불빛이 새어나오면 누군가 불을 켜고 화장실에 들어갔다는 뜻이다. 아크릴판에 불빛이 새어나온 것은 2층에서도 보인다.

계단실 주변 평면도

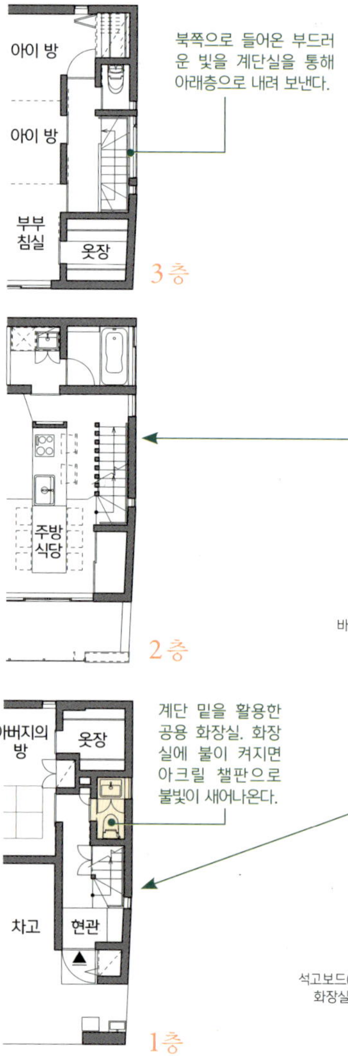

3층
아이 방 / 아이 방 / 부부 침실 / 옷장

북쪽으로 들어온 부드러운 빛을 계단실을 통해 아래층으로 내려 보낸다.

2층
주방 식당

1층
아버지의 방 / 옷장 / 차고 / 현관

계단 밑을 활용한 공용 화장실. 화장실에 불이 켜지면 아크릴 챌판으로 불빛이 새어나온다.

S=1:200

계단실 단면도

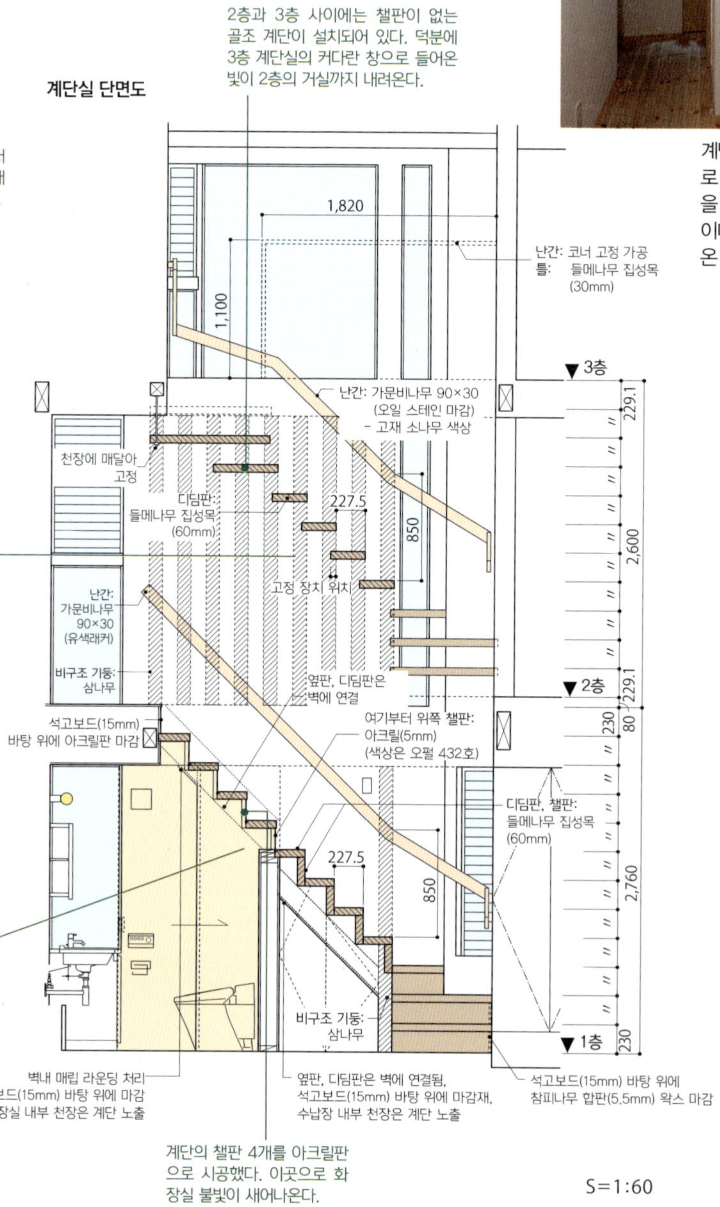

2층과 3층 사이에는 챌판이 없는 골조 계단이 설치되어 있다. 덕분에 3층 계단실의 커다란 창으로 들어온 빛이 2층의 거실까지 내려온다.

1,820
1,100
229.1
2,600
229.1
230 80
2,760
230

난간: 코너 고정 가공틀 들메나무 집성목 (30mm)

난간: 가문비나무 90×30 (오일 스테인 마감) - 고재 소나무 색상

▼3층
▼2층
▼1층

천장에 매달아 고정

디딤판: 들메나무 집성목 (60mm)

227.5

고정 장치 위치

850

옆판, 디딤판은 벽에 연결

난간: 가문비나무 90×30 (유색래커)

비구조 기둥: 삼나무

석고보드(15mm) 바탕 위에 아크릴판 마감

여기부터 위쪽 챌판: 아크릴(5mm) (색상은 오펄 432호)

디딤판, 챌판: 들메나무 집성목 (60mm)

227.5
850

벽내 매립 라운딩 처리 석고보드(15mm) 바탕 위에 마감 화장실 내부 천장은 계단 노출

옆판, 디딤판은 벽에 연결됨. 석고보드(15mm) 바탕 위에 마감재, 수납장 내부 천장은 계단 노출

비구조 기둥: 삼나무

석고보드(15mm) 바탕 위에 참피나무 합판(5.5mm) 왁스 마감

계단의 챌판 4개를 아크릴판으로 시공했다. 이곳으로 화장실 불빛이 새어나온다.

S=1:60

IDEA 11 상하층 사이에 기본적으로 필요한 소음방지 시공

소음방지의 기본은 침실 상부에 배관을 두지 않는 것이다. 또 부모의 침실 위에 거실이 오게 된 경우에도 방음에 상당히 신중을 기해야 한다. 심지어 바로 위가 아니어도 소리가 전달될 수 있으므로 바닥과 천장 양쪽에 기본적인 소음방지 시공이 필요하다.

[스즈키 노부히로]

단면도

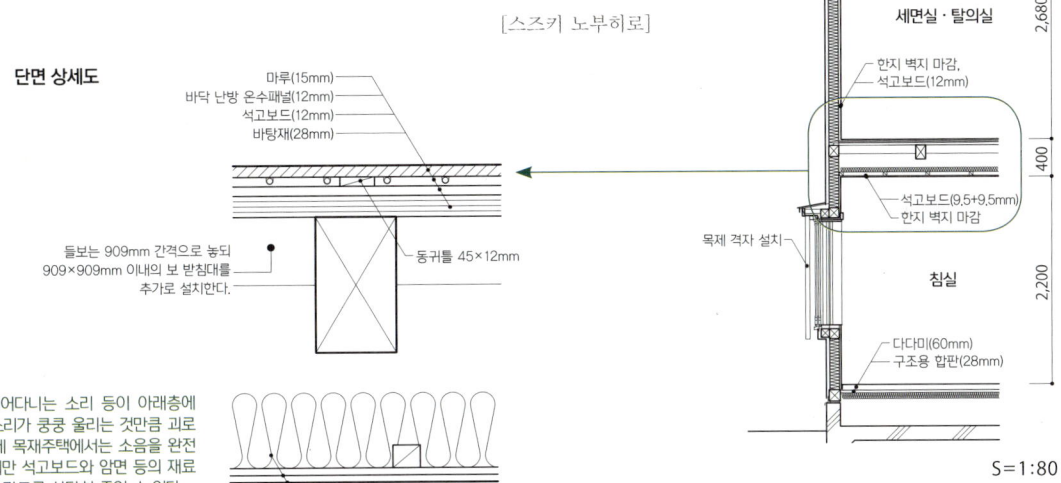

- 석고보드(9.5+9.5mm)
- 한지 벽지 마감
- 조명
- 세면실 · 탈의실
- 한지 벽지 마감, 석고보드(12mm)
- 석고보드(9.5+9.5mm)
- 한지 벽지 마감
- 목제 격자 설치
- 침실
- 다다미(60mm)
- 구조용 합판(28mm)
- 2,680
- 400
- 2,200

S=1:80

단면 상세도

- 마루(15mm)
- 바닥 난방 온수패널(12mm)
- 석고보드(12mm)
- 바탕재(28mm)
- 들보는 909mm 간격으로 놓되 909×909mm 이내의 보 받침대를 추가로 설치한다.
- 동귀틀 45×12mm

목조주택에서는 아이가 뛰어다니는 소리 등이 아래층에 무척 잘 들리는데 이렇게 소리가 쿵쿵 울리는 것만큼 괴로운 일도 없을 것이다. 그런데 목재주택에서는 소음을 완전히 차단하기는 어렵다. 하지만 석고보드와 암면 등의 재료를 겹쳐서 시공하면 소음의 강도를 상당히 줄일 수 있다.

- 암면(100mm)
- 석고보드(9.5+9.5mm)
- 한지 벽지로 마감

S=1:10

IDEA 12 자전거 주차장을 여러 개의 기둥으로 살짝 가려 단정하게

북쪽 도로에서 비탈길 위의 2층 현관으로 진입하려면 이곳 주차공간을 거쳐야 한다. 그래서 건물과 주차장 사이의 데크에 열주를 세우고 그 뒤에 자전거 주차장을 만들었다. 이는 주차장을 살짝 가려 지저분한 곳을 가리고 방범을 꾀하는 동시에 포치 같은 분위기를 내게 한 아이디어다. [노구치 다이시]

30mm 두께의 알래스카 노송으로 만든 데크의 중앙에 열주를 세워 뒤쪽 자전거 주차장을 살짝 가렸다.

자전거 주차장 평면도

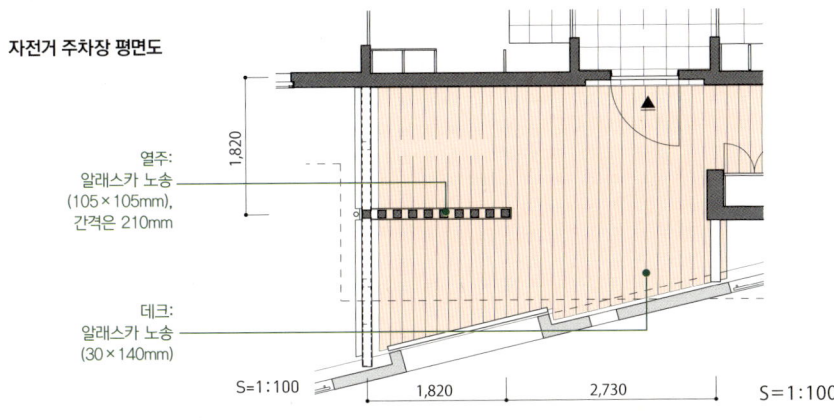

- 열주: 알래스카 노송 (105×105mm), 간격은 210mm
- 데크: 알래스카 노송 (30×140mm)
- 1,820
- S=1:100
- 1,820
- 2,730
- S=1:100

IDEA 13

원통형 계단실과 미닫이로
시선을 차단하고 기척만 전달한다

부모 가구와 자녀 가구 사이에 위치한 원통형 계단실은 1층에서 3층까지 아트리움으로 되어 있어서 천창으로 들어온 빛을 아래층까지 전달할 수 있다. 또한 계단실 옆의 미닫이문을 여닫느냐에 따라 자녀 가구와 부모 가구의 공간을 자유롭게 연결하거나 나눌 수 있다.

원통형 계단실에 전통공법대로 흙벽 마감을 한 뒤 출입구에 곡면 미닫이를 달았다.

자녀 가구의 거실과 부모 가구의 침실 사이에 있는 미닫이. 이 미닫이를 통해 부모 가구의 기척이 자녀 가구의 주방으로 전달된다.

계단실 평면도

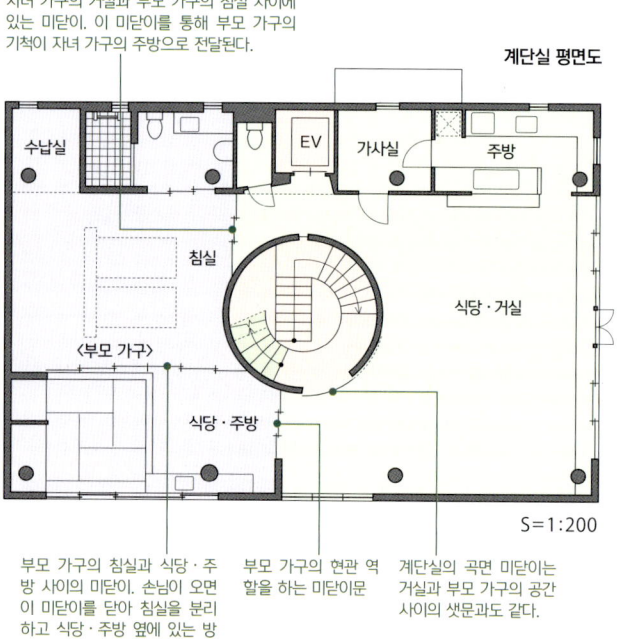

수납실 / EV / 가사실 / 주방 / 침실 / 식당·거실 / 〈부모 가구〉 / 식당·주방

S=1:200

부모 가구의 침실과 식당·주방 사이의 미닫이. 손님이 오면 이 미닫이를 닫아 침실을 분리하고 식당·주방 옆에 있는 방에서 맞이한다.

부모 가구의 현관 역할을 하는 미닫이문

계단실의 곡면 미닫이는 거실과 부모 가구의 공간 사이의 샛문과도 같다.

계단실의 곡면 미닫이 단면도

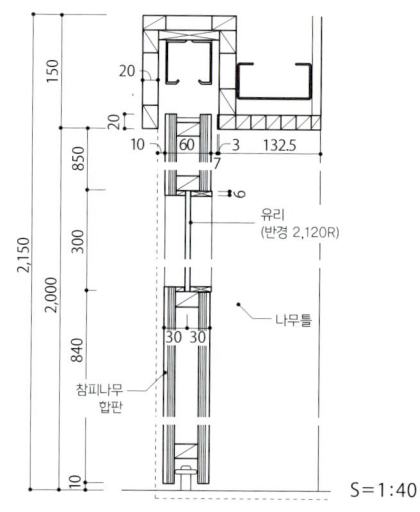

150 / 20 / 20 / 850 / 2,150 / 2,000 / 300 / 840 / 10
10 / 60 / 3 / 132.5 / 7 / 9
유리 (반경 2,120R)
나무틀
30 / 30
참피나무 합판

S=1:40

계단실 곡면 미닫이 전개도

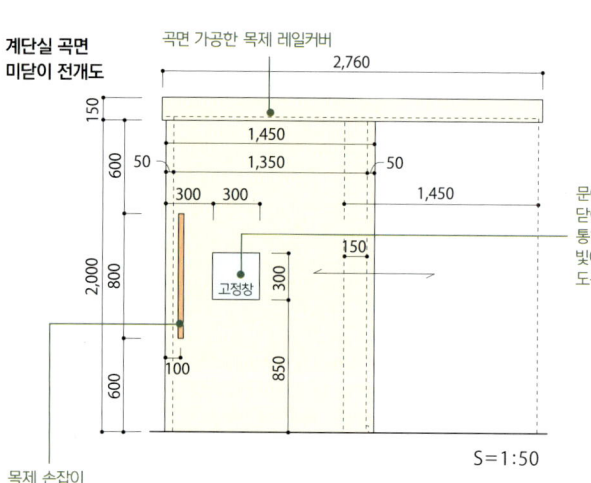

곡면 가공한 목제 레일커버

150 / 2,760 / 600 / 50 / 1,450 / 1,350 / 50 / 300 / 300 / 1,450 / 2,000 / 800 / 150 / 300 / 고정창 / 600 / 100 / 850

S=1:50

목제 손잡이

문이 닫혔을 때도 미닫이에 낸 유리창을 통해 계단실 천창의 빛이 실내로 전달되도록 했다.

계단실 곡면 미닫이 상세도

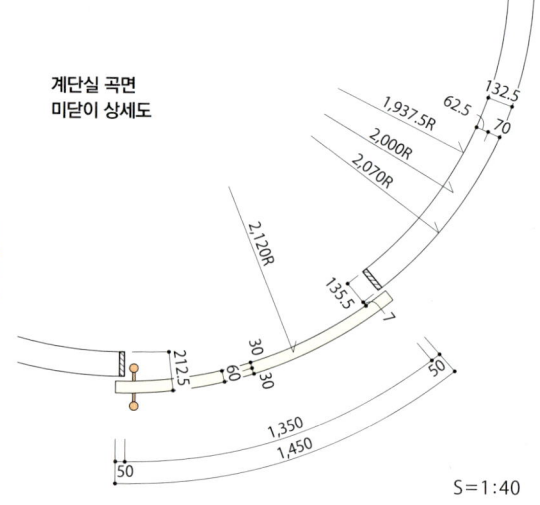

132.5 / 62.5 / 70 / 1,937.5R / 2,000R / 2,070R / 2,120R / 135.5 / 30 / 30 / 60 / 212.5 / 50 / 1,350 / 1,450 / 7 / 50

S=1:40

공용 거실과 부모 가구 식당·주방 사이의 미닫이 전개도

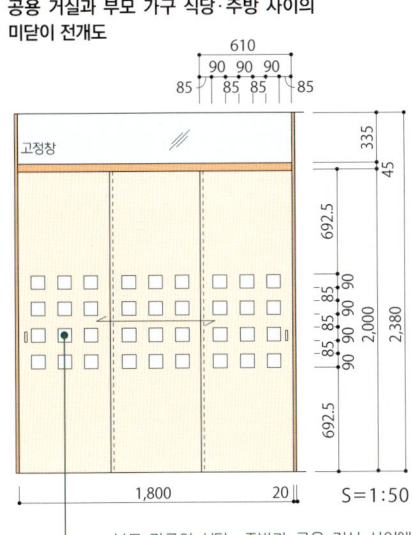

고정창

610
90 90 90
85 85 85 85

335
45
692.5
2,000
2,380
85 85 85 90
85 90 90 90
85 90 90 90
692.5

1,800   20
S=1:50

부모 가구의 식당·주방과 공용 거실 사이에 설치된 미닫이 세 짝. 각각 유리가 끼워져 있다.

공용 거실과 부모 가구의 식당·주방, 침실. 미닫이문을 통해 시선은 차단하고 기척만 전달하도록 했다.

가족의 기척을 전달하기 위해 미닫이문 위의 통풍창에 유리를 끼워 거실과 침실의 천장을 하나로 연결했다. 미닫이에는 작은 유리창을 내서 밝은 빛이 실내로 전달되도록 했다. [오기쓰 이쿠오]

공간을 구분하기 위한 미닫이 여섯 짝. 사진에 보이는 곳이 침실, 미닫이 뒤쪽이 식당·주방과 방이다.

부모 가구의 침실과 식당·주방 사이의 미닫이 전개도

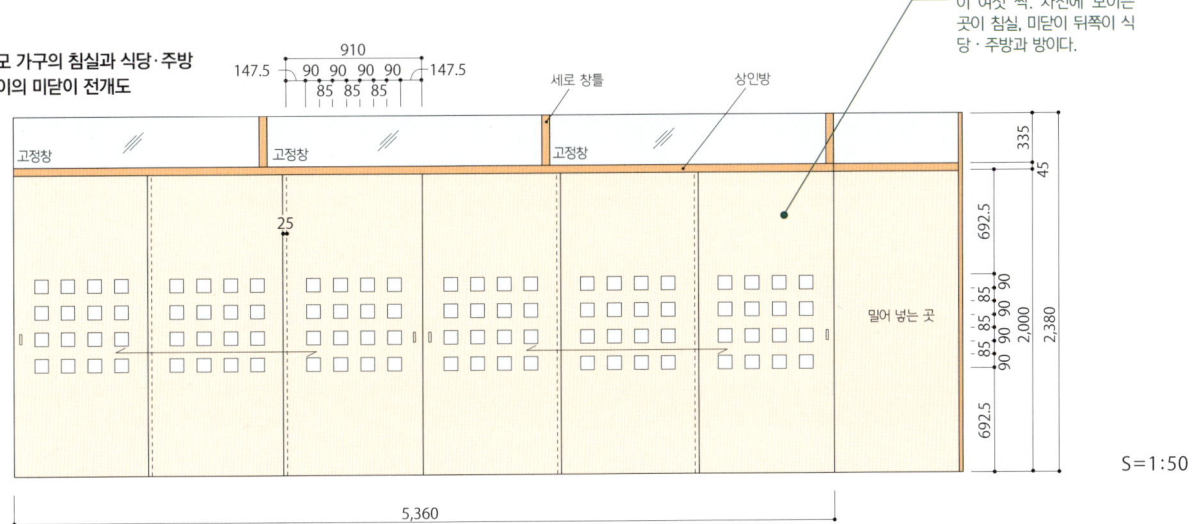

910
147.5 90 90 90 90 147.5
85 85 85

세로 창틀   상인방

고정창   고정창   고정창

25

밀어 넣는 곳

335
45
692.5
2,000
2,380
85 85
85 90 90 90
85 90 90 90
85 90 90 90
692.5

5,360

S=1:50

상부 고정창과 원통형 계단실 상세도

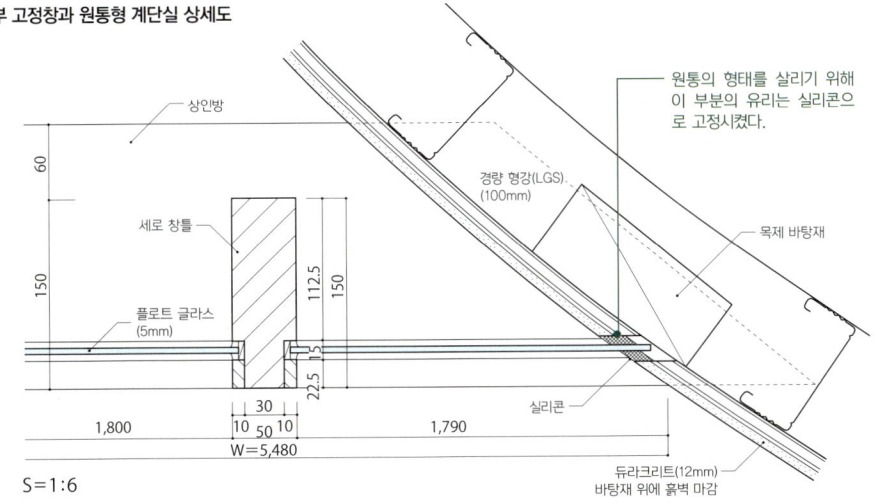

상인방

원통의 형태를 살리기 위해 이 부분의 유리는 실리콘으로 고정시켰다.

경량 형강(LGS) (100mm)

목제 바탕재

세로 창틀

60
150
112.5 150
22.5 15

플로트 글라스 (5mm)

실리콘

1,800   30   1,790
10 50 10
W=5,480

듀라크리트(12mm) 바탕재 위에 흙벽 마감

S=1:6

자녀 가구의 주방에서 부모 가구의 침실 쪽을 바라본 모습. 천장 밑 유리 통풍창과 미닫이의 작은 창을 통해 기척이 전달된다.

옷장 선반은 칸막이가 있으면 더 불편하다

작은 집일 경우, 가구를 줄이기 위해 드레스 룸을 크게 설치하는 경우가 많다. 그럴 때는 드레스 룸을 방과 방 사이에 설치하거나 한쪽으로 들어와 다른 쪽으로 나갈 수 있게 만드는 것이 좋다. 또 옷장 내 선반은 칸이 나뉘어 있으면 오히려 불편하므로 서랍장처럼 막힌 형태로 만들지 말고 개방형으로 설치하는 것이 좋다. 행거봉은 손이 닿는 높이인 약 1.8m 높이에 설치하는 것이 보통이다. 그러므로 행거봉 상부의 자투리 공간에도 선반을 달아 수납공간을 최대한 확보하자.

[스즈키 노부히로]

약 2~2.5평의 옷장. 방의 천장이 높아서 수납공간이 넉넉하다. 행거봉의 총 길이도 5m나 된다. 상단에는 여행가방 등 큰 물건을 수납할 수 있다.

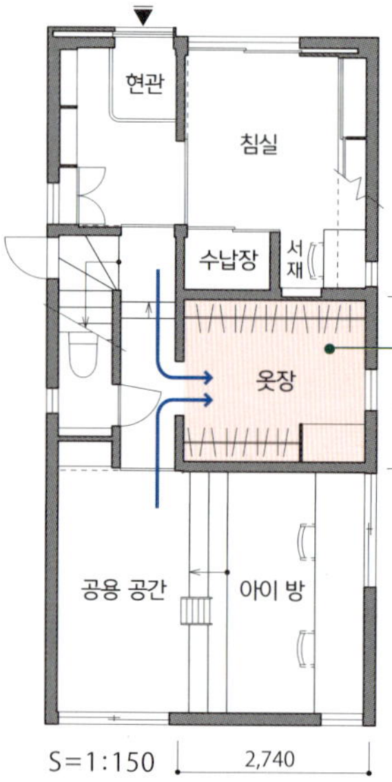

옷장 평면도

현관
침실
수납장
서재
옷장
2,490
공용 공간
아이 방

S=1:150
2,740

옷장 평면도

아이 방
2,730
옷장
벽장
침실
2,770

S=1:150

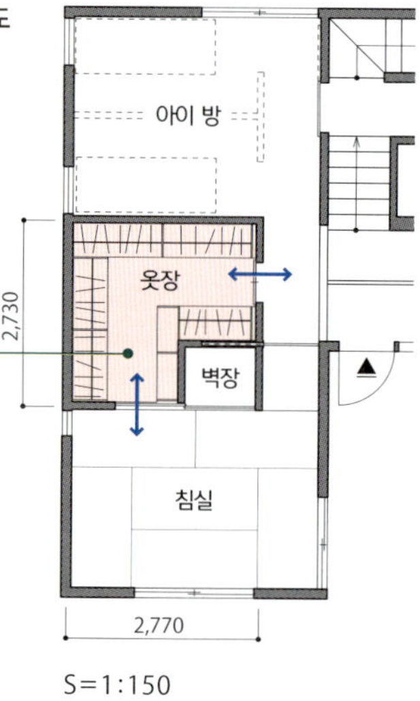

온 가족의 수납공간. 복도와 침실 양쪽에서 출입할 수 있도록 했다.

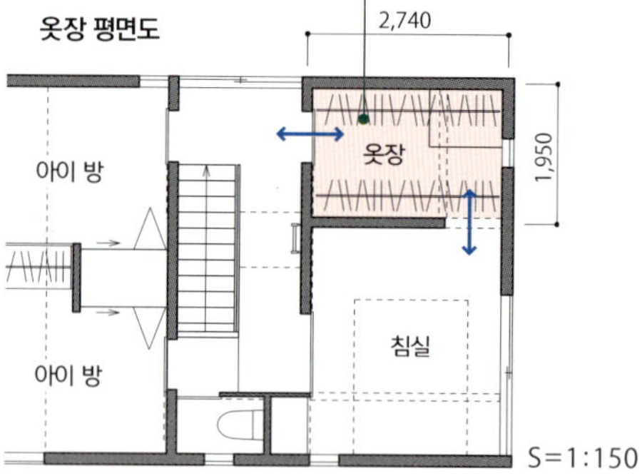

꽤 높고 넓은 드레스 룸을 부부 침실과 아이 방 사이에 설치했다. 행거봉 위에는 잡화를 수납할 수 있는 선반이 있다.

막다른 공간이 없도록 사람이 통과할 수 있게 만들면 더욱 편리하다.

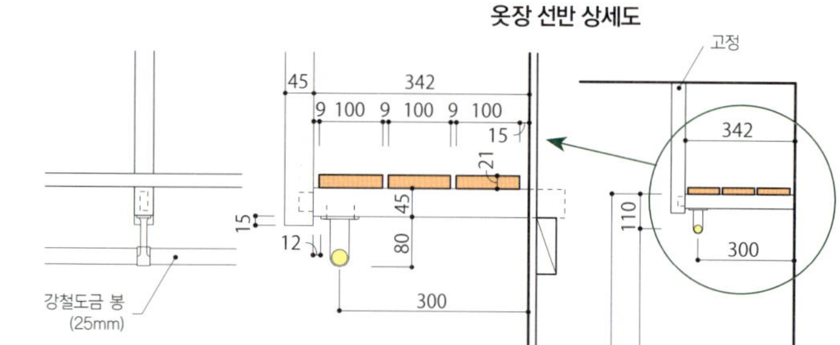

옷장 평면도

2,740
아이 방
옷장
1,950
아이 방
침실

S=1:150

옷장 선반 상세도

고정
45 342
9 100 9 100 9 100
15
21
15
45
12 80
강철도금 봉 (25mm)
300
342
110
300
1,845
1,735

S=1:15

S=1:30

칸막이가 없어서 큰 물건까지 수납할 수 있다. 목수가 현장에서 바로 제작할 수 있는 형태를 선택했다.

받침목을 선반 밑에 설치하고 행거봉을 직접 고정한 것. 형태는 목수와 상담하여 결정했다.

CASE 2

성공적인 2가구 주택을 만들기 위한 포인트

가족과 함께 하는 공간은 즐거워야 한다

이상적으로 말하면 집에서 가족들이 모여 즐겁고 유쾌한 시간을 보내기 위해 공간의 논리적 관계성을 따질 필요는 없다. 생활 자체가 '혈연'이라는 행복한 관계 위해 성립되어 있으니 말이다. 그러나 이상과 달리 현실에서는 1가구 주택이든 2가구 주택이든 가족과 조금은 거리를 두고 싶은 순간이 반드시 있다. 일상이란 그런 것이다. 그러므로 공동생활 공간에는 그럴 때를 위한 대비책이 있어야 한다.

IDEA 15

지붕을 뜯어내서 만든 옥상 발코니

경사지붕을 뜯어내 바닥을 만들고 섬유 강화 플라스틱(FRP)으로 방수처리를 한 옥상 발코니. 주택의 지붕은 거의 이런 식으로 하늘을 향해 열려 있으니 조망과 바깥 공기를 즐기고 싶다면 누구나 간단하게 이런 야외 공간을 만들 수 있다. 식탁과 의자는 집을 짓고 남은 노송, 화백나무 목재로 만들었다.

[노구치 다이시]

지붕을 뜯어내서 만든 옥상 발코니. 확 트인 시야와 넓게 펼쳐진 하늘을 보면 마음이 시원해진다.

옥상 발코니 단면도

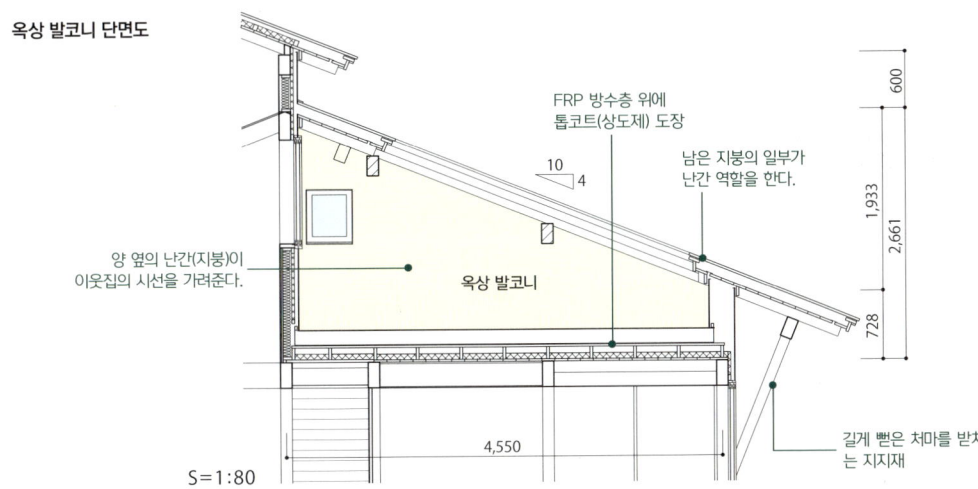

FRP 방수층 위에 톱코트(상도제) 도장

남은 지붕의 일부가 난간 역할을 한다.

양 옆의 난간(지붕)이 이웃집의 시선을 가려준다.

옥상 발코니

길게 뻗은 처마를 받치는 지지재

600
1,933
2,661
728

4,550

S=1:80

IDEA 16

ㅁ자 모양의 건물로 둘러싸인 중정은 2가구 공용의 야외 거실

거실에는 약 15평 정도의 널찍한 데크가 포함된 중정이 이어져 있다. 이 중정은 사방이 건물로 둘러싸여 있어서 타인의 시선에서 자유로운 반 외부공간이다. 중정을 바라보는 실내 쪽 공간에서도 외부의 시선을 의식하여 블라인드를 칠 필요가 없으므로 항상 외부를 향해 열려 있다는 개방감을 만끽할 수 있다. [도요타 사토루]

중정 입면도

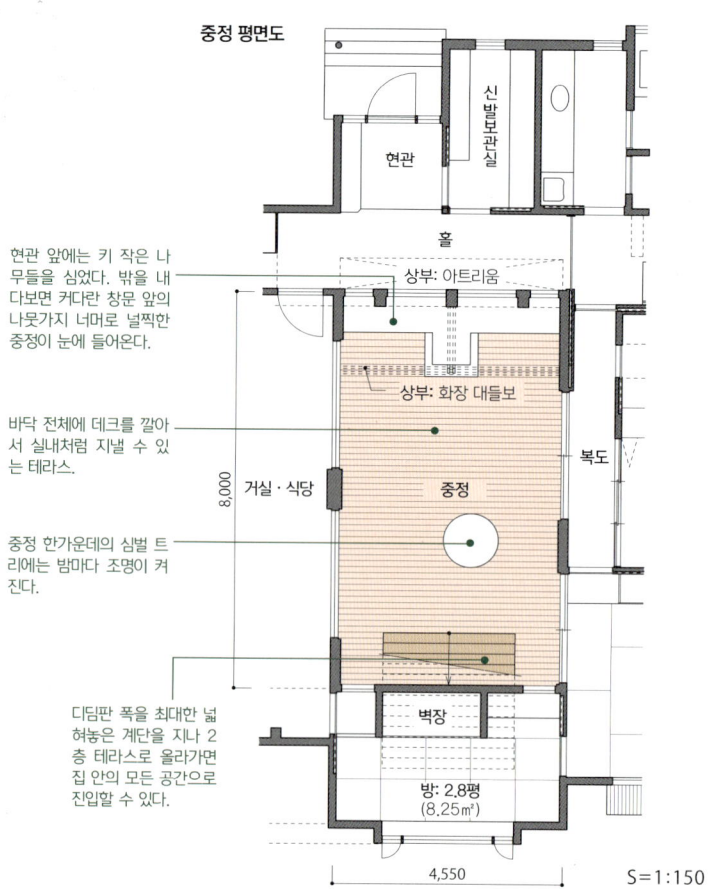

최고 높이
2,702
다락층
2,600
2층
2,850
1층
500
지하층
182
8,834
평균 대지높이

고정창 고정창
방 벽장 중정

S=1:120

방의 지붕인 옥상 테라스에서는 중정 전체를 내려다볼 수 있다. 밤이 되면 실내의 불빛이 은은하게 새어나오는 따스한 풍경에 마음이 편안해진다.

현관 쪽에서 바라보면 폭이 넓은 계단 위에는 스테이지 같은 루프 테라스가 있어 시선은 하늘로 빠져나간다.

중정 평면도

현관
신발보관실
홀
상부: 아트리움
상부: 화장 대들보
중정
복도
거실 · 식당
8,000
벽장
방: 2.8평 (8.25㎡)
4,550
S=1:150

현관 앞에는 키 작은 나무들을 심었다. 밖을 내다보면 커다란 창문 앞의 나뭇가지 너머로 널찍한 중정이 눈에 들어온다.

바닥 전체에 데크를 깔아서 실내처럼 지낼 수 있는 테라스.

중정 한가운데의 심벌 트리에는 밤마다 조명이 켜진다.

디딤판 폭을 최대한 넓혀놓은 계단을 지나 2층 테라스로 올라가면 집 안의 모든 공간으로 진입할 수 있다.

IDEA 17
간접조명이지만
어둡게 느껴지지 않도록 한다

간접조명은 빛을 어딘가에 반사시켜 공간을 밝히는 방식인데, 조명을 어떻게 설치하느냐에 따라 그 효과는 천차만별이다. 간접조명을 설치할 경우 조명기구와 천장 사이에는 최소 40cm의 거리가 확보되어 있어야 한다. 이때 만약 60cm 정도의 거리를 확보하면 천장을 반경 3m까지 밝힐 수 있다. 이런 조명을 설치하려면 창 높이를 낮춘 다음 상인방에 조명기구를 매립하면 된다. 여기에 추가로 천장에 소형 매립등을 설치하면 방 전체가 밝아질 것이다. [스즈키 노부히로]

상인방 안에 형광등을 가로로 배열한 간접조명. 간접조명은 어둠을 밝힐 뿐만 아니라 공간을 넓어 보이게 한다. 위 사진(불을 켰을 때)과 아래 사진(불을 껐을 때)을 보면 그 차이를 확연히 알 수 있다.

거실·식당 단면도

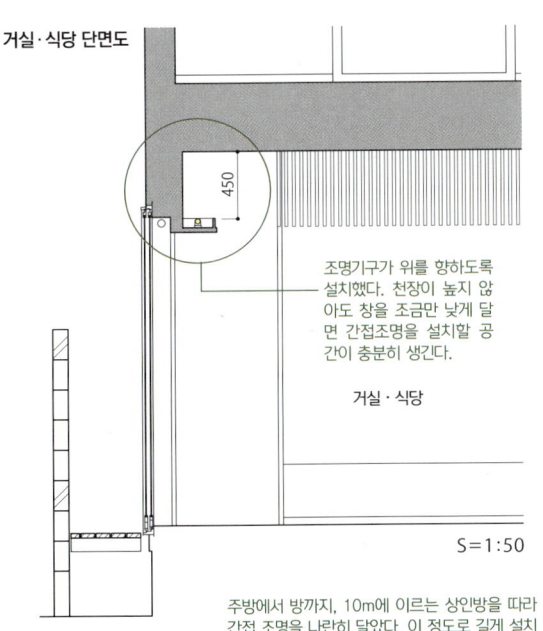

450

조명기구가 위를 향하도록 설치했다. 천장이 높지 않아도 창을 조금만 낮게 달면 간접조명을 설치할 공간이 충분히 생긴다.

거실 · 식당

S=1:50

간접조명 상세도

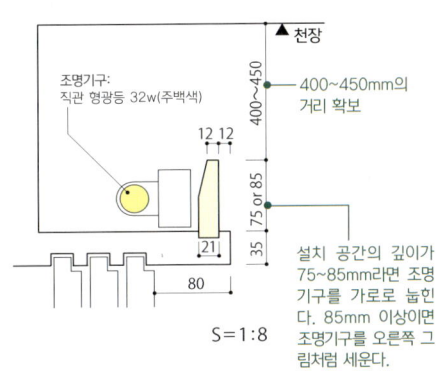

조명기구:
직관 형광등 32w(주백색)

▲ 천장

400~450
● 400~450mm의 거리 확보

12 12

75 or 85

35

21

80

설치 공간의 깊이가 75~85mm라면 조명기구를 가로로 눕힌다. 85mm 이상이면 조명기구를 오른쪽 그림처럼 세운다.

S=1:8

주방에서 방까지 벽을 따라 간접조명을 설치했다.

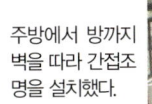

주방에서 방까지, 10m에 이르는 상인방을 따라 간접 조명을 나란히 달았다. 이 정도로 길게 설치하면 방 전체를 충분히 밝힐 수 있다.

1층 평면도

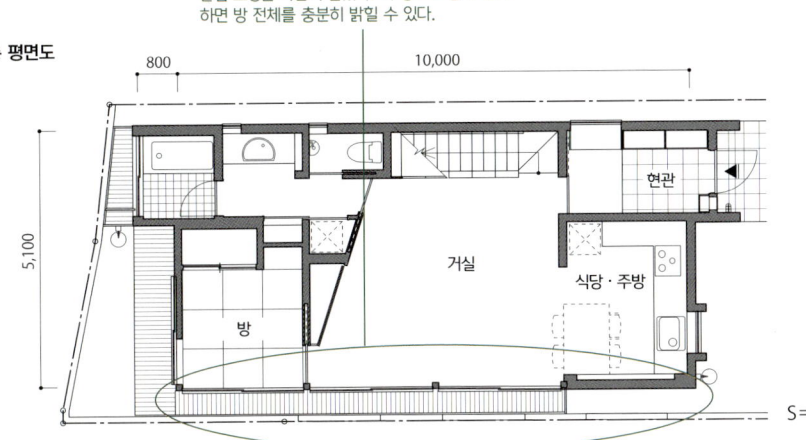

800
10,000
5,100

현관
거실
식당·주방
방

S=1:150

욕실 전용의 작은 정원과 나무 울타리

IDEA 18

부지 면적에 여유가 있어 욕실 앞에 작은 정원을 만들었다. 이 정원에는 울타리를 설치하고, 욕실 창에는 처마를 달아서 주변 시선을 차단했다. 또한 욕실과 작은 정원 사이에는 새시 없는 고정창을 설치하여 번잡한 프레임이 눈에 거슬리지 않도록 하고 욕실 상부에는 환기를 위해 안쪽으로 당겨서 여는 고창을 설치했다. [기타가와 히로키]

욕조 안에 앉아 있는 사람의 눈높이에 맞춰 창을 설치했다.

욕실과 중정 평면도

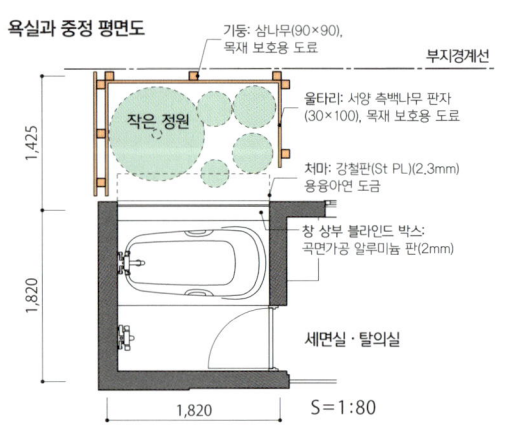

기둥: 삼나무(90×90), 목재 보호용 도료

부지경계선

울타리: 서양 측백나무 판자 (30×100), 목재 보호용 도료

처마: 강철판(St PL)(2.3mm) 용융아연 도금

창 상부 블라인드 박스: 곡면가공 알루미늄 판(2mm)

작은 정원

1,425

1,820

세면실·탈의실

1,820   S=1:80

욕실과 작은 정원 상세도

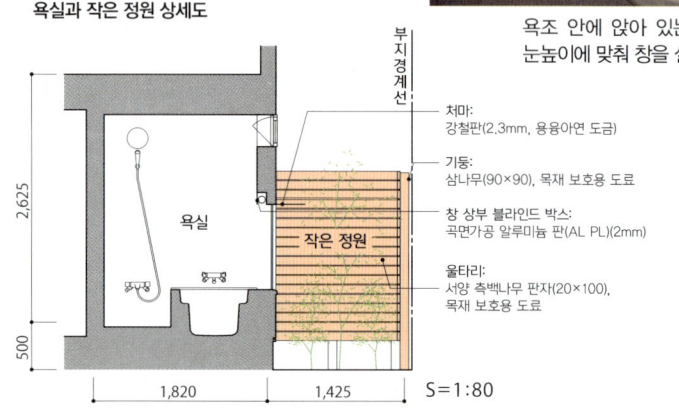

부지경계선

처마: 강철판(2.3mm, 용융아연 도금)

기둥: 삼나무(90×90), 목재 보호용 도료

창 상부 블라인드 박스: 곡면가공 알루미늄 판(AL PL)(2mm)

울타리: 서양 측백나무 판자(20×100), 목재 보호용 도료

2,625

500

욕실

작은 정원

1,820   1,425   S=1:80

노천욕을 하는 듯한 기분을 즐길 수 있도록 완전히 열리는 창을 만든다

IDEA 19

남쪽에 펼쳐진 아름다운 숲이 보이는 욕실이다. 보행로와의 사이에 큰 높낮이 차가 있어서 외부의 시선은 신경 쓰지 않아도 된다. 그래서 노천욕 기분을 즐길 수 있도록 완전히 열리는 창을 선택했다. 당시에 외짝 미닫이 새시를 구하지 못해서 두 짝 미닫이 새시를 개조하여 설치했다. [기타가와 히로키]

욕실 입면도

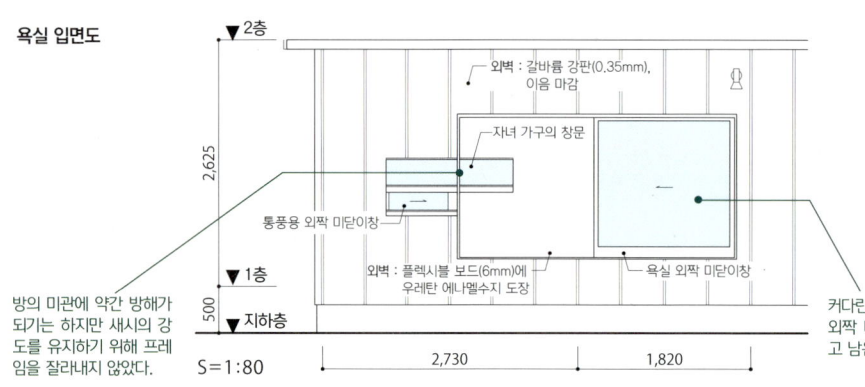

▼2층

외벽: 갈바륨 강판(0.35mm), 이음 마감

자녀 가구의 창문

통풍용 외짝 미닫이창

▼1층

외벽 : 플렉시블 보드(6mm)에 우레탄 에나멜수지 도장

욕실 외짝 미닫이창

▼지하층

2,625

500

방의 미관에 약간 방해가 되기는 하지만 새시의 강도를 유지하기 위해 프레임을 잘라내지 않았다.

S=1:80   2,730   1,820

창을 완전히 열었을 때의 모습. 눈앞에 펼쳐진 푸르른 숲을 바라보며 입욕을 즐길 수 있다.

커다란 두 짝 알루미늄 새시를 개조해서 만든 외짝 미닫이 새시. 옆쪽 벽에는 유리를 철거하고 남은 새시의 프레임을 그대로 남겼다.

IDEA 20
자녀 가구의 거실에는 홈시어터를 설치한다

연립 형식의 완전 분리형 2가구 주택이지만, 건물 중앙에 있는 자녀 가구의 거실에서는 온 가족이 함께 모여 영화를 감상할 수 있다. 정원 쪽의 큰 창 상부에 설치된 전동 스크린에 식당 천장 위 구멍에 설치한 영사기의 영상을 영사하면 거실은 훌륭한 영화관이 된다. 영사기는 2층 서재에서 리모컨으로 조작할 수 있다. [오기쓰 이쿠오]

계단 위층 왼쪽이 서재. 여기서 리모컨으로 영사기를 조작한다. 영사기는 식당 천장 위 즉 사진 정면에 보이는 2개의 스포트라이트 밑 작은 구멍 안에 설치되어 있다.

전동 스크린을 내리면 거실 아트리움이 영화관으로 변신한다. 오른쪽 벽 상부에는 천장을 비추는 간접조명이 나란히 설치되어 있다.

오른쪽 문을 열면 자녀 가구의 현관홀이 나온다. 여기서 사진기가 있는 쪽으로 돌아서면 부모 가구로 통하는 문이 있다. 사진처럼 접이식 창문을 열면 2층 서재에서도 영화를 볼 수 있다.

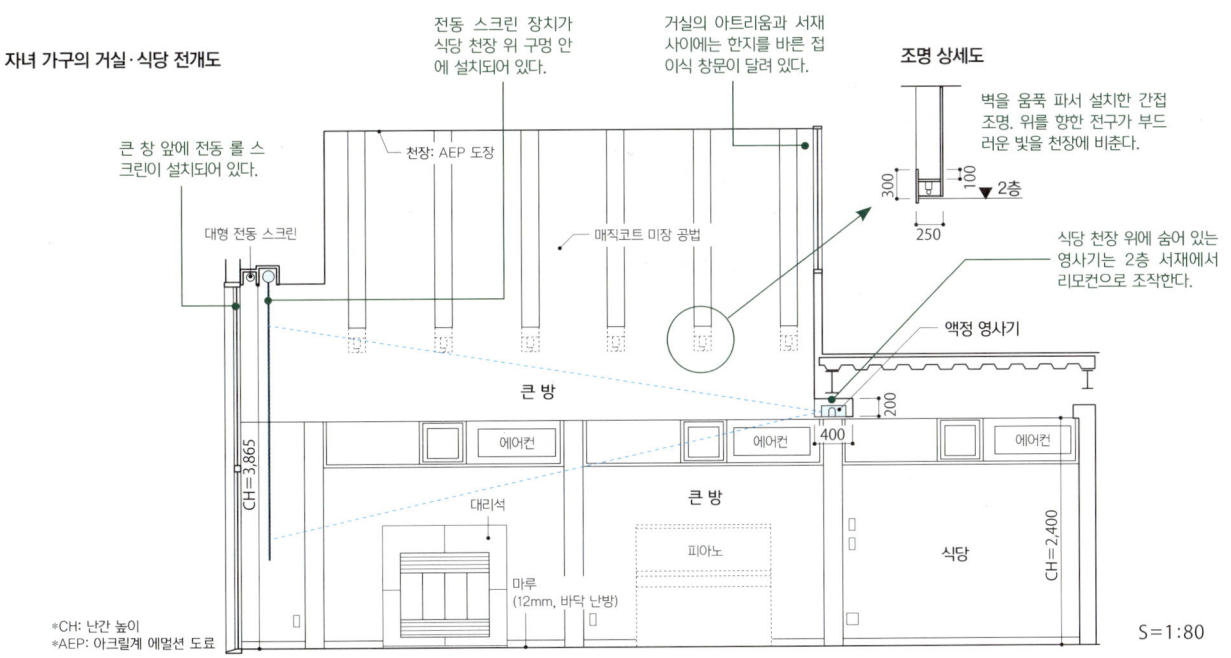

자녀 가구의 거실·식당 전개도

전동 스크린 장치가 식당 천장 위 구멍 안에 설치되어 있다.

거실의 아트리움과 서재 사이에는 한지를 바른 접이식 창문이 달려 있다.

조명 상세도

벽을 움푹 파서 설치한 간접 조명. 위를 향한 전구가 부드러운 빛을 천장에 비춘다.

큰 창 앞에 전동 롤 스크린이 설치되어 있다.

천장: AEP 도장

매직코트 미장 공법

식당 천장 위에 숨어 있는 영사기는 2층 서재에서 리모컨으로 조작한다.

대형 전동 스크린

액정 영사기

에어컨

에어컨

에어컨

큰 방

큰 방

식당

대리석

피아노

마루
(12mm, 바닥 난방)

CH=3,865

CH=2,400

300 | 100 | 2층
250

200

400

*CH: 난간 높이
*AEP: 아크릴계 에멀션 도료

S=1:80

아이 방을 줄이는 대신
가족실에 나머지 기능을 집중시킨다

세 아이의 방은 침대와 개인용 책상이 겨우 들어갈 정도의 크기로 줄이고 각자의 옷장과 책장, 컴퓨터 책상과 긴 의자는 입구 쪽 가족실과 복도에 모아 놓았다. 또한 아래층 거실에서 오른쪽 계단을 통해 올라온 따뜻한 공기를 맨 뒤쪽 아이 방 구석의 덕트를 통해 아래층으로 내려 보내는 온기 순환 시스템을 통해 난방 문제도 해결했다. [노구치 다이시]

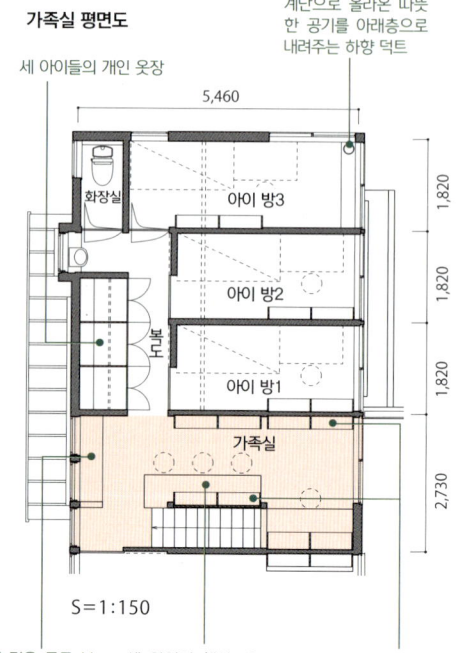

가족실 평면도

세 아이들의 개인 옷장

계단으로 올라온 따뜻한 공기를 아래층으로 내려주는 하향 덕트

5,460

화장실

아이 방3

1,820

아이 방2

1,820

복도

아이 방1

1,820

가족실

2,730

S=1:150

아이 방과 가족실 사이의 벽면 전체와 책상 위쪽에 책장을 설치했다. 단, 이렇게 공간을 효율적으로 활용하면서도 책상에 앉았을 때 답답한 느낌이 들지 않도록 책상 바로 앞의 아트리움을 향해 뚫린 채로 두었다.

긴 의자 밑은 문구 보관함으로 활용한다.

세 아이의 책상. 오른쪽(남쪽)에는 아버지의 책상이 있다.

아이 방 쪽 벽면 전체와 공용 책상 위쪽에 책장을 설치했다. 이때 벽면 책장은 들보에 닿을 정도로 높게, 책상 위 책장은 의자에 앉았을 때 아트리움 쪽으로 시선이 빠져나가도록 가운데를 비워 놓고 설치했다.

가족실을 계단실과 연결하여
개방적인 공간으로 만든다

2평 정도의 좁은 공간이지만, 앞쪽 계단실과 복도까지 하나로 이어져 있어 답답하게 느껴지지 않는다. 계단참에 낸 커다란 창으로는 빛과 바람도 들어오고 멋진 경치도 보인다. 또한 계단참에서는 계단의 아트리움을 통해 아래층의 가족과 대화도 할 수 있다. 모두 공용 공간의 난방 문제를 해결한 덕분에 가능해진 일이다. [노구치 다이시]

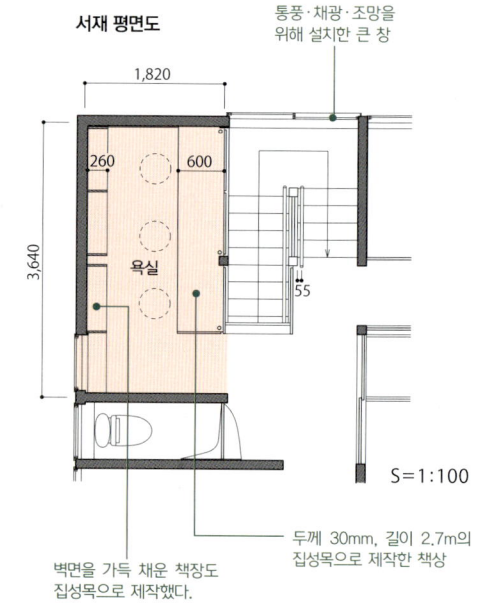

서재 평면도

통풍·채광·조망을 위해 설치한 큰 창

1,820

260   600

3,640

욕실

55

S=1:100

두께 30mm, 길이 2.7m의 집성목으로 제작한 책상

벽면을 가득 채운 책장도 집성목으로 제작했다.

공용 책상을 24mm 두께의 집성목 칸막이로 둘러싸서 서재와 계단실을 구분했다. 계단실 창으로 산딸나무를 볼 수 있어 서재에 있으면서도 자연을 즐길 수 있는 설계다.

빛과 경치를 즐기기 위해
층마다 창 모양을 다르게 한다

멀리 뻗은 도로 쪽이 보이는 2층 남서쪽 모퉁이에 큰 창을 설치하고 그 외 부분에는 주변의 시선을
고려하여 고창과 작은 창을 설치했다. 또한 1층 남쪽에는 출입창을 설치하여 나무로 둘러싸인 정
원을 마음껏 즐길 수 있게 했다. [기타가와 히로키]

2층 남서쪽 모퉁이의 창에는 고정창과 통풍용 목제 프로젝트 창이 조합
되어 있다. 오른쪽에는 침실의 고창이 보인다.

창밖으로 초록이 무성한 남쪽 정원이 보인다. 사진기가 있는 곳의 예비
실은 나중에 둘로 나누어 아이들 방으로 쓸 예정이다.

단면도

도로를 따라 멀리까
지 뻗어나가는 시선 :
모퉁이에 위치한 부
지의 장점을 살려, 시
선이 가는 방향에 큰
창문을 냈다.

정원을 향하는 시선 :
방에 앉은 사람의 눈높
이에 맞춰 고정창과 통
풍창을 설치했다.

거실·식당

고정창

고정창

침실

정원

고정창

1,820

단면도

하늘로 빠져나가는 시선:
고창은 주변 시선을 차단하
면서 햇빛과 바람을 끌어들
이고 실내에 있는 사람이 하
늘을 바라볼 수 있게 한다.

유리 난간:
고창으로 들어온 빛을
다른 방으로 전달한다.

정원을 향한 시선:
1층 거실의 출입창을
통해 나무가 가득한
정원으로 자유롭게
출입할 수 있다.

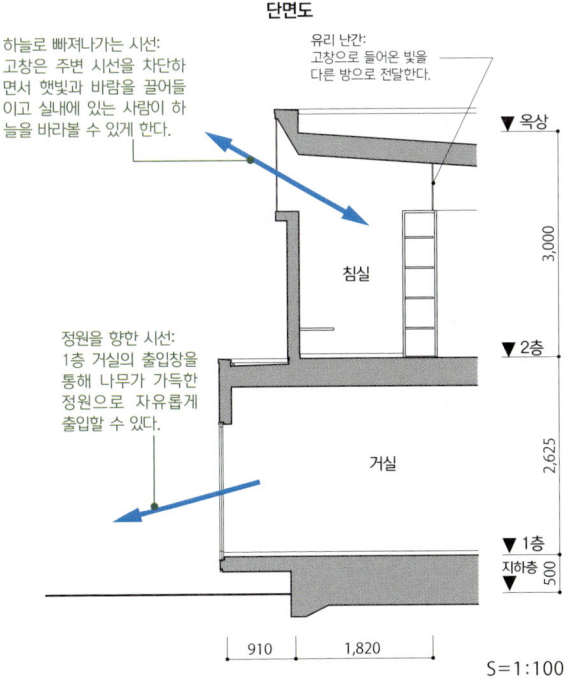

▼ 옥상

침실

3,000

▼ 2층

거실

2,625

▼ 1층
▼ 지하층

500

910 1,820

S=1:100

IDEA 24 개방형 계단이 만들어 낸 새로운 실내 풍경

다락을 빼면 26평 정도밖에 안 되는 작은 집이다. 따라서 거실과 식당은 채광과 통풍이 원활한 2층에 배치하고 계단은 공간 효율을 생각하여 중앙에 두었다. 그리고 이 계단을 사방으로 뚫린 개방형으로 만들어 인테리어 요소로 활용하여 좁은 집에 흔하지 않은 확장감이 느껴지도록 했다. 조망이 좋지 않은 지역인 만큼 실내 자체가 풍경이 되도록 한 설계다. [노구치 다이시]

개방형 계단을 중앙에 배치하여 인테리어 효과를 주었다.

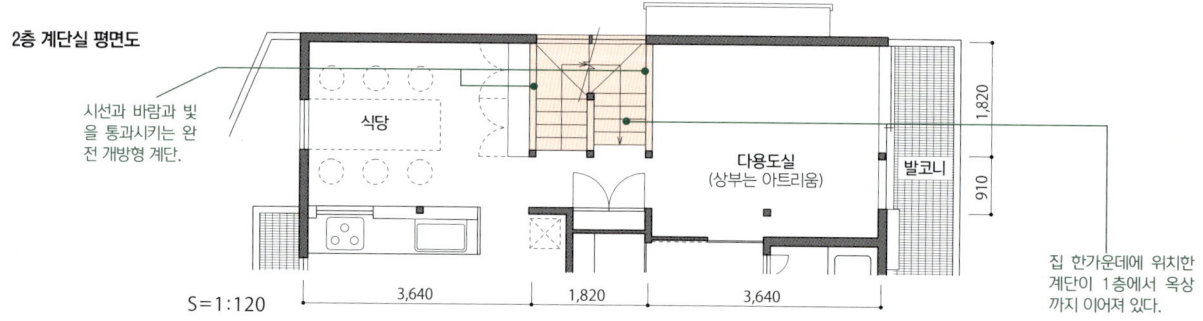

2층 계단실 평면도

시선과 바람과 빛을 통과시키는 완전 개방형 계단.

식당

다용도실 (상부는 아트리움)

발코니

S=1:120

3,640　1,820　3,640

1,820

910

집 한가운데에 위치한 계단이 1층에서 옥상까지 이어져 있다.

IDEA 25 방과 다락을 다용도로 활용한다

문을 열면 거실과 하나로 합쳐져 많은 사람이 모이는 손님방이 되고, 문을 닫으면 오랜만에 방문한 가족이나 손님이 머물 침실이 되는 등 방은 그 용도가 다양하다. 사다리가 놓인 다락 역시 서재, 취미실, 아이 놀이방, 또는 미래의 아이 방으로 다양하게 활용할 수 있다. [기타가와 히로키]

정면에 벽장이 보인다. 사다리 위 다락의 면적은 2평 정도. 사다리 왼쪽에 숨어 있는 미닫이 네 짝을 당겨서 닫으면 거실과 방이 분리된다.

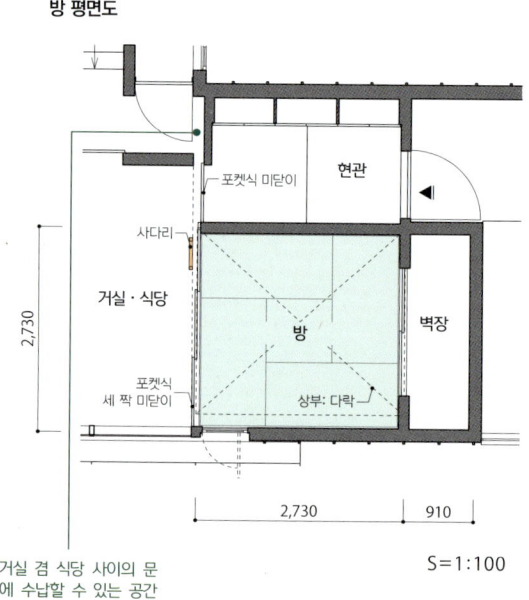

방 평면도

포켓식 미닫이

현관

사다리

거실·식당

방

벽장

포켓식 세 짝 미닫이

상부: 다락

2,730

2,730　910

거실 겸 식당 사이의 문에 수납할 수 있는 공간을 마련했다.

S=1:100

IDEA 26

청소하기 간편하면서도
그윽한 나무 향을 풍기는 욕실

청소하기 간편하다는 이유로 유닛 배스를 설치하려는 사람이 많은데, 그래도 모처럼 집을 새로 짓는 김에 유닛 배스를 설치하되 위쪽 벽만 타일과 노송으로 마감하는 것을 권할 때가 많다. 단, 마감재가 오래 가려면 곰팡이가 피지 않도록 채광과 통풍에 유의하고 창 크기도 신중하게 정해야 한다. [스즈키 노부히로]

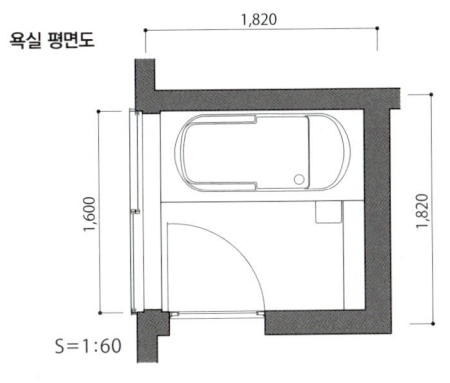

욕실 평면도

1,820

1,600

1,820

S=1:60

욕실은 가능하면 남향이 좋다. 또 환기를 위해서는 적어도 0.5㎡ 이상 크기의 창이 필요하다. 이때 환기창 두 개를 대각선으로 내면 더 좋다.

욕실 창 단면도

1,820

환기 팬

1,600

2,150

1,100

239 39
250 28

1,820
1,600

1,100

S=1:60

부식을 방지하기 위해 욕조에 가까운 창문은 틀을 생략하고 욕조 옆 벽은 타일로 마감했다.

욕실 창 상세도

12
12.5 12

78

12 12.5
12

1,100

83

200

200
200

200 20

12.5 5.5
12

S=1:20

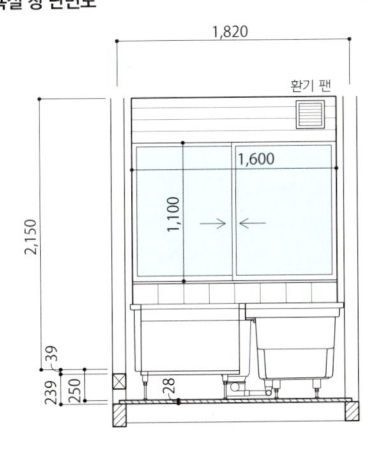

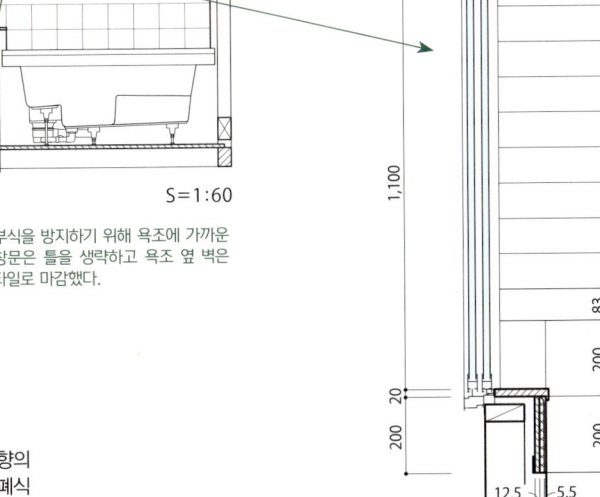

채광과 통풍을 위해 북향의 작은 루버창과 함께 개폐식 천창을 설치했다. 욕실 벽에 사용한 노송은 그윽한 향기와 부드러운 촉감뿐만 아니라 뛰어난 내수성, 내구성을 자랑하는 욕실 마감재다.

CASE 3

성공적인 2가구 주택을 만들기 위한 포인트

서로 도움을 주고받기에 편리한 공간을 만들자

집 짓기는 외형의 편안함뿐만 아니라 가족의 개별적인 생활을 존중하는 것에서 출발한다. 조부모, 부모, 자녀 3대가 함께 하는 2가구 주택 설계에서 중요한 포인트 중 하나는 세월이 지남에 따라 변화되는 가족 구성원의 생활양식을 반영할 수 있도록 상황에 따라 변용 가능한 효율적인 공간을 만드는 것이다.

IDEA 27

화장실 너비가 1 ~ 1.2m는 되어야 청소와 부축이 쉽다

화장실 너비의 기준은 대개 80cm로 정해져 있다. 그보다 넓으면 벽에 설치한 손잡이에 손이 잘 닿지 않기 때문이다. 그러나 이 정도 너비는 청소하는 사람에게는 상당히 좁을 뿐만 아니라 부축하는 사람은 도저히 들어갈 수 없는 너비다. 따라서 청소와 부축을 고려한다면 너비가 1~1.2m는 되어야 한다. [스즈키 노부히로]

화장실 평면도 1

화장실 내부의 너비는 1.1m. 변기 뒤쪽에 여유 공간이 있어서 수납장을 설치했다.

식품창고

욕실

세면실

옷장

1,820

1,260

S=1:100

화장실 평면도 2

현관

세면실

1,680

1,335

S=1:100

화장실 내부의 너비를 1.2m로 설계했다. 그리고 바닥은 300×300mm 타일로 마감했다. 이 정도면 청소하기 쉬울 뿐만 아니라 책장을 넣고도 남을 만큼 여유로운 면적이다.

나중에 손잡이 스탠드를 바닥에 설치할 생각으로 넓은 너비를 확보한 화장실. 아래쪽 벽은 청소하기 쉬운 천연목 화장합판으로 마감했다.

IDEA 28

부모에게 간호가 필요해지면 거실 한쪽을 이용할 수 있게 한다

거실에 연결된 방은 손님방이나 예비실로도 쓰이지만 부모가 몸져누워 간호가 필요할 때 간호실로 사용하기에 무척 편리하다. 고령자는 가족과 같은 공간에 있어야 안심이 되기 때문이다. 또한 이런 방은 칸막이로 방 안 모습을 가릴 수 있게 하는 것도 중요하다. [스즈키 노부히로]

간호실 평면도 1

1,840
3,650
2,730
3,260
S=1:150

방
현관
수납장
아내의 방
식품창고
식당·주방

지금은 거실의 일부로 사용하고 있지만, 나중에 간호가 필요해질 경우를 대비하여 이곳에 배치한 방. 고령자는 가족과 같은 공간에 있어야 안심하고 편히 지낼 수 있다.

간호실 평면도 2

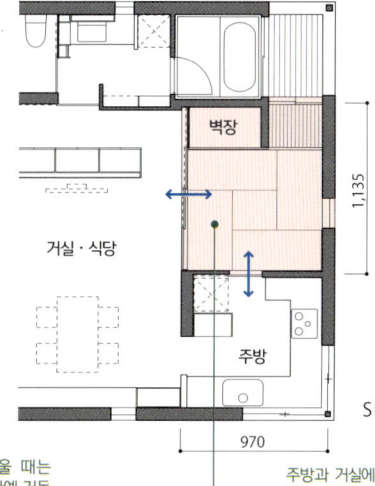

벽장
거실·식당
주방
1,135
970
S=1:150

부모의 증상이 가벼울 때는 식당 옆도 괜찮지만 아예 거동을 못 하는 상태라면 세면실과 욕실이 가까운 곳에 모셔야 간호가 편하다. 이러한 불확실한 미래에 미리 대비하자.

주방과 거실에서 이어지는 예비실은 필요하면 칸막이로 분리할 수 있다. 평소에는 활짝 열어놓는다.

간호실 평면도 4

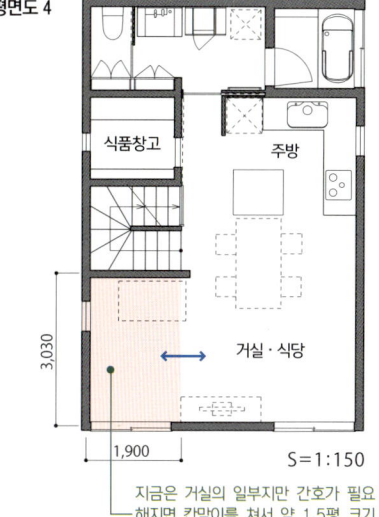

식품창고
주방
거실·식당
3,030
1,900
S=1:150

간호실 평면도 3

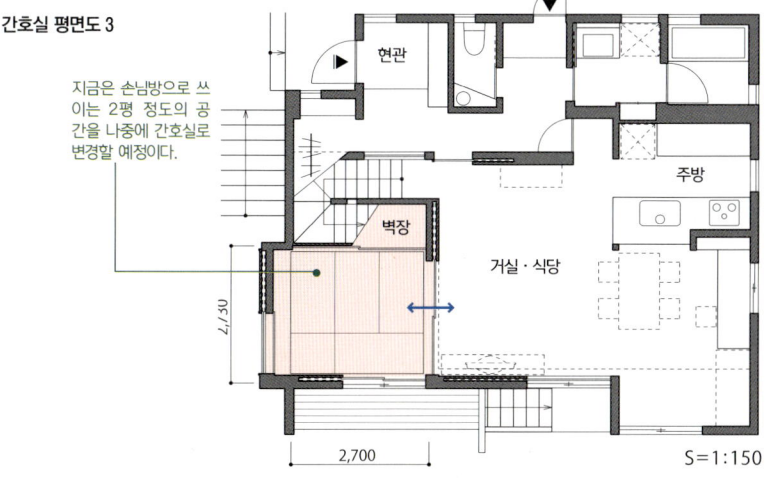

지금은 손님방으로 쓰이는 2평 정도의 공간을 나중에 간호실로 변경할 예정이다.

현관
벽장
주방
거실·식당
2,730
2,700
S=1:150

지금은 거실의 일부지만 간호가 필요해지면 칸막이를 쳐서 약 1.5평 크기의 방으로 만들 수 있다.

IDEA 29

휴양지 분위기의
무장애 주택

경사로에 위치한 집이라 부지 높이가 앞쪽 도로보다 낮다. 그래서
도로와 같은 높이의 2층에 출입구와 거실·식당·주방, 부모 가구의
공간을 배치했다. 더불어 고령의 부모를 위해 바닥의 턱을 완전히
없애고 데크까지 평평한 길이 이어지도록 했다. 화장실, 세면실, 욕
실은 부모 가구의 서재 및 침실 가까이에 배치했다.

앞쪽은 삼나무 마루를 깐 거실. 사암 벽과 타일
로 둘러싸인 안쪽 봉당을 지나면 역시 바닥이 평
평한 부모 가구의 공간과 욕실이 이어진다.

주방은 사암 벽돌과 나무
로 제작한 아일랜드 조리
대를 경계로 하여 앞쪽은
마루, 물을 쓰는 뒤쪽은 타
일 바닥으로 나뉘어 있다.

'무장애 주택'의 2층 평면도

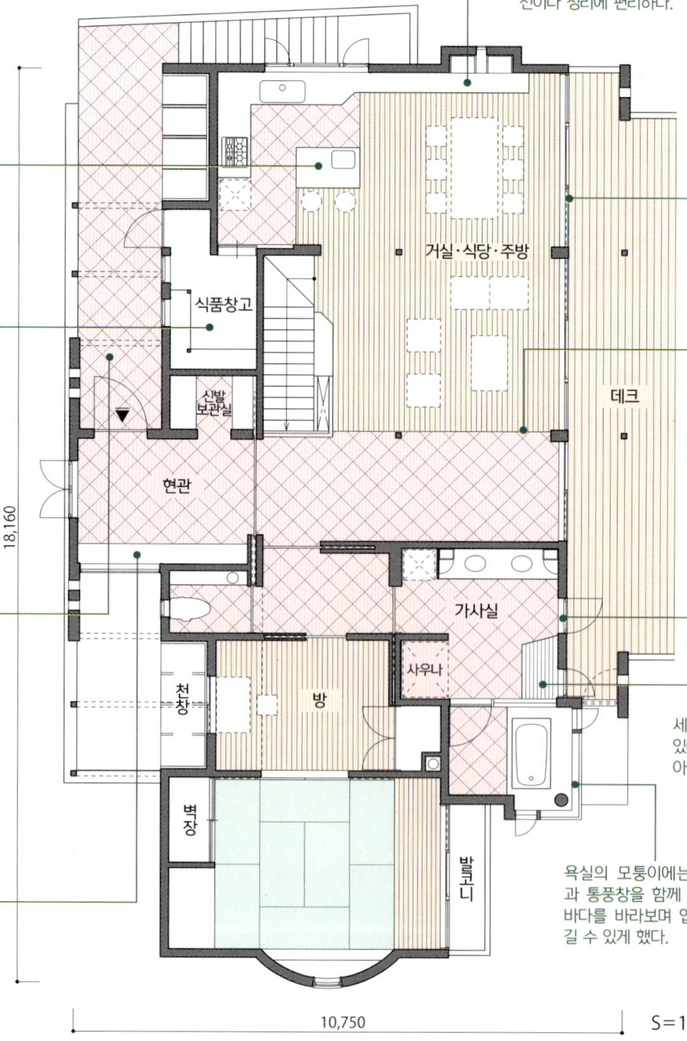

L자형의 주방 카운터는 식
당까지 길게 뻗어 있어 배
선이나 정리에 편리하다.

아일랜드 조리대는 두 주
부가 함께 일하거나 음식
준비를 거들기에 편리하다.

거실·식당 앞에 설치
된 전면 창을 개방하면
데크가 실내 공간과 합
쳐진다.

넓은 식품창고 덕분에 주방
은 식기장 하나 없이 깔끔
하다. 뒷문이 있어서 쓰레기
를 처리하기도 편리하다.

현관 앞의 봉당은 타
일 바닥, 공용 거실·식
당·주방은 마룻바닥이
다. 이렇게 바닥재는 달
라도 높이는 모두 평평
하게 통일되어 있다.

가사실·세면·탈의실
에서 데크로 바로 나
갈 수 있다.

걷기 편하도록 평평하게 깔아놓은 테
라코타 타일이 진입로에서 현관 포치,
홀, 거실, 욕실까지 이어져 있다.

세면·탈의실에는 긴 의자가
있어 앉아서 옷을 천천히 갈
아입을 수 있다.

현관에는 긴 의자가 있어 신발을 쉽게
신고 벗을 수 있다. 3.6m 정도로 길어
서 넓은 현관을 이동할 때도 편하다.

욕실의 모퉁이에는 고정창
과 통풍창을 함께 설치하여
바다를 바라보며 입욕을 즐
길 수 있게 했다.

거실·식당·주방 / 데크 / 식품창고 / 신방보관실 / 현관 / 가사실 / 사우나 / 방 / 천장 / 벽장 / 발코니

18,160

10,750

S=1:150

원활한 이동을 위해 모든 공간을 큼직하게 만들고 문도 크게 만들었다. 그래서 방범과 방수를 위해 현관과 욕실에 설치한 한 짝 여닫이문만을 제외하고는 이 집의 문은 모두 미닫이다. 게다가 전부 행거레일 타입이라서 고령자도 쉽게 열고 닫을 수 있으므로 휠체어를 탄 채로도 자유롭게 출입할 수 있다. [도미타 사토루]

욕실 입구에도 턱이 없어서 안심하고 출입할 수 있다. 욕조 옆에 큰 창을 설치하고 문과 칸막이의 소재로 투명 유리를 사용했더니 밝고 개방적인 공간이 되었다.

진입로에서 실내까지 이어지는 바닥에 깔린 투박한 스페인산 타일. 정면에는 천장까지 닿을 만큼 높고 큼직한 목제 현관문이 보인다. 왼쪽 앞에 보이는 것이 식품창고와 주방으로 이어지는 주방 뒷문이다.

현관 타일 바닥은 높낮이 차 없이 거실까지 이어진다. 거실과의 경계를 이루는 두 짝 미닫이는 행거레일 타입으로 좌우의 벽 안에 쏙 들어간다.

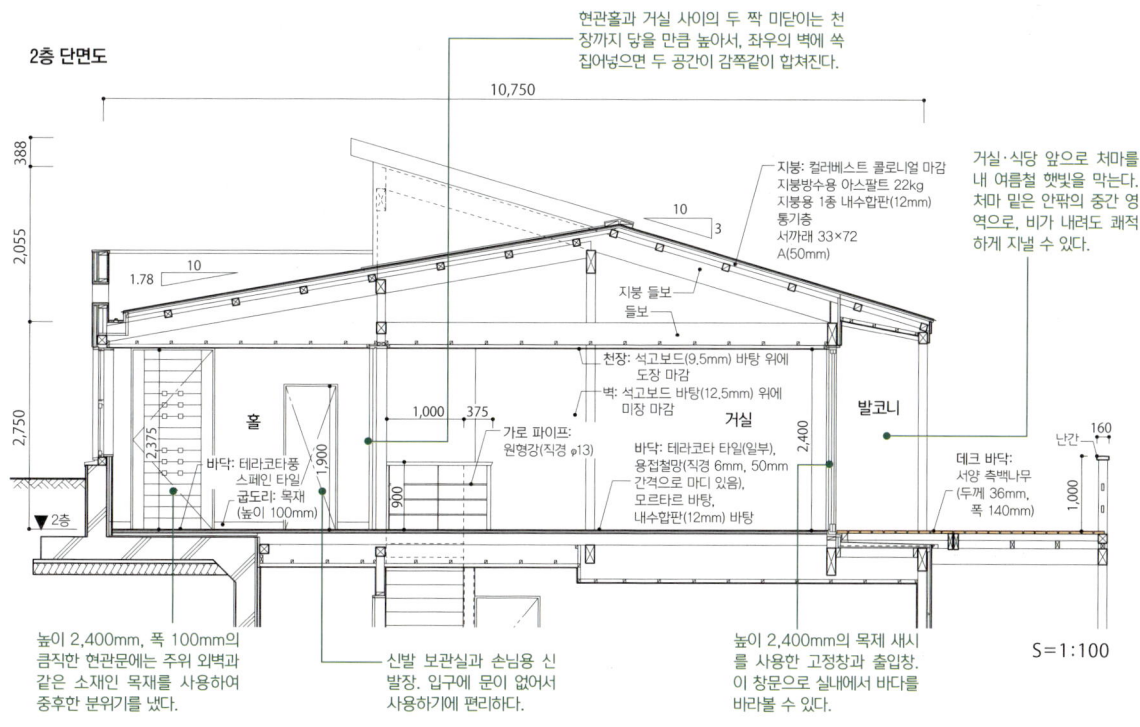

2층 단면도

현관홀과 거실 사이의 두 짝 미닫이는 천장까지 닿을 만큼 높아서, 좌우의 벽에 쏙 집어넣으면 두 공간이 감쪽같이 합쳐진다.

10,750

388
2,055
2,750

10
1.78

지붕: 컬러베스트 콜로니얼 마감
지붕방수용 아스팔트 22kg
지붕용 1층 내수합판(12mm)
통기층
서까래 33×72
A(50mm)

10
3

지붕 들보
들보

천장: 석고보드(9.5mm) 바탕 위에 도장 마감
벽: 석고보드 바탕(12.5mm) 위에 미장 마감

거실·식당 앞으로 처마를 내 여름철 햇빛을 막는다. 처마 밑은 안팎의 중간 영역으로, 비가 내려도 쾌적하게 지낼 수 있다.

홀

거실

발코니

1,000
375

2,375

1,900

900

가로 파이프: 원형강(직경 φ13)

바닥: 테라코타 타일(일부), 용접철망(직경 6mm, 50mm 간격으로 마디 있음), 모르타르 바탕, 내수합판(12mm) 바탕

2,400

난간
160

1,000

데크 바닥: 서양 측백나무 (두께 36mm, 폭 140mm)

바닥: 테라코타풍 스페인 타일 굽도리: 목재 (높이 100mm)

▽ 2층

높이 2,400mm, 폭 100mm의 큼직한 현관문에는 주위 외벽과 같은 소재인 목재를 사용하여 중후한 분위기를 냈다.

신발 보관실과 손님용 신발장. 입구에 문이 없어서 사용하기에 편리하다.

높이 2,400mm의 목제 새시를 사용한 고정창과 출입창. 이 창문으로 실내에서 바다를 바라볼 수 있다.

S=1:100

IDEA 30

고령자도 쉽게 넣고 뺄 수 있는 수납함을 평상 밑에 설치한다

바닥을 높인 평상 아래에 바퀴 달린 수납함 두 개를 설치했다. 이 수납장은 하나의 크기가 750×1,800mm로 큼직한 데다 낮은 곳에 있어서 고령자도 쉽게 넣고 뺄 수 있다. 철 지난 옷이나 평상시에 쓰지 않는 물건 등을 보관하기에 알맞은 수납함이다. [오기쓰 이쿠오]

방 전개도

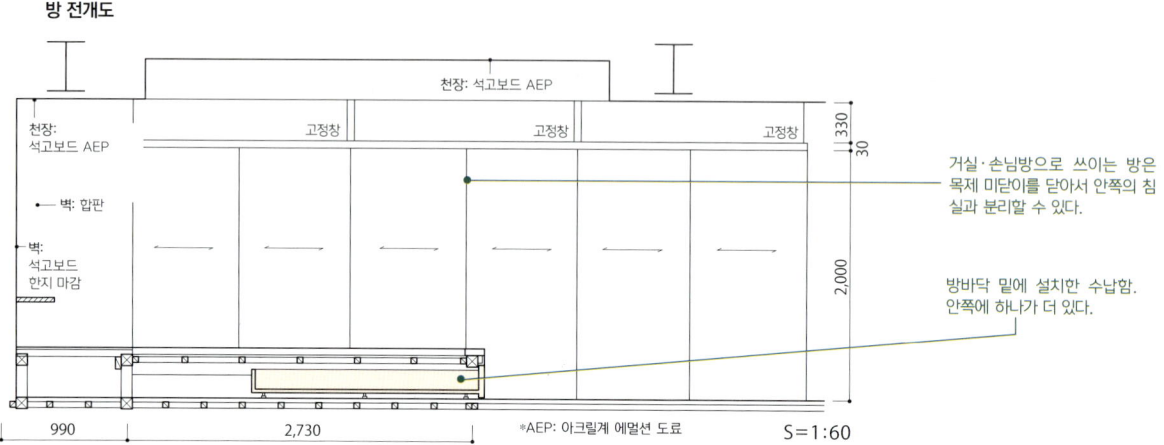

천장: 석고보드 AEP

천장: 석고보드 AEP

벽: 합판

벽: 석고보드 한지 마감

고정창 / 고정창 / 고정창

330
30
2,000

거실·손님방으로 쓰이는 방은 목제 미닫이를 닫아서 안쪽의 침실과 분리할 수 있다.

방바닥 밑에 설치한 수납함. 안쪽에 하나가 더 있다.

990   2,730

*AEP: 아크릴계 에멀션 도료   S=1:60

침실과 방 사이의 이동식 칸막이(목제 미닫이)를 전부 연 상태. 평상 밑에 보이는 큰 서랍은 바퀴가 달려 있어서 고령자도 쉽게 꺼낼 수 있다. 둥근 철골 기둥 옆에는 장식 공간이 마련되어 있다.

바닥 밑 수납함 상세도

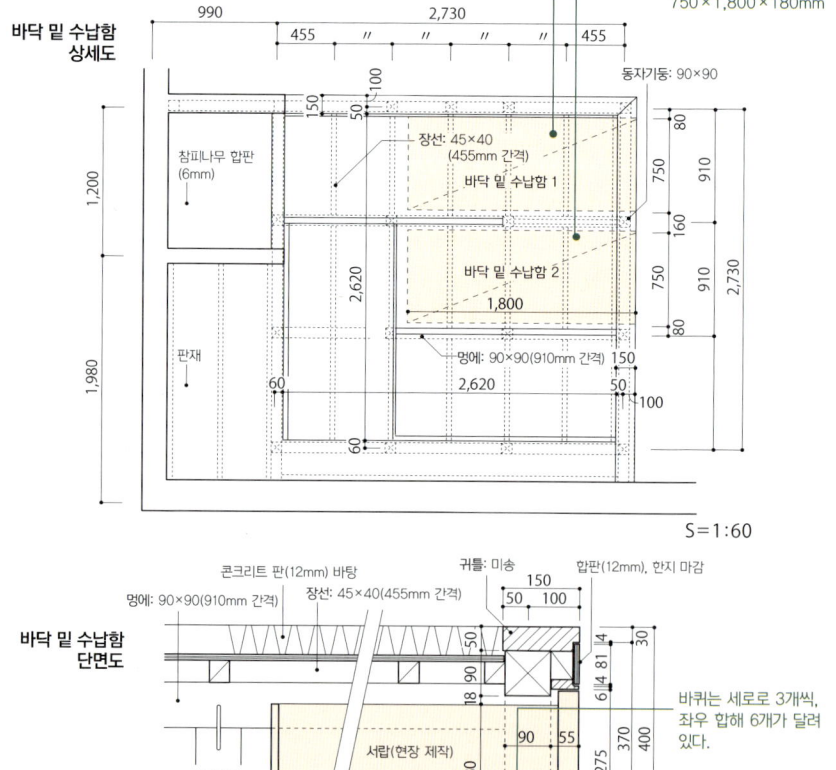

수납함 치수는 750×1,800×180mm

990   2,730
455   //   //   455
150
50
100

동자기둥: 90×90

참피나무 합판 (6mm)

장선: 45×40 (455mm 간격)

바닥 밑 수납함 1

1,200

2,620

바닥 밑 수납함 2
1,800

판재

멍에: 90×90(910mm 간격)

1,980

80
750
910
160
750
910
80
2,730

150

60   2,620   50
100
60

S=1:60

바닥 밑 수납함 단면도

콘크리트 판(12mm) 바탕

멍에: 90×90(910mm 간격)   장선: 45×40(455mm 간격)

귀틀: 미송

합판(12mm), 한지 마감

150
50   100
30

동자기둥: 90×90

서랍(현장 제작)
1,800

90   55
180
18   90   50
6 8 4

바퀴는 세로로 3개씩, 좌우 합해 6개가 달려 있다.

370   275   400

콘크리트 판

47   15
마루   S=1:15

다양하게 활용되는 칸막이 겸용 수납장으로
생활 동선을 조절한다

냉장고와 전자레인지 등 주방에서 사용하는 가전제품과 물건을 나를 때 쓰는 손수레, 에어컨 등 거실에서 필요한 가구 및 설비를 한꺼번에 보관하는 다기능 수납장이다. 귀가하자마자 손을 씻을 수 있는 세면대도 있다. 이 수납장은 공간을 구분하는 동시에 새로운 통로를 형성하는 칸막이 역할을 하기도 한다. 또한 노출된 곳과 구석진 곳을 연결시키는 순환 동선을 만들어 내 가사 활동을 효율화하는 기능도 있다. [오기쓰 이쿠오]

수납장 문의 마감재는 참피나무 합판으로 통일했다. 왼쪽이 주방이고 한가운데에 있는 통로 뒤에는 현관홀이 있다.

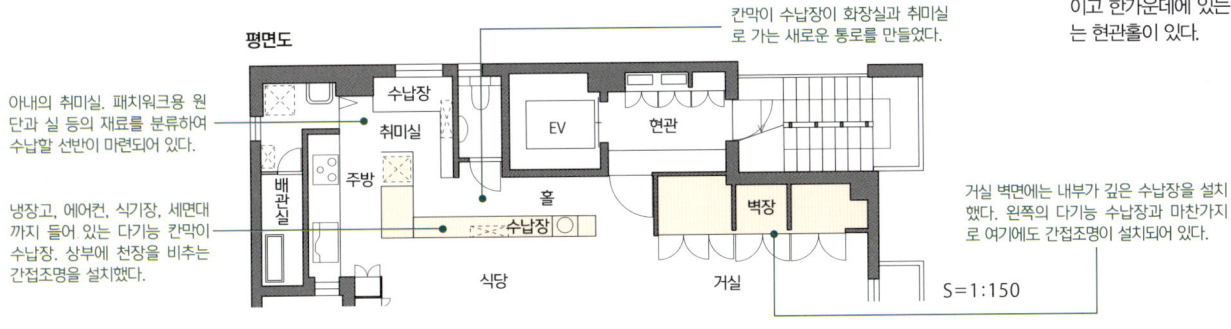

평면도

칸막이 수납장이 화장실과 취미실로 가는 새로운 통로를 만들었다.

아내의 취미실. 패치워크용 원단과 실 등의 재료를 분류하여 수납할 선반이 마련되어 있다.

냉장고, 에어컨, 식기장, 세면대까지 들어 있는 다기능 칸막이 수납장. 상부에 천장을 비추는 간접조명을 설치했다.

수납장
취미실
주방
배관실
수납장
식당
EV
현관
홀
벽장
거실

거실 벽면에는 내부가 깊은 수납장을 설치했다. 왼쪽의 다기능 수납장과 마찬가지로 여기에도 간접조명이 설치되어 있다.

S=1:150

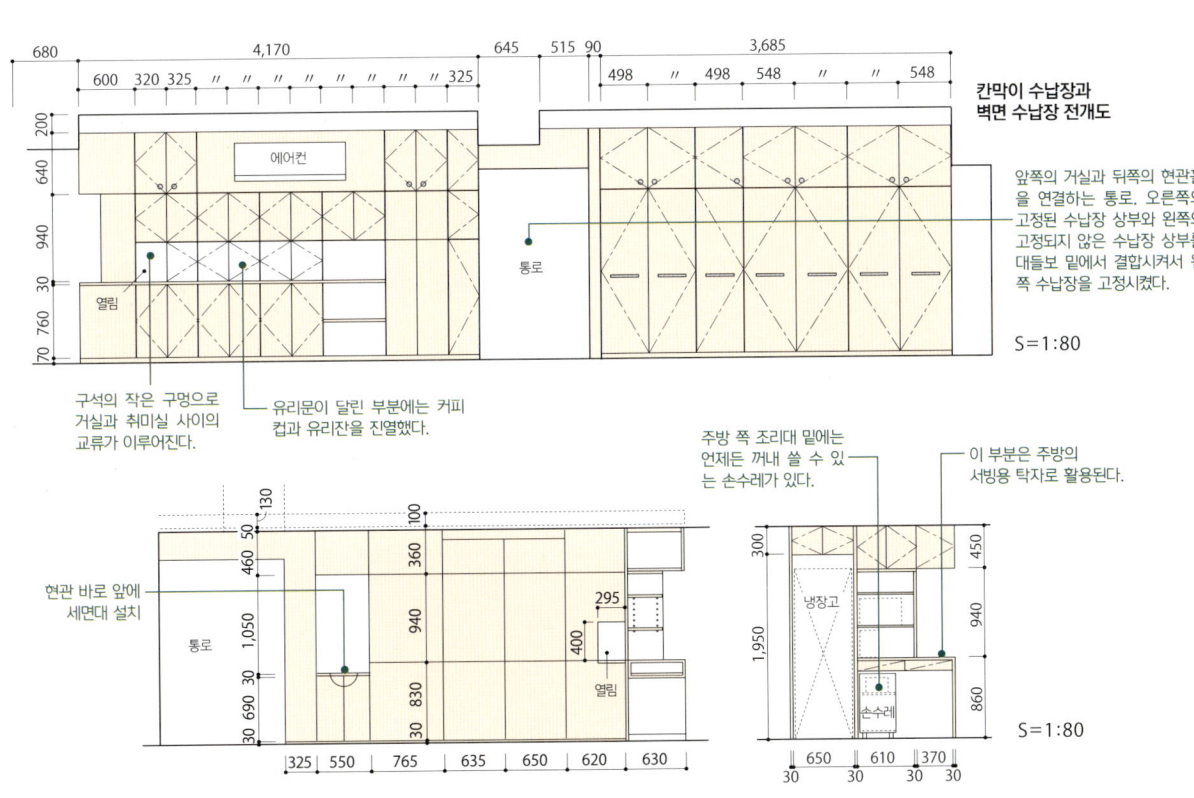

칸막이 수납장과 벽면 수납장 전개도

에어컨

열림

통로

앞쪽의 거실과 뒤쪽의 현관홀을 연결하는 통로. 오른쪽의 고정된 수납장 상부와 왼쪽의 고정되지 않은 수납장 상부를 대들보 밑에서 결합시켜서 왼쪽 수납장을 고정시켰다.

S=1:80

구석의 작은 구멍으로 거실과 취미실 사이의 교류가 이루어진다.

유리문이 달린 부분에는 커피 컵과 유리잔을 진열했다.

현관 바로 앞에 세면대 설치

통로

열림

주방 쪽 조리대 밑에는 언제든 꺼내 쓸 수 있는 손수레가 있다.

이 부분은 주방의 서빙용 탁자로 활용된다.

냉장고

손수레

S=1:80

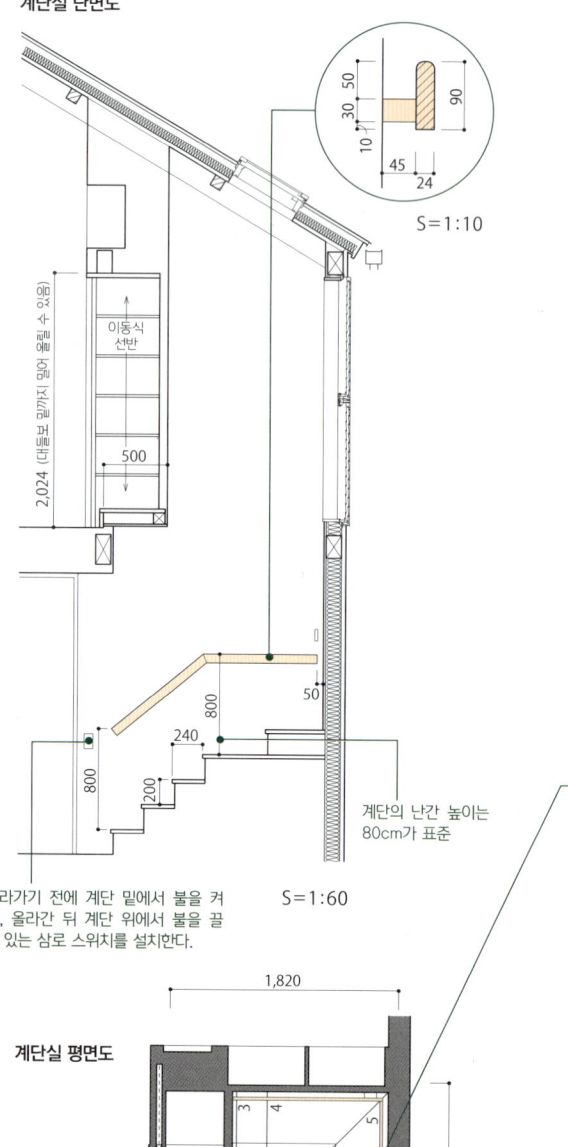

IDEA 32

적은 비용으로 완성한 멋진 난간

난간은 잡기 편해야 하므로 실제 제품을 만져보고 고르는 것이 좋은데, 요즘 많이 추천하는 난간 디자인을 하나 소개하려 한다. 아래 사진과 같은 형태인데, 목수가 간단하게 만들 수 있어서 비용이 절감되는 것이 장점이다. 손이 닿는 곳은 둥글게 가공하더라도 측면이 평평해서 전체 공간과 잘 어울리는 디자인이 더 인기가 많다. [스즈키 노부히로]

계단실 단면도

S=1:10

이동식 선반

500

2,024 (대들보 길이까지 열릴 수 있음)

800

240

800

50

200

계단의 난간 높이는 80cm가 표준

S=1:60

올라가기 전에 계단 밑에서 불을 켜고, 올라간 뒤 계단 위에서 불을 끌 수 있는 삼로 스위치를 설치한다.

계단실 평면도

1,820

3 4

500

5

6

이동식 선반

7

8

2,440

13 12 11 10

9

경사가 45도 이상일 때는 목재를 자르고 붙여서 계단 모양에 맞게 난간을 설치한다.

S=1:60

특히 도중에 방향이 꺾이는 계단의 경우, 난간을 그대로 이어가기가 어려우므로 무리하여 연속시키지 말고 도중에 분리하여 설치한다.

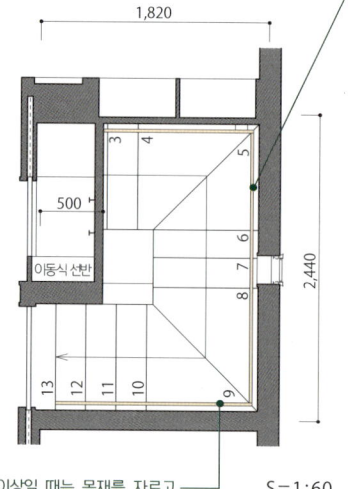

넓은 벽면 쪽에 난간을 설치함으로써 복잡한 형태를 피했다.

난간 폭을 기둥 폭과 비슷하게 만들면 안정감이 느껴진다. 또한 난간을 잡기 좋은 두께로 가공하고 윗부분을 둥글렸다.

IDEA 33

집안일의 효율을 높이는 순환 동선

주방에 막다른 골목이 생기지 않도록 세면실·탈의실, 주방 뒷문(빨래 건조장), 수납장 등의 가사 동선을 하나로 연결했다. 이렇게 순환 동선이 적용된 주방은 가족 모두가 집안일에 참여할 수 있어서 좋다. 손님이 많은 집이라면 현관에 진입하는 동선 역시 되도록 막힘없이 설계하자. [스즈키 노부히로]

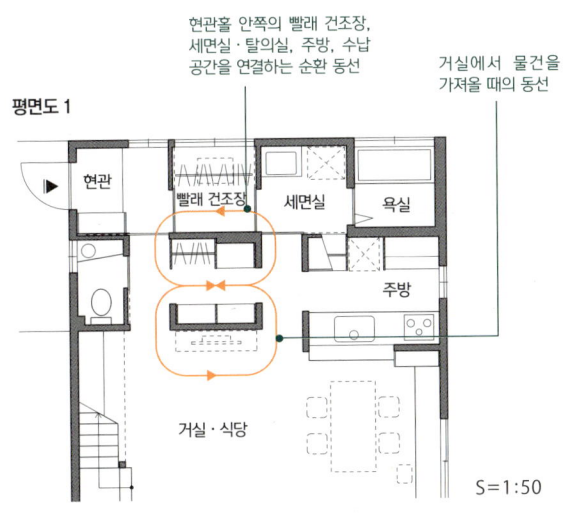

현관홀 안쪽의 빨래 건조장, 세면실·탈의실, 주방, 수납 공간을 연결하는 순환 동선

거실에서 물건을 가져올 때의 동선

평면도 1

현관 / 빨래 건조장 / 세면실 / 욕실 / 주방 / 거실·식당

S=1:50

냉장고와 전자레인지, 전기밥솥 등 가전제품과 전화기, 리모컨, 가사용 테이블 등이 모여 있는 가사 도구함이 순환 동선의 중심축이다.

거실·식당·주방, 세면실, 옷장, 침실의 순환 동선

서재도 욕실과 침실 사이의 순환 동선에 포함되어 있다. 집이 이런 구조로 되어 있으면 아침에 몸단장을 하거나 저녁에 씻고 잘 준비를 할 때 무척 편리하다.

평면도 3

욕실 / 식품창고 / 서재 / 옷장 / 거실·식당·주방 / 침실

S=1:50

평면도 2

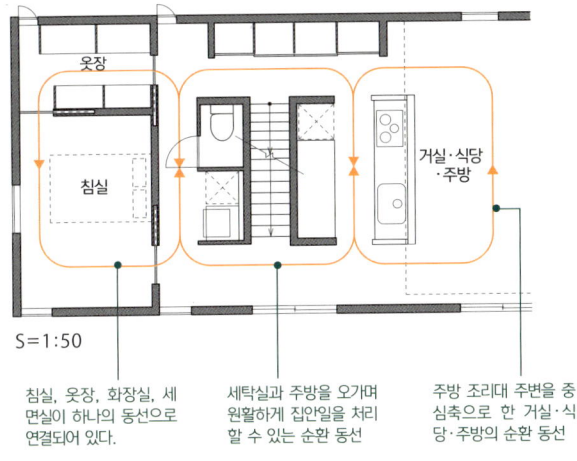

옷장 / 침실 / 거실·식당·주방

S=1:50

침실, 옷장, 화장실, 세면실이 하나의 동선으로 연결되어 있다.

세탁실과 주방을 오가며 원활하게 집안일을 처리할 수 있는 순환 동선

주방 조리대 주변을 중심축으로 한 거실·식당·주방의 순환 동선

평면도 4

욕실 / 세면실 / 주방 / 테라스 / 거실·식당 / 현관 봉당

S=1:50

현관에서 거실이나 욕실로 바로 갈 수 있다. 그래서 아이가 흙투성이가 되어 들어왔을 때는 세면실로 직행하면 된다.

아일랜드 조리대를 이용하여 주방과 거실 사이에 순환 동선을 적용했다.

IDEA 34 행거레일 타입의 미닫이문으로 공간을 깔끔하게

두 공간을 하나로 합쳐서 넓게 쓰고 싶을 때는 경계선에 미닫이를 달면 된다. 그래서 작은 집에는 통풍을 원활하게 하고 공간을 최대한 넓어 보이게 하기 위해 미닫이가 많이 쓰인다. 미닫이 중에는 바닥에 레일을 설치하는 V레일 타입도 있지만 천장에 레일을 설치해서 문을 매다는 형태가 더 편리하다. [스즈키 노부히로]

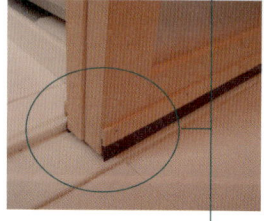

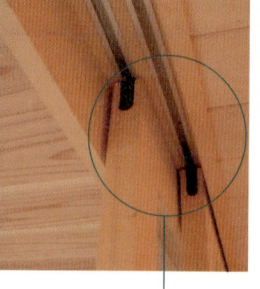

욕실 입구의 미닫이문. 상부에 짧은 벽을 만들어 더운 공기가 밖으로 새어 나가지 못하도록 했다.

무장애 환경이 갖춰진 욕실 입구에 가벼운 힘으로도 여닫을 수 있는 행거레일 타입의 미닫이를 설치했다. 하단에는 새시 틈새를 막을 때 쓰는 고무 띠를 붙여 욕실 바닥의 물이 밖으로 넘쳐흐르지 않도록 했다.

미닫이를 벽 안에 완전히 밀어 넣게 하면 겉보기에는 깔끔하지만 틈에 손가락이 끼기 쉽다. 따라서 완전히 밀어 넣지 못하게 만드는 것이 좋다.

IDEA 35 여름에는 열을 배출하고 겨울에는 더운 공기를 순환시키는 시스템

겨울에는 위쪽으로 올라온 더운 공기를 덕트를 통해 밑으로 내려 보내고, 여름에는 높은 곳에 고인 열기를 외부로 배출하는 시스템을 도입하여 실내 환경을 사시사철 쾌적하게 유지한다. 또 사진 하단 중앙에 보이는 환기 팬을 온도 스위치와 연동시키면 실내 온도에 따라 환기 팬이 자동으로 가동과 정지를 반복한다. 더운 공기를 밑으로 내려 보내는 덕트의 끝부분은 천장의 제일 높은 곳에 가까울수록 효율이 좋다. [노구치 다이시]

겨울철에는 사진 가운데의 흰색 덕트 끝에서 따뜻한 기운을 빨아들여 가구 아래를 통해 마루 위로 뿜어내고, 여름철에는 덕트 상부에 설치된 배기 팬으로 상승하는 열기를 배출한다.

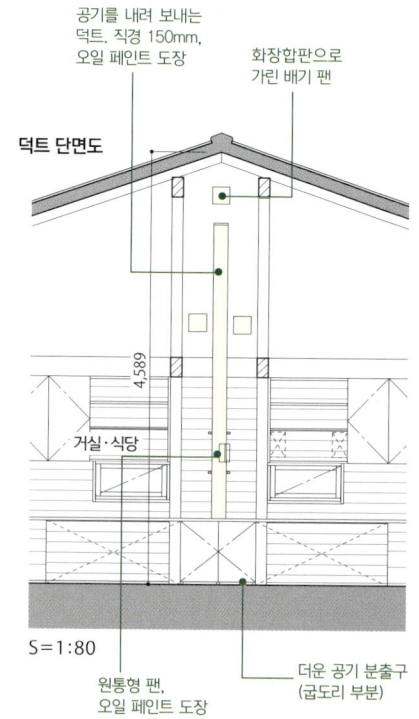

공기를 내려 보내는 덕트. 직경 150mm, 오일 페인트 도장

화장합판으로 가린 배기 팬

덕트 단면도

거실·식당

4,589

S=1:80

원통형 팬, 오일 페인트 도장

더운 공기 분출구 (굽도리 부분)

IDEA 36

승강기를 설치할 공간을 미리 확보한다

거실을 2층에 배치하자고 제안하면, 나중에 나이가 들었을 때 계단을 오르내리기가 부담스러울 것 같아서 승강기를 설치해 달라고 하는 경우가 있다. 이럴 때는 1평 정도 되는 수납장 등을 각 층에 설치하여 나중에 필요할 때 그 자리에 승강기를 쉽게 설치할 수 있도록 해 두면 된다. 계단에 설치하는 간이 승강기도 있어서인지 실제로 승강기를 추가 설치한 사례는 아직 없지만, 이렇게 해두면 어쨌든 당장의 불안은 일단 해소되는 듯하다. [스즈키 노부히로]

2층 주방 오른쪽 벽 앞(위쪽 사진)과 1층 출입창 왼쪽(아래쪽 사진)에 승강기를 설치할 예정이다.

승강기 위치 평면도 1

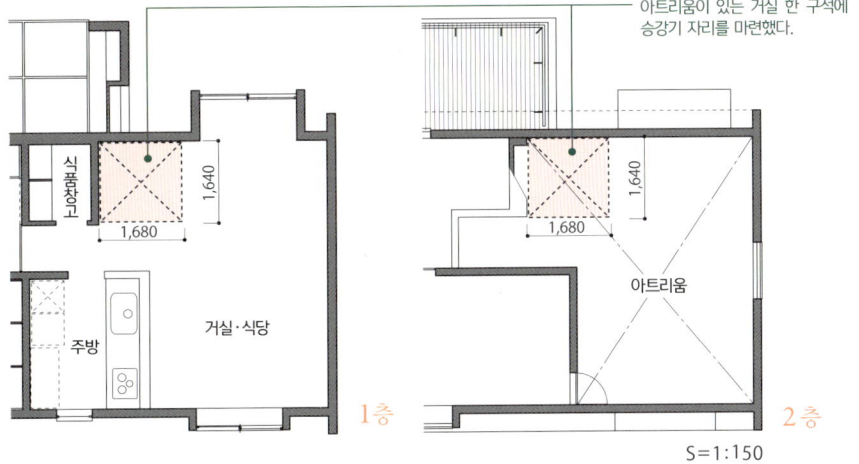

아트리움이 있는 거실 한 구석에 승강기 자리를 마련했다.

식품창고 · 1,640 · 1,680 · 주방 · 거실·식당 · **1층**

1,640 · 1,680 · 아트리움 · **2층**

S=1:150

승강기 위치 평면도 2

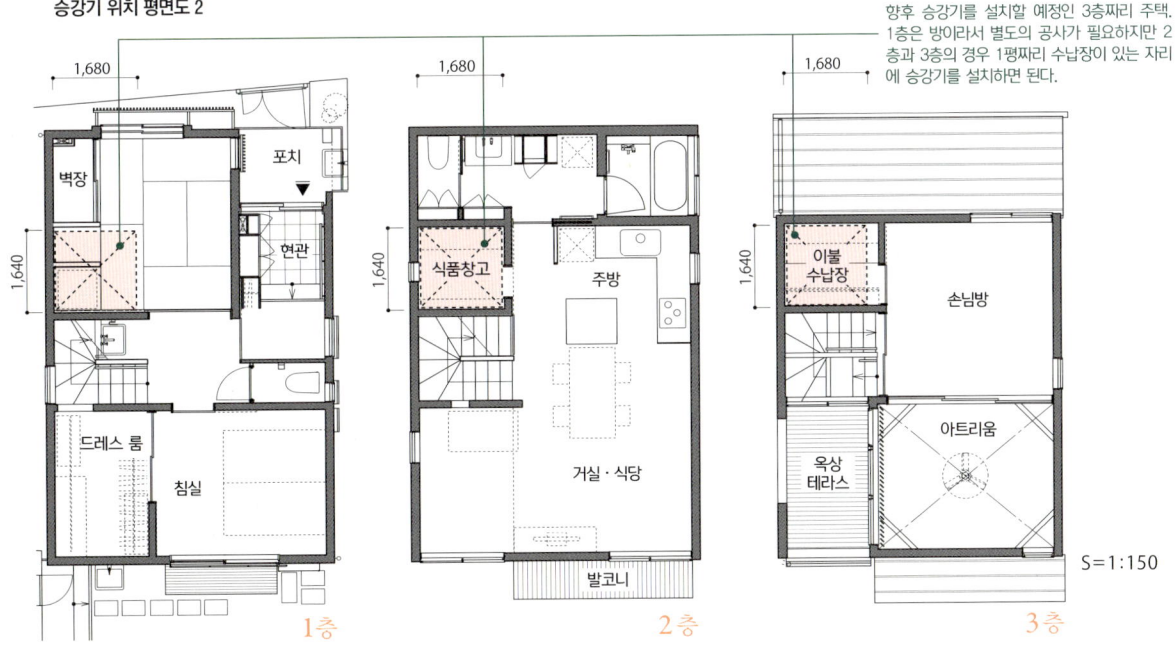

향후 승강기를 설치할 예정인 3층짜리 주택. 1층은 방이라서 별도의 공사가 필요하지만 2층과 3층의 경우 1평짜리 수납장이 있는 자리에 승강기를 설치하면 된다.

1,680 · 벽장 · 포치 · 현관 · 1,640 · 드레스 룸 · 침실 · **1층**

1,680 · 식품창고 · 주방 · 1,640 · 거실·식당 · 발코니 · **2층**

1,680 · 이불 수납장 · 손님방 · 1,640 · 옥상 테라스 · 아트리움 · **3층**

S=1:150

157

몸이 불편한 어머니의 공간을
효율적으로 만든다

한적한 주택지에 있기는 하지만 이웃집이 인접한 협소하고 후미진 부지에 지어진 집이다. 1층에는 몸이 불편한 어머니의 생활 공간이 있다. 따라서 어머니가 휠체어를 타고 출입하기 편하도록 데크에서 방으로 바로 진입하는 동선을 확보하고, 침실에서 화장실과 욕실로 바로 갈 수 있게 했다. 또한 공용으로 쓰는 식당과 주방도 1층에 두고 2층에는 나머지 자녀의 생활 공간을 배치했다.

오른쪽 사진은 1층의 침실 앞 데크에서 대문을 본 장면. 왼쪽 사진은 대문에서 데크를 본 장면. 왼쪽에 휠체어를 위한 경사로가 마련되어 있다.

간호를 위한 집 1층 평면도

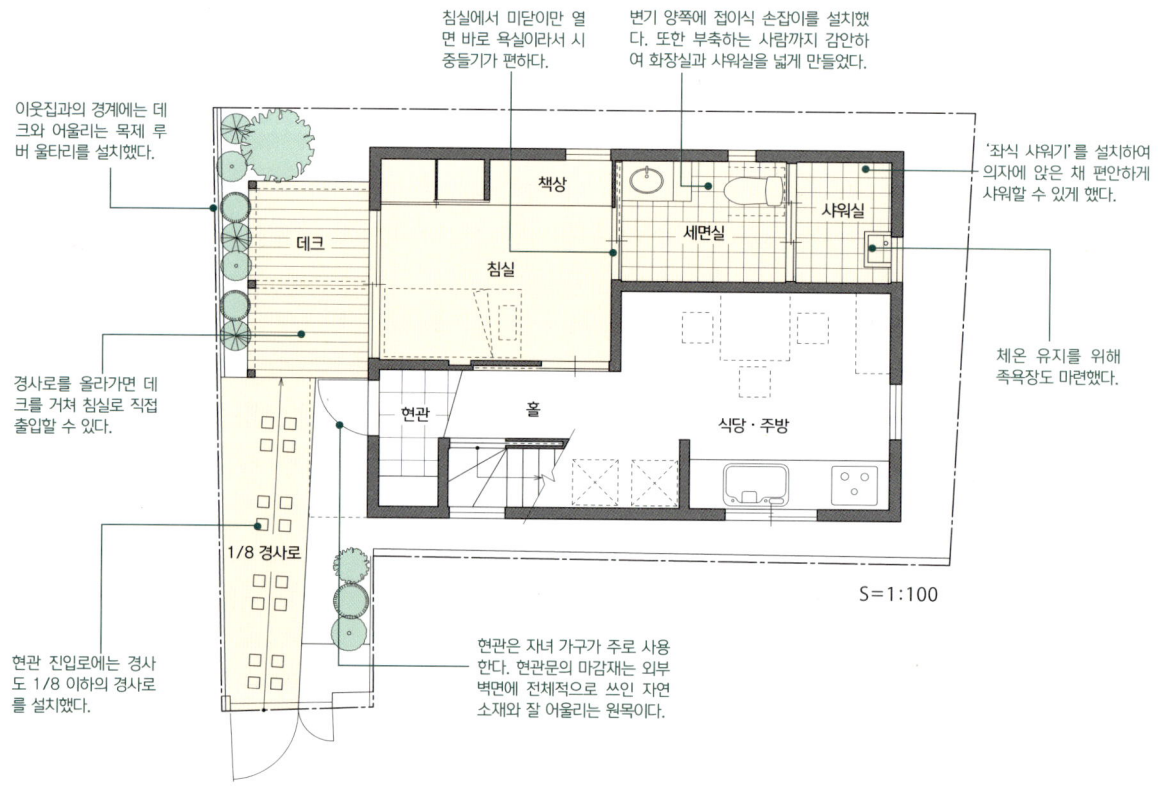

침실에서 미닫이만 열면 바로 욕실이라서 시중들기가 편하다.

변기 양쪽에 접이식 손잡이를 설치했다. 또한 부축하는 사람까지 감안하여 화장실과 샤워실을 넓게 만들었다.

이웃집과의 경계에는 데크와 어울리는 목제 루버 울타리를 설치했다.

'좌식 샤워기'를 설치하여 의자에 앉은 채 편안하게 샤워할 수 있게 했다.

데크

책상

세면실

샤워실

침실

체온 유지를 위해 족욕장도 마련했다.

경사로를 올라가면 데크를 거쳐 침실로 직접 출입할 수 있다.

현관

홀

식당·주방

1/8 경사로

S=1:100

현관 진입로에는 경사도 1/8 이하의 경사로를 설치했다.

현관은 자녀 가구가 주로 사용한다. 현관문의 마감재는 외부 벽면에 전체적으로 쓰인 자연 소재와 잘 어울리는 원목이다.

세면실과 화장실 바닥에는 고령인 어머니를 배려하여 푹신하면서도 내수성이 좋은 코르크 타일을 깔았다.

미닫이를 활용하여 넓은 통로를 확보했다. 휠체어로 이동하는 어머니를 위해 통로 폭을 1m로 넓히고, 쉽게 여닫을 수 있는 행거레일 타입의 미닫이를 주로 썼다. 물론 바닥의 턱도 다 없앴다. 어머니의 침실 내부에는 자연 소재를 쓰고 차분한 색감으로 통일했다.

[도미타 사토루]

휠체어를 탄 채로 데크를 거쳐 방에 바로 들어갈 수 있다. 어머니 방의 바닥에는 두께가 30mm나 되는 원목 삼나무 마루를 깔고 벽은 친환경 소재인 규조토로 마감했다.

침실 안쪽에는 어머니 전용 세면실 겸 화장실과 샤워실이 있다. 역시 문에는 미닫이를 달았고 바닥은 평평하게 만들어 어머니가 샤워실까지 휠체어를 타고 들어갈 수 있게 했다. 공용 주방이 오른쪽 뒤편에 보인다.

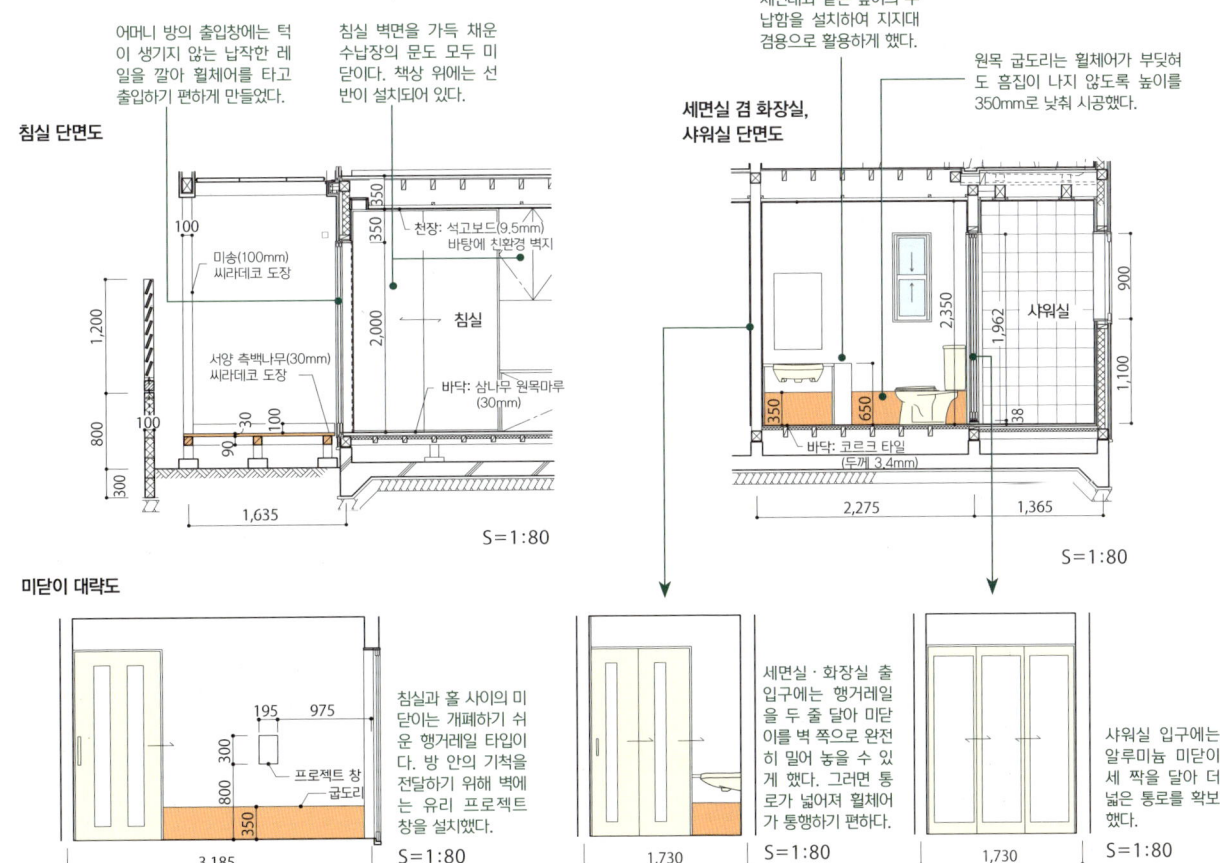

정해야 할 것만 정해 놓고
최대한 자유롭게 산다

옥상 정원 맨 위층 침실에 열기와 냉기가 바로 내려오는 것을 막기 위해 옥상에 정원을 만들었다. 12년쯤 지나니 들풀이 뿌리를 깊이 내렸다.

북쪽 둘레 영역의 현관 철근 콘크리트의 두꺼운 벽이 묵직한 분위기를 자아낸다. 양쪽 끝의 벽이 살짝 솟아 있는 개구부의 형상이 특히 눈에 띈다.

절묘한 단면 콘크리트 개구부의 모서리를 잘라낸 부분에 아름다운 음영이 드리워졌다.

무로후시 지로
1940년 일본 도쿄 출생. 1963년 와세다 대학 이공학부 건축학과 졸업. 사카쿠라 준조 건축연구소 근무. 1971년 독립, 아키 비전 설립. 1975년 아베 츠토무와 아르텍 건축연구소 설립. 1984년 스튜디오 아르텍을 설립, 현재에 이른다. 가나가와 대학 공학부 건축학과 명예교수. 2010~2012년 일본건축가협회 부회장.

기타미네 마치의 집
1971년 준공. 건축가 무로후시 지로와 이모의 두 가구 주택으로 무로후시 지로가 설계. RC벽식 구조, 지상 4층.
● 대지면적   71.92㎡(약 21.8평)
● 연 면 적   177.00㎡(약 53.5평 - 준공 당시)

최소한의 비용으로 지은 집

40년 전, 30대였던 무로후시 지로 씨는 자택인 '기타미네 마을의 집'을 신축하기로 결정하고, 한정된 자금으로 집을 짓기 위해 부인인 히사코 씨의 숙모 일가와 공동 건축을 시작한다. 이제 막 학교에 들어갈 나이의 두 아들이 있는 무로후시 씨의 4인 가족과 고등학생 아들이 있는 숙모네 3인 가족이 함께 살 2가구 주택이었다.

1971년 당시 철근 콘크리트 건물을 지으려면 평당 30~35만 엔이 드는 것이 보통이었지만, '기타미네 마을의 집'은 건축비를 평당 13만 엔까지 낮추는 데 성공했다. 일반적인 기능을 다 갖추면서도 건축비를 절감한 집을 저비용 주택이라고 하는데, 이 집은 그런 말로는 표현이 안 될 만큼 저렴한 비용으로 지었다고 한다.

그러나 예산이 한정된 만큼 집에 대한 희망사항은 점점 단순해졌다. 그 희망사항은 바로 '피난처' 기능에 충실한, 든든한 콘크리트 벽을 세우는 것이었다. ① 흔들리지 않는 피난처 안에 자유로운 공간을 만들 것 ② 특별한 디자인을 추구하지 말 것 ③ 디자인 요소를 도입하려면 공간의 비율을 활용하거나 콘크리트 벽을 절단하는 데 그칠 것. 이 세 가지가 저렴한 비용으로 집을 짓기 위한 '기타미네 마을의 집'의 설계 규칙이었다.

건축가로서의 설계 테마

지금까지 건축 잡지에도 여러 번 소개되었던 '기타미네 마을의 집'. 저비용 주택이라는 것은 이미 알려진 사실이지만, 그 외에도 건축가 나름의 설계 방향이 있었을 듯해 그 이야기를 들어보았다. 이 집이 지어지기 직전인 1960년대 일본은 도쿄 올림픽 덕분에 도쿄의 기반시설이 대거 교체되며 도시화가 급격히 진행된 시기였다. 한편 당시

1. **안팎의 경계에 위치한 둘레 영역** 이 곳은 실내일 때도 있고 외부 계단으로 이어지는 봉당일 때도 있다.

2. **현재의 3층 거실을 4층에서 내려다 본 모습** 3층 가족실 동쪽은 아트리움이다. 준공 당시에는 서쪽에도 아트리움이 있었다.

3. **지금의 주방** 준공 당시에는 이 주방 안쪽에 욕실과 화장실이 있었으나 두 번째 개조 과정에서 주방도 이동했다.

4. **준공 당시 거주자** 기타미네 마을의 집에 막 입주한 무로후시 일가와 숙모 일가.

가족 구성 변화에 따라 이동식 마루와 계단을 활용한다

도시형 주택을 설계하는 사람들 사이에서는 작은 개구부가 포함된 외벽으로 건물을 둘러싸서 외부는 폐쇄적인 형태를 취하고, 중정 등 사적인 공간은 개방적인 형태로 건물을 디자인하는 것이 유행이었다. 그런데 무로후시 씨는 그런 시대 흐름과는 상관없이, 닫힌 상자 속에 개별로 거주하기보다 닫힌 상자에 어떤 구멍을 뚫어 거리와 내부의 개별적인 공간을 연결할지 고민했다고 한다. 이때 벽은 어디까지나 순수한 벽이어야 하고 벽에 뚫린 구멍은 어디까지나 순수한 구멍이어야 했다. 즉, 어떻게 하면 콘크리트 벽에 새시 등이 없는 순수한 개구부를 만들 수 있을까? 이것이 저비용 주택을 설계하는 데 최대 관심사였다.

그런데 164쪽 그림에서 설명하듯, '새시를 설치한 둘레 영역'(주위를 둘러싸는 공간)이라는 아이디어가 이 어려운 문제를 단숨에 해결해 주었다. 결국 이 둘레 영역은 자유자재의 공간이 되어 이후 '기타미네 마을의 집'의 생활사에서 매우 중요한 역할을 하게 된다.

거주자 입장에서의 2가구 주택 설계법

설계 작업은 부인과 숙모 가족의 의견을 수렴하면서 구체적인 설계는 무로후시 씨 본인이 도맡는 식으로 진행되었다. 4×9m(약 11평)의 직사각형 양 끝에 0.75×1.3m(약 0.3평)의 둘레 영역을 붙인 평면을 그리고, 그 위에 가구별로 두 층씩 나누어 쓸 총 4층짜리 건물을 설계했다. 비용이 모자라서 가구마다 다른 구조를 설계할 여유가 없으니 두 가구를 공평하게

똑같은 구조로 만든다는 것이 당시 건축주이자 설계자였던 무로후시 씨의 원칙이었다. 이때 1~2층은 숙모 가족, 3~4층은 젊은 무로후시 씨 가족이 거주하기로 하고 각 가구의 주요 생활 공간인 2층과 3층의 설계를 통일했다. 4층에 천창을 설치할 수도 있었지만 역시나 공평해야 한다는 이유로 일부러 생략했다고 한다.

같이 살기 전에도 친척이라 서로 왕래는 있었지만, 한집에 살면서 숙모네를 자주 찾다 보니 부인 히사코 씨는 그 집의 생활방식에 영향을 많이 받았다고 한다. 똑같이 콘크리트 상자 같은 집 안이라고 해도 일상용품의 색감이 달랐고 숙모가 직물 제품을 풍성하게 사용하는 모습이 흥미로웠다. 또 물건은 처음부터 다 갖추지 말고 필요할 때 골라서 사야 한다는 것, 물건의 가격이나 브랜드에 얽매일 필요가 없다는 것, 돈이 없어도 여유롭게 살 수 있다는 것 역시 2가구 주택에서 숙모와 함께 사는 동안 배운 삶의 방식이다.

정하지 않을 것, 자유롭게 살 것

무로후시 씨는 집이란 '자유롭게 지내는 곳'이어야 한다고 믿는다. 이때 자유롭게 지내는 것은 곧 '자유롭게 사는 것'이다. 그러면서 사람의 삶은 항상 변화하므로 이렇게 자유롭게 지내려면 '정해 둘 것'과 '내버려 둘 것'을 반드시 구분해야 한다고 말한다. 즉 준공할 때부터 모든 것을 정해 놓는다면 집을 자유롭게 변화시킬 여지가 사라지니 너무 아깝다는 것이다.

실제로 '기타미네 마을의 집'을 설계할 때 정해진 것은 콘크

3층 가족실은 4층의 아트리움 부분에 만들어 올린 2중 바닥 마루와 계단은 상황에 따라 언제든 옮길 수 있는 이동식 설비다.

2가구 주택   무로후시 가구 (첫 번째 변경)   숙모 가구 이사 (두 번째 변경)

무로후시 가구: 부부 + 학령기의 두 아들(4인 가족)
숙모 가구 : 부부 + 고등학생 아들(3인 가족)

주요 생활 공간인 2층과 3층을 똑같은 구조로 설계했다. 숙모 가족은 2층 계단을 통해 1층 침실로 내려가고, 무로후시 씨 가족은 3층 아트리움의 이동식 계단을 통해 4층 침실로 올라간다.

곧 태어날 셋째 아이를 위해 아트리움 부분에 마루를 올려 바닥을 확장했다. 또한 4층에 아이들 침실 세 개와 부부 침실 하나를 마련하고 이동식 가구로 공간을 구분했다.

숙모 가구가 떠나고 1, 3, 4층을 사용하게 되었다. 2층을 다목적실 및 임대 공간으로 변경하기 위해 1층과 2층 사이 내부 계단을 철거했다. 그리고 1층을 아이들에게 내주고 출입구를 추가로 설치했으며 1~4층까지 이르는 내부 계단을 새로 만들었다. 또한 3층의 욕실, 화장실, 세면실을 4층으로 옮기고 주방을 확장하면서 이동식 계단도 동시에 이동했다.

리트 본체에 외부를 향한 구멍을 뚫어야 한다는 것뿐이었다. 콘크리트 벽은 거주자에게 안정감을 주는 피난처다. 동시에 바깥쪽 벽의 뚫린 구멍을 통해 외부와 교류할 수도 있어야 한다. 이처럼 벽 뒤에 꼭꼭 숨지 않아도 사생활을 지킬 수 있다는 것을 알게 될 때, 가족은 비로소 그 피난처 속에서 자유롭게 지낼 수 있다. 또한 스스로 자유롭게 지내기 위해서는 타인의 자유를 존중해야 하고, 그러려면 자신의 자유를 제한하는 '배려'도 필요하며 때로는 '간섭'도 겪게 된다.

사실 어떤 가족이든 서로가 지긋지긋해서 꼴도 보기 싫을 때가 있다. 하지만 이럴 때일수록 예의를 잃지 않고 서로를 비켜가는 배려가 필요하다. 그리고 그러기 위해서는 소리나 기척은 전달되더라도 모습은 감춰져야 한다고 생각한다. 2가구 주택에도 이와 똑같은 배려가 필요하다.

40년이나 되는 '기타미네 마을의 집'의 변천사

특히 이 집에서 아이들이 커감에 따라 내부를 이리저리 변경해야 했다(제1~2기). 그래서 3층의 아트리움에 마루를 올려 4층 바닥을 증설하기도 하고 가구와 계단을 옮겨가며 공간

제4기 / 2000년 ~ 현재

(세 번째 변경)

무로후시 가구
숙모 가구
임대 공간

욕실
부부의 공간

가족실

다목적실 / 임대 공간

예비실   서재   서고

외부 계단

처음에는 1층의 방 세 개 중 두 개를 서고와 예비실로 변경하고 화장실을 새로 만들었다. 그리고 나머지 방 하나를 쓰던 막내아들까지 독립한 후에는 그 방을 무로후시 씨의 서재로 변경했다. 옥상 정원을 만들면서 내부 계단을 철거하고 둘레 영역에 1층에서 옥상까지 연결되는 외부 계단을 설치했다. 이로써 향후의 변화에 완벽하게 대응할 수 있는 동선이 확보되었다.

1. **4층 침실** 사진 왼쪽은 콘크리트 바닥. 오른쪽은 이동식 마룻바닥이다. 이 마루는 언제든 위치를 바꾸거나 철거하여 아트리움을 복구할 수 있다. 사선 기둥은 바닥의 변형을 보정하기 위해 두 번째 변경 때 설치한 것이다.
2. **1층 서재** 제3기에는 1층을 균등하게 분할하여 아이들 방으로 썼지만 아이들이 독립한 후에는 무로후시 씨의 작업실과 예비실로 쓰고 있다.
3. **1층부터 옥상까지 이어지는 외부 계단** 남쪽 둘레 영역에 가설한 비계는 외부 계단과 각 층의 방을 연결하는 통로로 활용된다.

을 변경했는데, 이 과정에서 둘레 영역이 큰 역할을 해냈다. 그러나 제일 큰 변화는 1981년에 숙모 일가가 외곽 지역으로 이사를 가면서 이 집을 떠난 것이었다(제3기). 그 후 1층을 세 아들에게 내주고 2층은 다목적 공간과 임대 공간으로 바꾸었다. 그래서 1층과 2층을 연결하는 내부 계단을 철거하고 둘레 영역에 1층부터 4층까지 연결하는 계단을 설치했다. 동시에 1층에 새로운 출입구를 만들어 아이들이 전처럼 2층을 거치지 않고도 1층으로 바로 드나들 수 있게 했다. 물론 아이들은 새로 설치한 연결 계단을 통해 가족실이 있는 3층으로도 자유롭게 드나들 수 있었다. 여기에는 사춘기 아이들과 부모의 일상적인 다툼을 해소하려는 의도도 있었다.

2000년에는 지붕의 단열을 위해 옥상 정원을 조성하고, 둘레 영역의 계단을 외부 계단으로 변경하여 옥상까지 연장했다(제4기). 이로써 '기타미네 마을의 집'은 모든 공간으로 통하는 완벽한 동선을 갖게 되었다. 머지않아 셋째 아들 부부와 함께 살기로 한 무로후시 씨는 앞으로 어떤 변화가 있어도 유연하게 대응할 수 있다는 점이 삶에 대한 커다란 해방감의 원천이라고 말한다.

[핫토리 이쿠코]

집필자 프로필

이 책은 일본 요코하마의 건축가 모임인 area045가 펴낸 것으로,
'area045'는 전화 국번이 045인 지역, 즉 가나가와 현 요코하마 시를 중심으로 활동하고 있는 단체이다.
이들은 나이도 스타일도 제각각이지만 저마다의 개성을 발휘하며 활동하고 있다.

http://www.area045.com

아오키 에미코 青木惠美子

요코하마 시 출생 / 니혼 여자대학 주거학과 졸업 / 다이세이 건설 설계부, 마쓰이 분지 설계사무소를 거쳐 1992년 AA 플래닝 설립 / 1987년 ~ 1990년 해외 건축가 리처드 로저스, 자하 하디드의 프로젝트에 참가 / 가마쿠라 여자대학 비상근 강사로 재직 중

오기쓰 이쿠오 荻津郁夫

1954년 아키타 시 출생 / 교토 대학 석사과정 수료 / 야마시타 설계, '설계조직 아모르프 파트너'를 거쳐 1994년 오기쓰 이쿠오 설계사무소 설립 / 2가구 주택 + 지역 맥주 공장 + 창고 개조 레스토랑 '아쿠라 포 스퀘어(AQULA FOUR SQUARE)'로 1999년 아키타 시 도시경관상 수상

간다 마사코 神田雅子

도쿄 도 출생 / 1990년 도쿄 예술대학 미술학부 건축과 졸업 / 1992년 도쿄 예술대학 대학원 미술연구과 건축전공 학사과정 수료 / 니혼 설계, 디자인 리그를 거쳐 2000년 핫토리 이쿠코와 공동으로 아키 캐러밴 건축 설계 사무소를 설립, 현재 대표

기타가와 히로키 北川裕記

1962년 아이지 현 출생 / 1986년 도쿄 대학 공학부 건축학과 졸업 / 1989년 도쿄 대학 대학원 석사과정 수료 / 이소자키 아라타의 아틀리에에서 근무하다가 2000년에 기타가와 히로키 건축 설계 회사를 설립 / 2004 ~ 2008년 메이지 대학 이공학부 건축학과 겸임 강사 역임

스즈키 노부히로 鈴木信弘

1963년 가나가와 현 출생 / 1986년 가나가와 대학 공학부 건축학과 졸업 / 1988년 가나가와 대학 대학원 석사과정 수료 / 1988년 도쿄 공학대학 연구생 / 1988 ~ 1996년 도쿄 공학대학 조수 / 1994년 스즈키 아틀리에 개설 / 가나가와 대학 공학부 건축학과 비상근 강사로 재직 중 / 2002년 가나가와 현 건축 콩쿠르 장려상 수상

스즈키 요코 鈴木洋子

군마 현 출생 / 1989년 가나가와 대학 공학부 건축학과 졸업 / 1989 ~ 1993년 오바야시구미 설계부 근무 / 1994년 스즈키 아틀리에 개설 / 가나가와 현 건축사회 요코하마 지부 총무위원

도요타 사토루 豊田悟

1948년 가나가와 현 출생 / 1971년 와세다 대학 이공학부 건축학과 졸업 / 1973년 와세다 대학 대학원 이공학 연구과 건축학과 석사과정 수료 / 다케나카 공무점 설계부 근무 / 1986년 아르스 디자인 어소시에이츠 설립 / 1999년 도요타 공간 디자인실 설립 / 2012년 요코하마에서 오쓰 시로 사무실 이전

나카무라 다카요시 中村高淑

1968년 도쿄 출생 / 시즈오카 현 하마마쓰 시 출생 / 1992년 다마 미술대학 미술학부 건축과 졸업 / 개인 설계사무소에서 근무하다가 1999년 나카무라 다카요시 건축 설계 사무소 설립 / 일본 건축가협회 본부이사, 지부간사, 일본 건축가협회 가나가와 부대표, 홍보위원장 등으로 재직 중

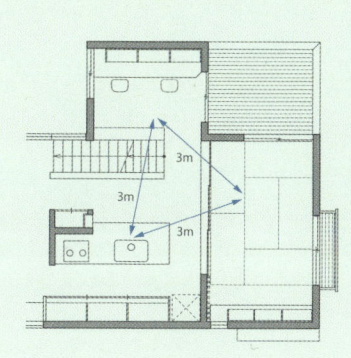
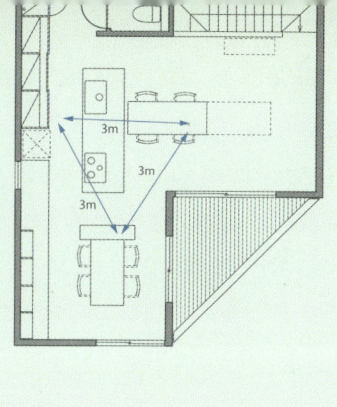

노구치 다이시 野口泰司

요코하마 시 출생 / 요코하마 국립대학 공학부 건축학과 졸업 후 야나기 건축 설계 사무소 근무 / 1975년 노구치 다이시 건축공방 설립 / 간토가쿠인 대학 비상근 강사, 가나가와 현 현산재(県産材) 인증제도 검토위원 등 역임 / 일본 건축가협회 등록 건축가 / 가나가와 현 건축 콩쿠르, 야마나시 현 건축문화상 등 입상

핫토리 이쿠코 服部郁子

도쿄 도 출생 / 1975년 니혼 여자대학 주거학과 졸업 / 집단주택 건축연구소에서 단지 기본설계 분야에 종사하다가 개인 설계사무소에서 근무한 뒤 2000년부터 간다 마사코와 공동으로 아키 캐러밴 건축 설계 사무소 운영 / 2011년 앰블(Amble) 건축 설계 사무소 설립

마스다 스스무 増田奏

1951년 요코하마 시 출생 / 1975년 와세다 대학 이공학부 건축학과 졸업 / 1977년 와세다대학 대학원 석사과정 수료 / 1977 ~ 1986년 요시무라 준조 설계사무소 근무 / 1987년 ~ 현재 SMA(1급 건축사 사무소) 운영 중 / 간토가쿠인 대학 인간환경학부 객원교수

무로후시 지로 室伏次郎

1940년 도쿄 출생 / 1963년 와세다 대학 이공학부 건축학과 졸업. 사카쿠라 준조 건축연구소 입사 / 1984년 스튜디오 아르텍 설립 / 가나가와 대학 명예교수 / '다이킨 오 드셀 다테시나'로 1993년 일본건축학회상 작품부문상 수상

무로후시 마사토 室伏暢人

1973년 도쿄 출생 / 1997년 다마 미술대학 미술학부 건축학과 졸업 / 개인 설계사무소 근무, 개인 설계활동을 거쳐 2006년부터 스튜디오 아르텍 근무 / 2011년 'dwell five architects' 참가

모로가 히사오 諸我尚朗

1951년 시즈오카 현 출생 / 1975년 가나가와 대학 공학부 건축학과 졸업 / 1991년 아틀리에 아르크 설립 / 1991 ~ 2006년 가나가와 대학 공학부 건축학과 비상근 강사로 재직 중 / 1999년 '북향 거실 집'으로 가나가와 현 건축 콩쿠르 우수상 수상 / 2004년 '후지가오카의 집'으로 가나가와 현 건축 콩쿠르 장려상 수상 / 2009년 '야마테의 집'으로 가나가와 현 건축 콩쿠르 우수상 수상

야스다 히로미치 安田博道

1965년 시즈오카 현 고사이 시 출생 / 1988년 요코하마 국립대학 공학부 건축학과 졸업 / 1990년 요코하마 국립대학 대학원 석사과정 수료 / 1990년 아틀리에 제5건축계 워크스테이션을 거쳐 1998년 환경디자인 아틀리에 설립 / 메이지 대학 비상근 강사로 재직 중

요코야마 아쓰시 横山敦士

1965년 시즈오카 현 출생 / 1991년 간토가쿠인 대학 공학부 건설공학과 졸업 / 1991 ~ 2000년 Power unit studio 근무 / 1998년 요코야마 디자인 사무소 설립 / 간토가쿠인 대학 인간환경학부 비상근 강사로 재직 중

한 지붕 2가구
행복한 집 짓기

1판 1쇄 | 2017년 3월 10일
지 은 이 | area045
감   수 | 김 주 원
옮 긴 이 | 노 경 아
발 행 인 | 김 인 태
발 행 처 | 삼호미디어
등   록 | 1993년 10월 12일 제21-494호
주   소 | 서울특별시 서초구 강남대로 545-21 거림빌딩 4층
          www.samhomedia.com
전   화 | (02)544-9456(영업부) / (02)544-9457(편집기획부)
팩   스 | (02)512-3593

ISBN 978-89-7849-554-7 (13690)

Copyright 2017 by SAMHO MEDIA PUBLISHING CO.

이 도서의 국립중앙도서관 출판예정도서목록(CIP)은
서지정보유통지원시스템 홈페이지(http://seoji.nl.go.kr)와
국가자료공동목록시스템(http://www.nl.go.kr/kolisnet)에서 이용하실 수 있습니다.
(CIP제어번호:CIP2017003261)